Michael Schönleber

Verfahren zur Charakterisierung des Niederfrequenzverhaltens von Lithium-Ionen Batterien

Schriften des Instituts für Angewandte Materialien –
Werkstoffe der Elektrotechnik
Karlsruher Institut für Technologie

Band 32

Eine Übersicht aller bisher in dieser Schriftenreihe
erschienenen Bände finden Sie am Ende des Buchs.

Verfahren zur Charakterisierung des Niederfrequenzverhaltens von Lithium-Ionen Batterien

von
Michael Schönleber

Scientific Publishing

Dissertation, Karlsruher Institut für Technologie
KIT-Fakultät für Elektrotechnik und Informationstechnik

Tag der mündlichen Prüfung: 13. Juli 2017
Referenten: Prof. Dr.-Ing. Ellen Ivers-Tiffée
Prof. Dr.-Ing. Sören Hohmann

Impressum

KIT Scientific Publishing

Karlsruher Institut für Technologie (KIT)
KIT Scientific Publishing
Straße am Forum 2
D-76131 Karlsruhe

KIT Scientific Publishing is a registered trademark
of Karlsruhe Institute of Technology.
Reprint using the book cover is not allowed.

www.ksp.kit.edu

Print on Demand 2017 – Gedruckt auf FSC-zertifiziertem Papier

ISSN 2365-8029
ISBN 978-3-7315-0685-0
DOI 10.5445/KSP/1000070943

Verfahren zur Charakterisierung des Niederfrequenzverhaltens von Lithium-Ionen Batterien

Zur Erlangung des akademischen Grades eines

DOKTOR-INGENIEURS

von der Fakultät für

Elektrotechnik und Informationstechnik
des Karlsruher Instituts für Technologie (KIT)

genehmigte

DISSERTATION

von

Dipl.-Ing. Michael Schönleber
geb. in Mosbach (Baden)

Tag der mündlichen Prüfung: 13.07.2017
Hauptreferentin: Prof. Dr.-Ing. Ellen Ivers-Tiffée
Korreferent: Prof. Dr.-Ing. Sören Hohmann

Wenn man auch bisweilen eine Wahrheit, eine Einsicht, die man mit vieler Mühe und langsam durch eigenes Denken und Kombiniren herausgebracht hat, hätte mit Bequemlichkeit in einem Buche ganz fertig vorfinden können; so ist sie doch hundert Mal mehr werth, wenn man sie durch eigenes Denken erlangt hat. Denn nur alsdann tritt sie als integrirender Theil, als lebendiges Glied, ein, in das ganze System unserer Gedanken, steht mit demselben in vollkommenem und festem Zusammenhange, wird mit allen ihren Gründen und Folgen verstanden, trägt die Farbe, den Farbenton, das Gepräge unsrer ganzen Denkweise, ist eben zur rechten Zeit, als das Bedürfniß derselben rege war, gekommen, sitzt daher fest und kann nicht wieder verschwinden. Demnach findet hier Göthe's Vers,

»Was du ererbt von deinen Vätern hast,
Erwirb' es, um es zu besitzen,«

seine vollkommenste Anwendung, ja, Erklärung.

Arthur Schopenhauer

Danksagung

Die vorliegende Dissertationsschrift markiert den vorläufigen Endpunkt meiner Zeit am *Institut für angewandte Materialien - Werkstoffe der Elektrotechnik*. Ich durfte das Institut und seine Mitarbeiter beginnend als studentische Hilfskraft und Studienarbeiter erleben und schließlich als Doktorand auch mitgestalten. Diese Zeit hat mich nachhaltig geprägt und ich bin dankbar für jeden einzelnen Tag, den ich an diesem großartigen Institut mit all seinen großartigen Mitarbeitern verbringen durfte.

Mein besonderer Dank gilt daher zunächst Frau Professor Ivers-Tiffée, die nicht nur das Institut in dieser Form geschaffen hat, sondern mir im Rahmen meiner Promotion auch stets größtmöglichen Freiraum gab und mich in vielfältigster Weise förderte und noch immer fördert. Neben der Anfertigung meiner externen Diplomarbeit in den USA ermöglichte sie auch meinen Forschungsaufenthalt an der Universität Tokyo, der mich nicht nur fachlich beflügelte sondern auch privat größtmöglichen Einfluss auf mein weiteres Leben haben sollte. Den Herren Professoren Yokokawa und Shikazono, die meinen Aufenthalt von japanischer Seite ermöglichten, gilt daher nicht minder mein Dank.

Für die Übernahme des Korreferats und die Bewertung meiner Arbeit aus systemtheoretischer Perspektive danke ich Herrn Professor Hohmann recht herzlich. Meinem Gruppenleiter Herrn Dr. Weber danke ich für all die geführten fachlichen Diskussionen und seine Unterstützung in jeglicher Hinsicht. Einige tiefe Einsichten über die anschaulich-physikalische Interpretation von Impedanzspektren verdanke ich ihm. Ebenso gilt mein Dank meinem ehemaligen Betreuer Herrn Dr. Dino Klotz, der nicht zuletzt mit dem Thema meiner Studienarbeit den Grundstein für diese Promotion legte. Ebenfalls nicht unerwähnt bleiben dürfen meine Kollegen der Batteriegruppe und auch der anderen Arbeitsgruppen, die durch die gute Zusammenarbeit, zahlreiche fachliche Diskussionen und nicht zuletzt durch das gute Institutsklima zu dieser Promotion beigetragen haben.

Auch meinen ehemaligen Studenten und studentischen Hilfskräften danke ich für Ihren Einsatz und ihre frischen Ideen, mit denen Sie meine Gedanken oft aufs Neue beflügelten. Mein besonderer Dank gilt dabei Herrn M.Sc. Ravindra Goyal, den ich in seiner Bachelor- und Masterarbeit betreuen durfte und der als studentische Hilfskraft einen maßgeblichen

Beitrag zur Entwicklung der LIN-KK Software leistete. Wertvolle Unterstützung bei meiner Arbeit habe ich ebenfalls durch die festen Mitarbeiter des Instituts erfahren: Die Mitarbeiter der Werkstatt, unsere Elektrotechniker, unsere Chemotechnikerin Frau van den Hazel und natürlich die Frauen Schäfer im Sekretariat. Auch ihnen allen ein herzliches Dankeschön!

Meinen Projektpartnern, und hier insbesondere der BMW AG und unserer Projektleiterin Frau Dr. Liebau, danke ich für die stets vertrauensvolle und fruchtbare Zusammenarbeit. Weiter danke ich Herrn Dr. Jan Richter, der mir in all den Jahren des Studiums und der Promotion nicht nur guter Freund sondern auch wertvoller Diskussionspartner war und der sich zudem bereit erklärte, die vorliegende Dissertationsschrift Korrektur zu lesen.

Zuletzt gebührt mein großer Dank meinen Freunden und meiner Familie: Meinen Freunden, da sie es stets vermochten, mich die Wissenschaft auch einmal vergessen zu lassen und auch den anderen, nicht minder wichtigen Dingen des Lebens ausreichend Raum zu geben. Meiner Familie, für ihren Rückhalt und vor allem dafür, dass sie mich stets in all meinen Entscheidungen unterstützt und mir mein Studium und somit auch letztlich diese Promotion ermöglicht hat.

私は、直美がいつも私を支えてくれることと、博士課程の間、我慢と理解をしてくれたことに心から感謝しています。直美はいつも、私のことを心から信頼してくれたことで、私はパワーをもらい、無事に博士課程を修了することができました。

Michael Schönleber

Karlsruhe, im Juli 2017

Inhaltsverzeichnis

1. Einleitung

1.1. Motivation

Für eine nachhaltige Reduktion des Treibhauseffekts ist es notwendig, den Ausstoß von Kohlendioxid und anderer Treibhausgase drastisch zu reduzieren. Zu den größten Erzeugern von Kohlendioxid zählen Kraftwerke sowie der Straßenverkehr. Eine Reduktion des Ausstoßes durch Kraftwerke kann nur durch eine Erhöhung der aus regenerativen Quellen erzeugten Energiemenge erreicht werden. Eine Reduktion des Kohlendioxidausstoß im Straßenverkehr erfordert einen Wandel von Verbrennungsmotoren hin zur Elektromobilität, wobei auch die zum Betrieb dieser Fahrzeuge notwendige elektrische Energie regenerativ erzeugt werden muss. Beide Wege erfordern leistungsfähige und lange haltbare elektrochemische Energiespeicher. Nur mit diesen erreichen Elektrofahrzeuge Akzeptanz in einer breiten Bevölkerungsschicht und nur mit diesen kann die zeitlich nicht konstant anfallende elektrische Energie aus regenerativen Quellen zwischengespeichert werden, um bedarfsgerecht über sie verfügen zu können. Die vorliegende Dissertationsschrift trägt dazu bei, ein besseres Verständnis über die in einer Batterie ablaufenden Vorgänge zu erlangen und damit die vorhandene Batterietechnologie so zu verbessern, dass sie den definierten Anforderungen gerecht wird.

1.2. Zielsetzung

Die Analyse der Impedanz einer Lithium-Ionen-Batterieelektrode ist ein mächtiges Werkzeug, um die in der Elektrode ablaufenden elektrochemischen Vorgänge besser zu verstehen und ihren Einfluss auf die Leistungsfähigkeit der Zelle zu quantifizieren. Während der hohe Frequenzbereich der Impedanz Gegenstand vielfältiger Untersuchungen ist, wird der Niederfrequenzbereich meist vernachlässigt und die darin enthaltenen Informationen nicht genutzt. Ursache hierfür ist (i) die sehr anspruchsvolle Messung der Impedanz in diesem Frequenzbereich, (ii) die Notwendigkeit einer erweiterten Modellbildung um die dort enthaltenen

Vorgänge, sowie (iii) das Fehlen nicht-parametrischer Auswerteverfahren zur anschaulichen Interpretation der Impedanz in diesem Frequenzbereich. Alle drei Punkte sollen in der vorliegenden Dissertationsschrift theoretisch und praktisch behandelt werden, um schließlich eine umfassende Theorie zur Durchführung und Interpretation von Impedanzmessungen im Niederfrequenzbereich darzulegen.

1.3. Gliederung

Aus der definierten Zielsetzung ergibt sich der folgende Aufbau der Arbeit: Im ersten Teil der Arbeit (Kapitel 2) wird die grundsätzliche Funktion einer Lithium-Ionen-Batterie erläutert sowie die Verfahren, Sachverhalte und Größen dargestellt, die die Grundlage zu den nachfolgenden Ausführungen bilden.

In Kapitel 3 wird der Stand der Technik bezüglich Impedanzmodellierung von Lithium-Ionen-Batterieelektroden, Impedanzmessverfahren im niederfrequenten Bereich, Elektrolytcharakterisierung sowie Niederfrequenzcharakterisierung von Batterieelektroden dargelegt.

Die darauf folgenden Kapitel 4 bis 6 behandeln die Entwicklung einer Theorie zur Durchführung und Interpretation von Impedanzmessungen an Lithium-Ionen-Batterieelektroden im Niederfrequenzbereich. Dazu werden zunächst in Kapitel 4 die Impedanzmodelle von Elektrolyt und Elektrode aus fundamentalen Reaktions- und Transportgleichungen hergeleitet und die erwarteten Abhängigkeiten von Ladezustand und Partikelgeometrie diskutiert.

Um Daten zur Validierung dieser Impedanzmodelle gewinnen zu können, widmet sich Kapitel 5 der Messung von Impedanzspektren. Dort wird zunächst mit der Impedanzspektroskopie das Standardverfahren zur Messung von Impedanzspektren vorgestellt. Um auch den niederfrequenten Bereich der Impedanz erschließen zu können, werden danach Zeitbereichsmessungen in verschiedenen Ausgestaltungen behandelt. Diese werden nach der Art der Anregung sowie nach der Art der Berechnung des Spektrums aus den gewonnenen Messdaten unterschieden. Eine Betrachtung möglicher Fehler bei Zeitbereichsmessungen schließt das Kapitel ab.

In Kapitel 6 werden Verfahren vorgestellt, mit denen die mittels der Methoden aus Kapitel 5 ermittelbaren Impedanzspektren analysiert werden können. Der Fokus liegt hierbei auf nicht-parametrischen Analyseverfahren, die auch ohne Kenntnis eines physikalischen Modells der untersuchten Elektrode anwendbar sind. Vorgestellt werden Methoden zur Analyse des resistiven und des kapazitiven Verhaltens einer Elektrode.

Die Anwendung der vorgestellten Theorie ist Inhalt von Kapitel 7. Hier werden, unter Verwendung der zuvor dargestellten Mess- und Auswerteverfahren, Elektrolyt und Elektrode

charakterisiert und die zuvor hergeleiteten Impedanzmodelle zur Reproduktion des Elektrodenverhaltens angewandt. Die Charakterisierung des Elektrolyten wird dabei getrennt von der Charakterisierung der Elektrode behandelt, da deren Eigenschaften durch den Elektrolyten beeinflusst werden und nur so eine Trennung der Einflüsse beider Komponenten erreicht werden kann.
Kapitel 8 gibt schließlich eine Zusammenfassung der Ergebnisse sowie einen Ausblick zu weiteren Anwendungsmöglichkeiten der dargelegten Verfahren. Zusätzliche Informationen zu den behandelten Themen finden sich im Anhang. Abbildung 1.1 veranschaulicht den Aufbau der Dissertationsschrift graphisch.

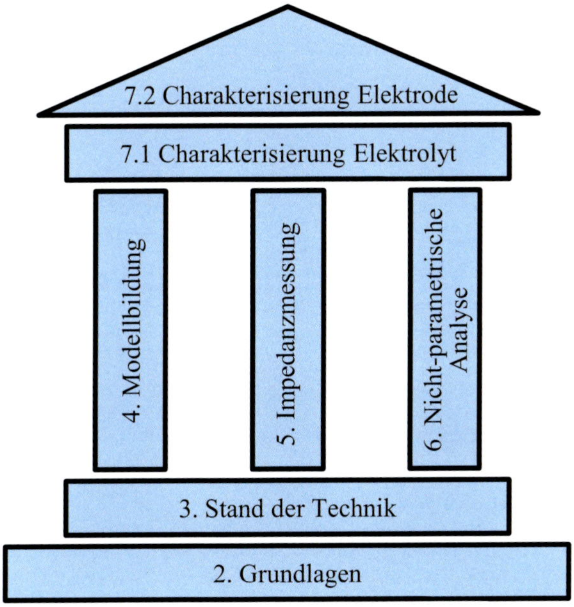

Abbildung 1.1: Graphische Darstellung der Gliederung der vorliegenden Dissertationsschrift.

2. Grundlagen

2.1. Die Lithium-Ionen-Batterie

2.1.1. Funktionsweise

Die Lithium-Ionen-Batterie ist eine galvanische Zelle, mit der chemisch gespeicherte Energie bei Bedarf in elektrische Energie umgewandelt werden kann. Diese Umwandlung erfolgt reversibel, es handelt sich daher um eine Sekundärzelle. Bei einer Lithium-Ionen-Batterie können Lithium-Ionen zwischen zwei Elektroden, im folgenden als Anode und Kathode bezeichnet, reversibel hin- und herbewegt werden. Wird in der Zelle elektrische Energie gespeichert, so wandern die Lithium-Ionen von der Kathode zur Anode. Wird Energie entnommen, so wandern Lithium-Ionen von der Anode zur Kathode. Die Richtung des im äußeren Stromkreis fließenden elektrischen Stroms definiert, in welche Richtung sich die Lithium-Ionen intern bewegen.
Der Einbau von Lithium-Ionen in das Atomgitter von Anode oder Kathode wird als Interkalation bezeichnet, der Ausbau entsprechend als Deinterkalation. Beispielhaft für eine vollständige Entladung der Zelle laufen an den Elektroden die folgenden Reaktionen ab: An der Anode, die üblicherweise aus Graphit C_6 besteht, werden Lithium-Ionen Li^+ aus der Graphitstruktur deinterkaliert [Kor13]:

$$LiC_6 \rightarrow Li^+ + e^- + C_6 \tag{2.1}$$

An der Kathode, hier beispielhaft für das Materialsystem $LiCoO_2$ (LCO), werden Lithium-Ionen interkaliert [Kor13]:

$$2Li_{0.5}CoO_2 + Li^+ + e^- \rightarrow 2LiCoO_2 \tag{2.2}$$

Beim Ladevorgang laufen diese Reaktionen entsprechend umgekehrt ab. Der Vorgang der Interkalation von Lithium-Ionen ist hierbei entscheidend für die Haltbarkeit der Zelle. Bei Verwendung von metallischem Lithium statt Graphit kann die Zelle zwar ebenfalls betrieben werden. Aufgrund der nicht stattfindenden Interkalation bilden sich jedoch schon nach wenigen Zyklen dornenförmige Lithium-Ablagerungen auf der metallischen Elektrode (sogenannte Dendriten), die die Zelle kurzschließen und damit zerstören können.

2.1.2. Komponenten

Wie im vorherigen Unterkapitel angedeutet, besteht eine Lithium-Ionen-Batterie aus einer Anode und einer Kathode, zwischen denen Lithium-Ionen hin- und her bewegt werden können. Zusätzlich zu diesen beiden Hauptkomponenten sind jedoch noch weitere Komponenten notwendig, um eine technisch funktionierende Zelle herzustellen: Das Aktivmaterial muss auf einen leitfähigen Träger, die Ableiterfolie, aufgebracht werden um eine gute elektronische Kontaktierung sicherzustellen. Für eine gute Haftung des Aktivmaterials am Ableiter und der Aktivmaterialpartikel untereinander muss ein Binder zugesetzt werden. Eine gute elektronische Kontaktierung der vom Ableiter entfernt liegenden Aktivmaterialbereiche wird durch Zugabe von Leitruß sichergestellt. Zwischen beide Elektroden muss ein Separator eingebracht werden, der zwar für Lithium-Ionen passierbar ist, die Elektroden jedoch elektronisch voneinander isoliert. Andernfalls kann leicht ein mechanischer Kontakt zwischen beiden Elektroden entstehen, der unweigerlich zu einem Kurzschluss und damit zur Zerstörung der Zelle führt. Weiter notwendig ist ein, zumeist flüssiger, Elektrolyt, der als Leitmedium für die Lithium-Ionen fungiert und der beide Elektroden vollständig durchsetzt. Der schematische Aufbau ist in Abbildung 2.1 dargestellt. Die einzelnen Komponenten sowie typische Materialien werden im Folgenden detailliert vorgestellt.

Anode In nahezu allen kommerziell erhältlichen Lithium-Ionen-Zellen wird als Anodenmaterial Graphit verwendet. Es besteht aus zueinander leicht versetzten Graphenschichten und kommt sowohl in synthetisch hergestellter als auch in natürlicher Form zum Einsatz. Da Lithium-Graphit Interkalationsverbindungen in allen bekannten Elektrolyten instabil sind, kommt es innerhalb der ersten Zyklen zu einer Zersetzung des Elektrolyten und zur Bildung einer Solid-Electrolyte-Interphase (SEI) Schicht, die die Anodenoberfläche bedeckt. Diese Schicht wirkt passivierend und verhindert eine weitere Zersetzung des Elektrolyten. Gleichzeitig ist sie für Lithium-Ionen durchlässig und erlaubt so weiterhin die Interkalation von Lithium-Ionen in die Anode.
Eine Besonderheit bei der Interkalation von Lithium-Ionen in Graphit stellt das sogenannte Staging dar [Kor13]: Es beschreibt, dass sich Lithium-Ionen nicht beliebig, sondern aufgrund einer thermodynamischen Begünstigung nur in Graphenlagen mit definierten Abständen einlagern können. Die Lagenabstände ändern sich dabei mit dem Lithiierungsgrad der Elektrode.

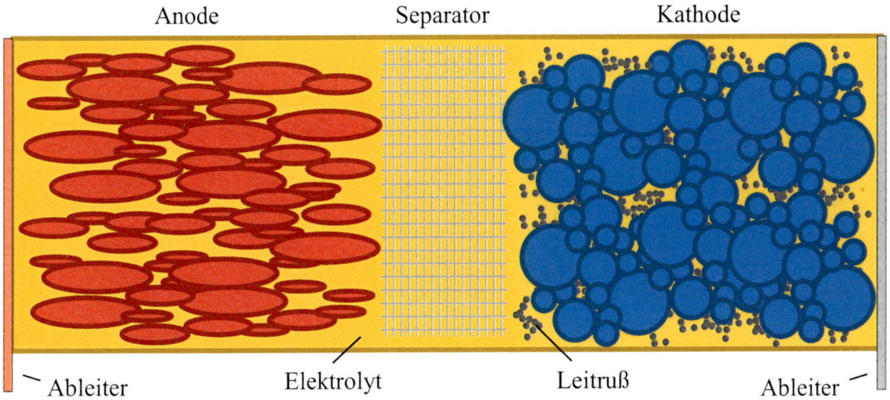

Abbildung 2.1: Schematischer Aufbau einer Lithium-Ionen-Batterie.

Dies ist in Abbildung 2.2 dargestellt. Ausgehend von einer Lithium-freien Graphitstruktur wird zunächst in jede dritte Graphenschicht interkaliert. Sind die entsprechenden Schichten gefüllt wird in jede zweite und schließlich in jede Schicht interkaliert. Immer dann, wenn eine Schicht vollständig gefüllt ist, kommt es zu einer Änderung im Ruhepotential des Graphits. Während des Füllens einer Schicht koexistieren jeweils zwei Materialphasen und das Ruhepotential bleibt konstant. Dies erklärt den stufenförmigen Verlauf des Ruhepotentials von Graphit über dem Lithiierungsgrad.

Kathode Für die Kathode kommen Materialien zum Einsatz, bei denen Lithium Teil der Gitterstruktur ist, jedoch mit geringem Energieaufwand aus dem Gitter entfernt und in die Anode verschoben werden kann. Man unterscheidet die verwendeten Materialien zunächst nach ihrer Gitterstruktur: Verbindungen der Form $LiMO_2$ weisen eine Schichtstruktur auf, die eine 2-dimensionale Beweglichkeit von Lithium-Ionen zwischen den Schichten erlaubt. Das Metallatom M kann dabei durch unterschiedliche Metalle oder Kombinationen von Metallen ersetzt werden. Wählt man für M Kobalt, so ergibt sich eines der ersten Standardmaterialen für Lithium-Ionen-Batteriekathoden, Lithiumkobaltoxid. Es hat die Summenformel $LiCoO_2$ und wird üblicherweise mit der Bezeichnung LCO abgekürzt. LCO hat den Vorteil einer hohen Energiedichte, gilt jedoch als unsicher, da es bei Überladung Sauerstoff freisetzt, der mit dem organischen Elektrolyten heftig reagieren kann [Kor13]. Zudem ist LCO aufgrund des enthaltenen Kobalts eher teuer. Es wird daher versucht, Kobalt durch andere Metalle bzw. Metallkombinationen zu ersetzen. Eine so entstandene und kommerziell erhältliche Verbindung stellt $LiNi_{0.8}Co_{0.15}Al_{0.05}O_2$ dar. Es wird unter der Abkürzung NCA geführt und hat gegenüber LCO Vorteile bezüglich Stabilität und Zyklisierbarkeit [Kor13].

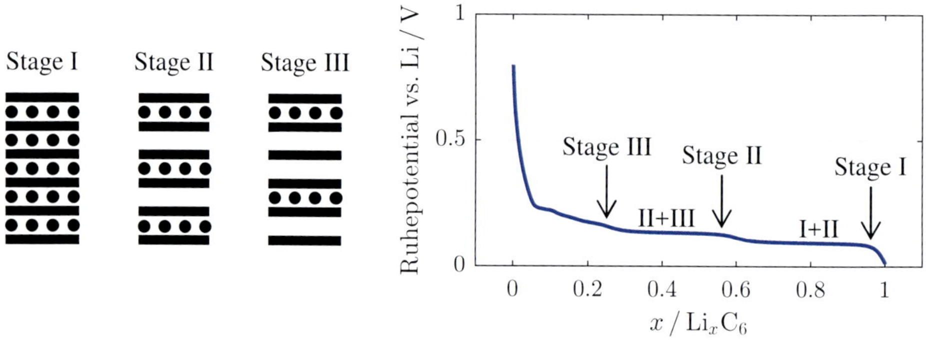

Abbildung 2.2: Schematische Darstellung des Stagingvorgangs bei der Einlagerung von Lithium in Graphit [Ill14].

Eine weitere Modifikation der LCO-Struktur stellt $LiNi_{0.33}Mn_{0.33}Co_{0.33}O_2$ (NMC) dar, das ebenfalls sicherer als LCO ist und zudem eine höhere Zyklenstabilität aufweist. Da NMC bei hoher Energiedichte als relativ sicher gilt, kommt es vor allem in Anwendungen der Elektromobilität zum Einsatz. Der aktuelle Entwicklungstrend geht hin zu einer Erhöhung des Nickelanteils des NMC (Nickel-rich materials), da dadurch noch höhere Energiedichten erwartet werden [Man17].

Die zweite technisch relevante Gruppe von Kathodenmaterialien besitzt eine Spinellstruktur, die eine Beweglichkeit der Lithium-Ionen in drei Raumrichtungen gestattet. Der bekannteste Vertreter dieser Gruppe ist $LiMn_2O_4$ (LMO). Es hat den Vorteil, dass es mit sehr großen Stromstärken entladen werden kann. Negativ ist jedoch die geringe Zyklenfestigkeit und somit die schnell abnehmende reversible Kapazität, besonders bei erhöhten Temperaturen [Kor13]. LMO kommt daher quasi nicht in Reinform zum Einsatz, sondern wird anderen Materialien zugemischt (Blend) um als hochstromfähige Komponente ein gutes Leistungsverhalten der Elektrode sicherzustellen.

Die letzte wichtige Gruppe kristallisiert in einer Olivinstruktur, die eine 1-dimensionale Beweglichkeit der Lithium-Ionen im Kristallgitter erlaubt. Der wichtigste Vertreter dieser Gruppe ist Lithiumeisenphosphat (LFP). Es besitzt die Summenformel $LiFePO_4$ und weist ein vom Lithiierungsgrad nahezu unabhängiges Ruhepotential auf. Dies wird verursacht durch zwei koexistierende Phasen, die bei Änderung des Lithiierungsgrads jeweils ineinander überführt werden. LFP besticht durch seine überragende Zyklenstabilität und gilt zudem als sehr sicher [Kor13]. Eine Herausforderung stellt die sehr schlechte elektronische Leitfähigkeit der LFP Partikel dar, die eine gute elektronische Anbindung an den Ableiter erschwert. Tabelle 2.1 gibt eine Übersicht der diskutierten Kathodenmaterialien.

Tabelle 2.1: Technisch relevante Kathodenmaterialien für Lithium-Ionen-Batterien.

Material	Summenformel	Struktur	Vorteil / Nachteil
LCO	$LiCoO_2$	Schicht (2-D)	Energie / Sicherheit
NCA	$LiNi_{0.8}Co_{0.15}Al_{0.05}O_2$	Schicht (2-D)	Leistung / Sicherheit
NMC	$LiNi_{0.33}Mn_{0.33}Co_{0.33}O_2$	Schicht (2-D)	Energie / Leistung
LMO	$LiMn_2O_4$	Spinell (3-D)	Leistung / Zyklen
LFP	$LiFePO_4$	Olivin (1-D)	Zyklen / Leistung

Elektrolyt Der Elektrolyt ist das Transportmedium, in dem Lithium-Ionen zwischen Anode und Kathode hin- und herbewegt werden können. In handelsüblichen Elektrolyten kommt als Leitsalz Lithium-Hexafluorophosphat $LiPF_6$ zum Einsatz, das in einer Konzentration von etwa 1 $\frac{\text{mol}}{\text{l}}$ in einem Lösungsmittel gelöst ist und dort dissoziiert in Li^+- und PF_6^--Ionen vorliegt. Als Lösungsmittel kommen bevorzugt Ethylencarbonat (EC), Ethylmethylcarbonat (EMC), Dimethylcarbonat (DMC) und Diethylcarbonat (DEC) zum Einsatz. Das Lösungsmittel EC sorgt für eine gute Lösung des Leitsalzes, liegt jedoch selbst bei Raumtemperatur als Feststoff vor. Die anderen Lösungsmittel werden daher in verschiedensten Kombinationen zugesetzt und erlauben die Einstellung der Viskosität des Elektrolyten [Kor13]. Die bei der Beschreibung des Anodenmaterials geschilderte Bildung einer SEI-Schicht wird verursacht durch eine Dekomposition des Elektrolyten bei Potentialen kleiner als 0,8 V gegen Lithium. Die Eigenschaften dieser SEI-Schicht hängen dabei stark von der genauen Elektrolytkomposition sowie weiterer zugesetzter Stoffe, sogenannter Additive, ab. Einer der bekanntesten Vertreter ist Vinylencarbonat (VC). Dieses Additiv zersetzt sich bereits bei 1-1,1 V gegen Lithium und bildet eine dünne, polymerartige SEI-Schicht bevor sich andere Elektrolytkomponenten zersetzen können. Diese gewollte frühere Zersetzung bildet den Grundgedanken bei der Zugabe von Additiven. Weitere gebräuchliche Additive sind Fluor-Ethylencarbonat (FEC) und Vinyl-Ethylencarbonat (VEC) [Kor13].

Separator Um einen direkten Kontakt beider Elektroden zu verhindern wird zwischen diesen ein Separator eingebracht. Dieser besteht in der Regel aus Polyethen oder Polypropylen. Die Dicke des Separators stellt einen Kompromiss aus Sicherheit und Leistungsfähigkeit dar: Je dicker der Separator, desto geringer die Wahrscheinlichkeit eines internen Kurzschlusses der Zelle. Je dünner, desto geringer der ohmsche Widerstand zwischen den Elektroden und desto geringer die dort abfallende Verlustleistung. Gebräuchlich sind Separatordicken von 15-30 μm [Kor13]. In experimentell aufgebauten Zellen kommen aufgrund der besseren

Benetzungseigenschaften oft Glasfaserseparatoren zum Einsatz, die eine Dicke von bis zu 1 mm aufweisen können.

Ableiter Beim Ein- und Ausbau von Lithium-Ionen in die Aktivmaterialien der Elektroden werden Elektronen frei bzw. gebunden, die zu- bzw. abgeführt werden müssen. Die Aktivmaterialien werden dazu in einer dünnen Beschichtung auf Ableiterfolien aufgebracht. Die verwendeten Ableitermaterialien unterscheiden sich dabei an Anode und Kathode. An der Kathode wird als Ableitermaterial in der Regel Aluminium verwendet. Es ist dort chemisch stabil und überzeugt durch geringe Kosten und eine hohe Leitfähigkeit. Die Dicke des Kathodenableiters beträgt in der Regel 20-25 μm [Kor13].
An der Anode kann Aluminium nicht verwendet werden. Aufgrund des geringen Potentials interkalieren die Lithium-Ionen in das Aluminium und bilden eine Legierung, was zur Zerstörung der Zelle führt. Es muss daher auf das teurere Kupfer ausgewichen werden. Die Dicke des Ableiters wird dann so dünn wie möglich und so dick wie nötig, entsprechend den Leistungsanforderungen an die Zelle, gewählt. Üblich sind Ableiterdicken von 8-18 μm [Kor13].

Binder und Leitruß Um einen guten Zusammenhalt der Elektrodenpartikel (Kohäsion) sowie eine gute Haftung am Ableiter (Adhäsion) zu gewährleisten wird dem Elektrodenpulver im Zuge der Prozessierung ein Binder zugesetzt. In der Regel kommt dabei Polyvinylidendifluorid (PVDF) zum Einsatz, dass in N-Methylpyrrolidon (NMP) gelöst ist. Bei Trocknung der Elektrode dampft das Lösungsmittel rückstandsfrei ab und die zurückbleibende haarähnliche PVDF Struktur stabilisiert die Elektrode. Der Anteil zugesetzten PVDF's beträgt etwa 2-8 % [Kor13].
Für eine gute elektronische Anbindung aller Partikel wird zudem Leitruß zugesetzt. Die genaue Menge variiert mit dem Optimierungsziel der Zelle. Soll eine hohe Energiedichte erzielt werden, wird aus Gewichtsgründen eher weniger Leitruß zugesetzt. Für eine hohe Leistungsdichte wird der Anteil entsprechend erhöht. Übliche Leitrußanteile liegen im Bereich 1-5 % [Kor13].

2.1.3. Verlustprozesse

Von einer idealen Batterie wird erwartet, dass die bei der Ladung eingebrachte Energiemenge wieder vollständig entnommen werden kann. In der Praxis ist dies jedoch nie der Fall. Es wird an verschiedenen Stellen der Batterie elektrische Energie in Wärme umgesetzt, die dann als Verlustwärme abgestrahlt wird und nicht mehr als Nutzenergie zur Verfügung steht. Dies zeigt sich im elektrischen Verhalten einer Batterie darin, dass die Spannung der Zelle in Ruhe, U_{Ruhe}, sich stets vom Spannungswert U_{Last} bei Stromfluss unterscheidet. Die Ruhespannung bestimmt die in einem Arbeitspunkt bei gegebenem Entladestrom I_0 maximal entnehmbare elektrische Energie

$$\mathrm{d}E_{\mathrm{max}} = U_{\mathrm{Ruhe}} \cdot I_0 \cdot \mathrm{d}t \tag{2.3}$$

Die Spannung unter Last beschreibt, welche elektrische Energie

$$\mathrm{d}E = U_{\mathrm{Last}} \cdot I_0 \cdot \mathrm{d}t \tag{2.4}$$

tatsächlich entnommen wird. Die in Wärme umgesetzte Verlustenergie ist somit gegeben durch

$$\mathrm{d}E_{\mathrm{max}} - \mathrm{d}E = (U_{\mathrm{Ruhe}} - U_{\mathrm{Last}}) \cdot I_0 \cdot \mathrm{d}t \tag{2.5}$$

Die Differenz beider Spannungen wird als Polarisationsspannung

$$\Delta\eta_{\mathrm{pol}} = U_{\mathrm{Ruhe}} - U_{\mathrm{Last}} \tag{2.6}$$

bezeichnet und ist ein Maß für die entstehenden Verluste. Das Ziel der Minimierung der auftretenden Verluste kann damit als Ziel der Minimierung der Polarisationsspannung formuliert werden. Die Polarisationsspannung setzt sich dabei aus verschiedenen Anteilen zusammen, die unterschiedliche physikalische Ursachen haben und an unterschiedlichen Orten in der Batterie auftreten. Diese Anteile werden als Verlustprozesse bezeichnet. Die wichtigsten Verlustprozesse sind im Folgenden aufgeführt [Ill14]:

- **Ohmsche Verluste:** Ohmsche Verluste treten auf durch die endliche Leitfähigkeit der Ableiter, des Aktivmaterials und des Elektrolyten. Der Elektrolyt ist hierbei oft der dominierende Anteil.
- **Kontaktwiderstand:** Kontaktwiderstände treten auf an den Kontaktstellen zwischen Aktivmaterialpartikeln sowie zwischen Aktivmaterial und Ableiter.

- **Ladungstransfer:** Der Ladungstransfer von Lithium-Ionen vom Elektrolyten in die Aktivmaterialpartikel und zurück erfordert den Abfall einer Ladungstransferüberspannung über der Grenzfläche.
- **Festkörperdiffusion:** Die Konzentrationsänderung von Lithium-Ionen an der Grenzfläche aufgrund zu langsamen Transports im Aktivmaterial wirkt als Polarisationsspannungsbeitrag, der als Festkörperdiffusionspolarisation bezeichnet wird.

Die mathematische Beschreibung dieser und weiterer Verlustprozesse, wie beispielsweise der Elektrolytdiffusionspolarisation aufgrund zu langsamen Transports im Elektrolyten oder der Elektrolytkonzentrationspolarisation aufgrund von Konzentrationsgradienten im Elektrolytraum, wird in Kapitel 4 ausführlich behandelt.
Gelingt es, die einzelnen Verlustprozesse zu trennen und zu quantifizieren, so kann die Zelle gezielt auf eine Verringerung der dominanten Verlustprozesse hin optimiert werden. Andererseits ermöglicht die genaue Quantifizierung eines Verlustprozesses den Rückschluss auf die zugrunde liegenden physikalischen Parameter, wie beispielsweise Leitfähigkeiten oder Diffusionskoeffizienten. Ein geeignetes Instrument zur Trennung der einzelnen Verlustprozesse ist die Impedanz der Zelle, die in Kapitel 2.2 eingeführt wird.

2.1.4. Beschreibung der realen Mikrostruktur

Wie bereits schematisch in Abbildung 2.1 dargestellt, besteht eine reale Elektrode in der Regel nicht aus einer dichten und homogenen Aktivmaterialschicht, sondern ist aus kleineren und größeren Partikeln aufgebaut, die durch zugesetzten Leitruß miteinander und mit dem metallischen Ableiter elektronisch verbunden sind. Die Räume zwischen den Partikeln sind mit flüssigem Elektrolyt gefüllt, durch die die Lithium-Ionen zu den einzelnen Aktivmaterialpartikeln gelangen können. Abbildung 2.3 zeigt beispielhaft eine Rasterelektronenmikroskopaufnahme der realen Mikrostruktur einer LFP Kathode aus [End14]. Je kleiner der Querschnitt dieser Elektrolytkanäle ist, bzw. je gewundener und somit länger diese Kanäle sind, desto größer ist der Widerstand, den die transportierten Lithium-Ionen überwinden müssen. Der Einfluss der realen Mikrostruktur kann dabei durch zwei Größen quantifiziert werden: Die Porosität $\varepsilon_{\mathrm{Por}}$ der Elektrode sowie die Tortuosität τ_{Por} der Elektrolytpfade [End14]. Die Porosität $\varepsilon_{\mathrm{Por}}$ ist definiert als Anteil des offenen Porenvolumens am Gesamtvolumen der Elektrode:

$$\varepsilon_{\mathrm{Por}} = \frac{V_{\mathrm{Pore}}}{V_{\mathrm{Elektrode}}} \tag{2.7}$$

Abbildung 2.3: Rasterelektronenmikroskopaufnahme einer LFP-Kathode [End14].

Die Tortuosität beschreibt anschaulich eine Art Wegverlängerungsfaktor durch die Gewundenheit der Elektrolytpfade, wird in der Praxis jedoch auf unterschiedliche Weise definiert [Hol13, End14, Lan16a]. In [End14] wird vorgeschlagen, die Tortuosität empirisch anhand der effektiv herrschenden Elektrolytleitfähigkeit σ_{eff} in einer porösen Struktur zu definieren. Unter Vorgabe der physikalischen Leitfähigkeit σ des Elektrolyten ergibt sich die Tortuosität τ_{Por} damit zu

$$\tau_{\text{Por}} = \frac{\sigma}{\sigma_{\text{eff}}} \varepsilon_{\text{Por}} \tag{2.8}$$

In dieser Definition der Tortuosität enthalten sind auch Einflüsse beispielsweise von Engstellen in den Elektrolytpfaden. Die Tortuosität ist so zwar nicht mehr streng geometrisch interpretierbar, ermöglicht nun jedoch die Beschreibung des Einflusses komplizierter Geometrien auf die beobachtete Leitfähigkeit mittels des einfachen Verhältnisses von Porosität zur Tortuosität. Es gilt dann für die beobachtete Leitfähigkeit des Elektrolyten unter Mikrostruktureinfluss

$$\sigma_{\text{eff}} = \frac{\varepsilon_{\text{Por}}}{\tau_{\text{Por}}} \sigma \tag{2.9}$$

Für das in einer solchen Struktur herrschende Verhältnis von tatsächlichem Diffusionskoeffizienten D und beobachtetem Diffusionskoeffizienten D_{eff} gilt nach [End14] analog

$$D_{\text{eff}} = \frac{\varepsilon_{\text{Por}}}{\tau_{\text{Por}}} D \tag{2.10}$$

Der Quotient $\frac{\varepsilon_{\mathrm{Por}}}{\tau_{\mathrm{Por}}}$ wird auch als MacMullin-Zahl

$$N_{\mathrm{M}} = \frac{\varepsilon_{\mathrm{Por}}}{\tau_{\mathrm{Por}}} \tag{2.11}$$

bezeichnet [Lan16a].

2.2. Grundlagen zur Impedanz

Die vorliegende Dissertationsschrift behandelt die Charakterisierung einer Lithium-Ionen-Batterieelektrode durch Analyse ihrer Impedanz. Dies ist möglich, da die Impedanz als spezifischer Fingerabdruck eines elektrochemischen Systems interpretiert werden kann, der die Strom-Spannungs-Charakteristik an einem definierten Arbeitspunkt des Systems vollständig beschreibt. Alle elektrochemischen Verlustprozesse, die diese Charakteristik beeinflussen, sind folglich in der Impedanz sichtbar und können durch Messung der Impedanz quantifiziert werden. In den folgenden Unterkapiteln wird der Impedanzbegriff präzise eingeführt. Dazu werden zunächst die hierfür notwendigen Begriffe der Fourier- und Laplace-Transformation vorgestellt. Im Anschluss an die damit mögliche Definition der Impedanz wird die interessante Eigenschaft der Kramers-Kronig Transformierbarkeit von Impedanzen erläutert, die die Möglichkeit der Validitätsprüfung von Impedanzspektren eröffnet. Den Abschluss des Kapitels bildet die Vorstellung der Impedanz eines RC-Glieds und die Diskussion der zentralen Rolle, die diese bei der Analyse komplizierterer Impedanzen spielt.

2.2.1. Laplace-Transformation

Die Laplace-Transformierte eines Zeitsignals $x(t)$ ist unter Verwendung des komplexen Parameters $s = \delta + j\omega$ nach [Föl00] definiert als

$$X(s) = \mathcal{L}\left\{x(t)\right\} = \int_0^\infty x(t) \cdot \mathrm{e}^{-st}\,\mathrm{d}t \tag{2.12}$$

Das Signal $x(t)$ kann dabei beispielsweise einen Strom- oder auch einen Spannungsverlauf über der Zeit repräsentieren. Der große Vorteil der Laplace-Transformation besteht darin, dass zeitliche Ableitungen von Signalen durch Anwendung der Transformation als simple Multiplikationen mit dem komplexen Parameter s dargestellt werden können [Föl00]:

$$\mathcal{L}\left\{\frac{\mathrm{d}x(t)}{\mathrm{d}x}\right\} = s \cdot X(s) - x(+0) \tag{2.13}$$

Dies ermöglicht die sehr einfache Darstellung und Lösung von linearen Differentialgleichungen mit konstanten Koeffizienten, mit denen eine Vielzahl von technischen Systemen, zumindest näherungsweise, beschrieben werden können. Diese Differentialgleichungen haben nach [Föl00] die Form

$$a_n y^{(n)} + a_{n-1} y^{(n-1)} + \cdots + a_1 y' + a_0 y = b_n x^{(n)} + b_{n-1} x^{(n-1)} + \cdots + b_1 x' + b_0 x \tag{2.14}$$

wobei $x(t)$ das Eingangssignal und $y(t)$ das Ausgangssignal des Systems darstellen. Die Parameter a_i und b_i sind zeitlich konstante reelle Parameter mit $a_n \neq 0$ und mindestens einem $b_i \neq 0$. Das hierdurch beschriebene System S ist linear, da eine Linearkombination von Eingangssignalen zu einer Linearkombination der entsprechenden Ausgangssignale führt [Föl00]:

$$S\{cx_1(t) + dx_2(t)\} = cy_1(t) + dy_2(t) \tag{2.15}$$

Es ist zeitinvariant, da sich die Systemeigenschaften aufgrund der konstanten Parameter nicht über die Zeit ändern. Es gilt somit mit der beliebigen Verschiebungszeit $t_0 \geq 0$ [Föl00]:

$$S\{x(t)\} = y(t) \Rightarrow S\{x(t-t_0)\} = y(t-t_0) \tag{2.16}$$

Wendet man die Laplace-Transformation auf eine Differentialgleichung nach 2.14 an, so erhält man bei verschwindenden Anfangswerten

$$\begin{aligned} a_n Y s^n + a_{n-1} Y s^{n-1} + \cdots + a_1 Y s + a_0 y = {} & b_n X s^n + b_{n-1} X s^{n-1} \\ & + \cdots + b_1 X s + b_0 X \end{aligned} \tag{2.17}$$

was in

$$Y(s) = \frac{b_n s^n + b_{n-1} s^{n-1} + \cdots + b_1 s + b_0}{a_n s^n + a_{n-1} s^{n-1} + \cdots + a_1 s + a_0} \cdot X(s) \tag{2.18}$$

umgeformt werden kann. Die Lösung der Differentialgleichung 2.14 kann im Laplace-Bereich also als einfache Multiplikation des transformierten Eingangssignals mit einer komplexen, gebrochen-rationalen Funktion dargestellt werden. Diese Funktion charakterisiert das Übertragungsverhalten des Systems im Gültigkeitsbereich der vorausgesetzten Linearität und Zeitinvarianz somit vollständig und wird als Übertragungsfunktion

$$G(s) = \frac{Y(s)}{X(s)} = \frac{b_n s^n + b_{n-1} s^{n-1} + \cdots + b_1 s + b_0}{a_n s^n + a_{n-1} s^{n-1} + \cdots + a_1 s + a_0} \tag{2.19}$$

bezeichnet. Auf diese Weise können die komplizierten Eigenschaften technischer Systeme in einer einzelnen Funktion zusammengefasst und dargestellt werden. Die im Rahmen dieser Dissertation wichtige Impedanz eines Systems ist ein Spezialfall dieser allgemeinen Übertragungsfunktion, wie nach der Einführung der Fourier-Transformation im nächsten Kapitel erläutert wird.

2.2.2. Fourier-Transformation und Impedanz

Die Fourier-Transformation stellt einen Spezialfall der auf die gesamte Zeitachse erweiterten Laplace-Transformation für die Wahl eines rein imaginären Laplace-Parameters $s = j\omega$ dar. Sie ist nach [Föl00] definiert als

$$X(\omega) = \mathcal{F}\{x(t)\} = \int_{-\infty}^{\infty} x(t) \cdot \mathrm{e}^{-j\omega t} \, \mathrm{d}t \tag{2.20}$$

Bei Betrachtung der entsprechenden Rücktransformationsvorschrift [Föl00]

$$x(t) = \mathcal{F}^{-}\{X(\omega)\} = \frac{1}{2\pi} \int_{-\infty}^{\infty} X(\omega) \cdot \mathrm{e}^{j\omega t} \, \mathrm{d}\omega \tag{2.21}$$

offenbart sich die anschauliche Bedeutung der Fourier-Transformierten eines Signals: Sie beschreibt Amplitude und Phase jener komplexen Schwingungen der Frequenzen ω, die aufintegriert wieder das Zeitsignal ergeben. Die Fourier-Transformierte eines Signals beschreibt somit die Zerlegung des Signals in seine Frequenzanteile. Betrachtet man mit diesem Wissen die zuvor definierte Übertragungsfunktion 2.19 ebenfalls am Punkt $s = j\omega$, so erhält man

$$G(j\omega) = \frac{Y(j\omega)}{X(j\omega)} = \frac{b_n (j\omega)^n + b_{n-1} (j\omega)^{n-1} + \cdots + b_1 (j\omega) + b_0}{a_n (j\omega)^n + a_{n-1} (j\omega)^{n-1} + \cdots + a_1 (j\omega) + a_0} \tag{2.22}$$

mit $Y(j\omega)$ und $X(j\omega)$ den Fourier-Transformierten der Ein- und Ausgangssignale des betrachteten Systems. Dieser Übergang ist selbstverständlich nur für die Signale erlaubt, für die die Fourier-Transformation konvergiert. Dann jedoch entsprechen die Fourier-Transformierten wiederum den Amplituden und Phasen der komplexen Schwingungen, aus denen Ein- und Ausgangssignal zusammensetzbar sind. Die Übertragungsfunktion $G(j\omega)$ ist dann selbst nichts weiter als eine frequenzabhängige komplexe Zahl, die Amplituden und Phasen der Frequenzanteile des Eingangssignals in die Amplituden und Phasen der Frequenzanteile des Ausgangssignals überführt. Abbildung 2.4 veranschaulicht diesen Sachverhalt schematisch. Da $G(j\omega)$ weiterhin mit den Parametern a_i und b_i die komplette Systeminformation enthält, kann das betrachtete System allein durch Analyse dieses Übertragungsverhaltens von Schwingungen verschiedener Frequenzen charakterisiert werden. Für technische Systeme, deren Eingangssignal ein elektrischer Strom $i(t)$ und deren Ausgangssignal eine elektrische Spannung $u(t)$ ist, wird $G(j\omega)$ als Impedanz des Systems bezeichnet. Man schreibt in diesem Fall unter Vernachlässigung der Schreibung der imaginären Einheit j

$$G(j\omega) = Z(\omega) = \frac{U(\omega)}{I(\omega)} \tag{2.23}$$

Bei einem elektrochemischen System wie beispielsweise einer Batterieelektrode bestimmen die ablaufenden Prozesse die exakte Größe der Parameter a_i und b_i und beeinflussen somit die Gestalt der Impedanz. Dies ist der Grund, warum aus der Impedanz auf die im Inneren der Elektrode ablaufenden Prozesse zurückgeschlossen werden kann und somit die Grundlage jeder Impedanzanalyse.

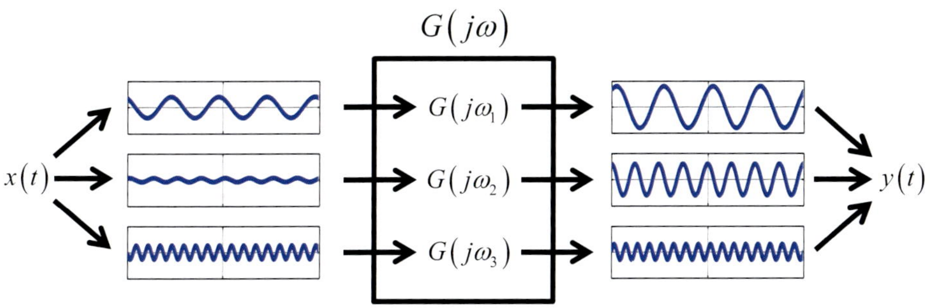

Abbildung 2.4: Schematische Darstellung der Überführung der Frequenzanteile eines Eingangssignals in die Frequenzanteile des Ausgangssignals.

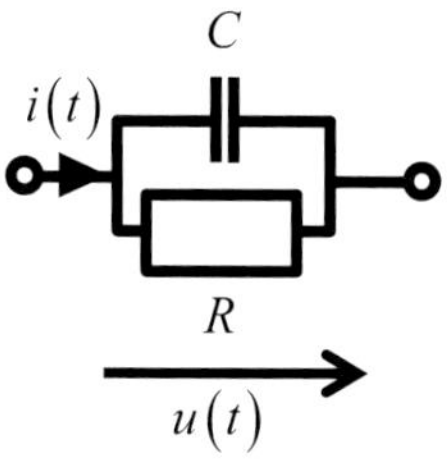

Abbildung 2.5: Ersatzschaltbild eines RC-Glieds.

Nach dieser Motivation der Größe Impedanz ergibt sich unmittelbar, wie die Impedanz eines Systems gemessen werden kann: Entweder durch Berechnung und Division der Fourier-Transformierten gemessener Strom- und Spannungssignale des betrachteten Systems oder durch Anlegen von Schwingungen verschiedener Frequenz an das System und Bestimmung von Amplitudenverhältnis und Phasenverschiebung. Ersteres wird als Zeitbereichsmessung bezeichnet [Sch10, Klo11], letzteres als Elektrochemische Impedanzspektroskopie (EIS) [Ora11]. Beide Verfahren werden in Kapitel 5 ausführlich behandelt.

2.2.3. Impedanz eines RC-Glieds

Eine zentrale Rolle bei der Analyse komplizierter Impedanzen spielt die Impedanz der Parallelschaltung eines ohmschen Widerstands und einer Kapazität, im Folgenden als RC-Glied bezeichnet. Es ist die einfachste Anordnung, deren Spannungsantwort nach Anlegen eines Stromsprungs ein konvergent ansteigendes Verhalten zeigt. Es spiegelt so die grundsätzliche Dynamik der Spannung eines elektrochemischen Systems unter Beeinflussung durch die intern ablaufenden physikalischen Prozesse wider. Das Ersatzschaltbild des RC-Glieds ist in Abbildung 2.5 dargestellt. Der Impedanzausdruck des RC-Glieds ergibt sich als Spezialfall der in den vorherigen Unterkapiteln gezeigten Herleitung der allgemeinen Impedanz. Die beschreibende Differentialgleichung des RC-Glieds ergibt sich aus der Definition des Übertragungsverhaltens der Kapazität C

$$i_C(t) = C \cdot \frac{\mathrm{d}u(t)}{\mathrm{d}t} \tag{2.24}$$

und dem Übertragungsverhalten eines ohmschen Widerstands R

$$i_R(t) = \frac{1}{R} \cdot u(t) \tag{2.25}$$

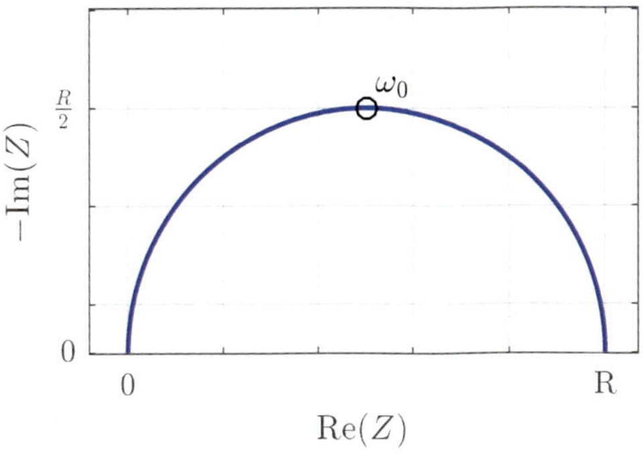

Abbildung 2.6: Nyquist-Plot der Impedanz eines RC-Glieds.

unter Beachtung von Knoten- und Maschenregel zu

$$\frac{1}{R} \cdot u(t) + C \cdot \frac{\mathrm{d}u(t)}{\mathrm{d}t} = i(t) \tag{2.26}$$

Transformation in den Laplace-Bereich und anschließende Wahl von $s = j\omega$ liefert schließlich die Impedanz des RC-Glieds:

$$Z(\omega) = \frac{U(\omega)}{I(\omega)} = \frac{R}{1 + j\omega RC} \tag{2.27}$$

Der Verlauf dieser Impedanz ist in Abbildung 2.6 dargestellt. Dort ist ersichtlich, dass die Impedanz in einer Auftragung Imaginärteil gegen Realteil, dem sogenannten Nyquist-Plot, die Form eines Halbkreises mit einem Durchmesser entsprechend dem ohmschen Widerstand R hat. Das Maximum des Halbkreises liegt bei der charakteristischen Frequenz

$$\omega_0 = \frac{1}{RC} \tag{2.28}$$

Diese charakteristische Frequenz ist eng verknüpft mit dem Verhalten des RC-Glieds im Zeitbereich. Unter Annahme eines ideal sprungförmigen Stromverlaufs der Sprunghöhe I_0, $i(t) = I_0 \cdot \sigma_{\mathrm{Sprung}}(t)$, und eines Spannungsanfangswertes $u(0) = 0$ erhält man durch Lösung der Differentialgleichung 2.26 für $t \geq 0$ die Spannungsantwort

$$u(t) = R \cdot I_0 \cdot (1 - \mathrm{e}^{-\frac{t}{RC}}) \tag{2.29}$$

Diese ist in Abbildung 2.7 dargestellt. Die Spannung baut sich zunächst zeitlich auf und nähert sich dann einem Endwert, bei dem sie schließlich unverändert verbleibt. Der zeitliche Aufbau der Spannung wird dabei als Aufklingen bezeichnet und ist nach $t = 3 \cdot RC$ zu 95% abgeschlossen. Das Produkt RC ist damit ein Maß für die Aufklingdauer und wird als Zeitkonstante

$$\tau = RC \tag{2.30}$$

bezeichnet. Da Zeitkonstante und charakteristische Frequenz über

$$\omega_0 = \frac{1}{\tau} \tag{2.31}$$

verknüpft sind, erlaubt die Betrachtung der charakteristischen Frequenz eine direkte Aussage über die Aufklingdauer der Spannungsantwort.

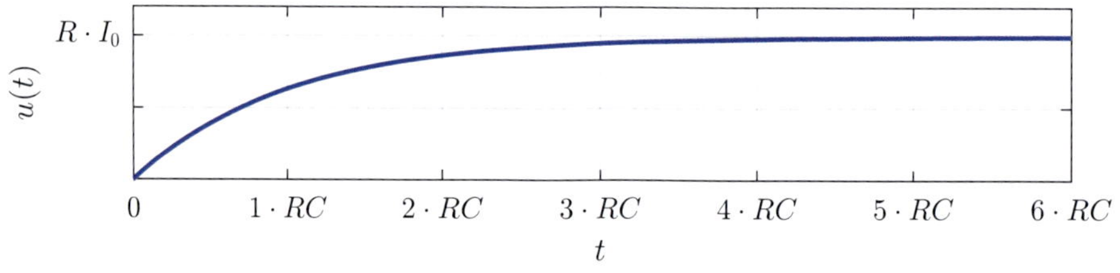

Abbildung 2.7: Spannungsantwort eines RC-Glieds auf ein sprungförmiges Stromsignal.

Die zentrale Rolle des RC-Glieds zum anschaulichen Verständnis von Impedanzen ergibt sich daraus, dass die Impedanz beliebig komplizierter elektrochemischer Systeme unter gewissen Voraussetzungen durch eine Serienschaltung von RC-Gliedern approximiert werden kann, wie im Rahmen dieser Promotion gezeigt wurde [Sch15b] (siehe auch Kapitel 6.1). Die Approximationsgüte lässt sich dabei mit wachsender Anzahl von RC-Gliedern beliebig steigern. Dieser Umstand ist rein mathematischer Natur und bedeutet nicht, dass ein elektrochemisches System auch physikalisch aus RC-Gliedern besteht. Dennoch erlaubt diese Denkweise, selbst komplizierteste Impedanzverläufe als bloße Ansammlung von RC-Gliedern unterschiedlicher Zeitkonstanten anzusehen und das Verhalten des Systems im Zeitbereich damit intuitiv zu erfassen. Weitere Implikationen aus dieser Betrachtungsweise werden in Kapitel 6 vorgestellt und diskutiert.

2.2.4. Kramers-Kronig Transformation

Der gezeigte Weg von der Differentialgleichung des Systems über die Übertragungsfunktion hin zur Impedanz ist nur dann gültig, wenn das System zumindest in guter Näherung linear und zeitinvariant ist. Andernfalls kann durch Laplace-Transformation nicht die einfache Form nach Gleichung 2.17 erzielt werden und die Definition einer Übertragungsfunktion ist nicht möglich. Am Beispiel von Batterieelektroden bedeutet dies, dass eine Impedanz nur dann existiert, wenn durch eine entsprechend dimensionierte Anregung sowie einer nur sehr langsamen Alterung der Elektrode sichergestellt ist, dass die Bedingungen von Linearität und Zeitinvarianz erfüllt sind. Wird beispielsweise die Stromstärke bei der Messung der Impedanz zu groß gewählt, so erwärmt sich die Zelle während der Messung. Die Parameter a_i und b_i der beschreibenden Differentialgleichung 2.14 sind dann nicht mehr konstant und das ermittelte Impedanzspektrum ist fehlerhaft.

Eine in dieser Hinsicht nützliche Eigenschaft valider Impedanzen ist die Verknüpfung von Realteil der Impedanz $\mathrm{Re}(Z(\omega))$ und Imaginärteil der Impedanz $\mathrm{Im}(Z(\omega))$ über die Kramers-Kronig Transformation, die nach [Sch14b] (im Original in leicht veränderter Form gegeben in [Kro26, Kra27]) als

$$\begin{aligned} \mathrm{Re}(Z(\omega)) &= \frac{2}{\pi}\int_0^{\infty} \frac{\omega' \cdot \mathrm{Im}(Z(\omega'))}{\omega^2 - \omega'^2}\,\mathrm{d}\omega' \\ \mathrm{Im}(Z(\omega)) &= -\frac{2}{\pi}\int_0^{\infty} \frac{\omega \cdot \mathrm{Re}(Z(\omega'))}{\omega^2 - \omega'^2}\,\mathrm{d}\omega' \end{aligned} \tag{2.32}$$

definiert ist. Diese Verknüpfung von Real- und Imaginärteil der Impedanz ergibt sich aus der Forderung nach Kausalität des Systems, sprich der Tatsache, dass kein Antwortsignal entsteht bevor nicht ein Anregungssignal angelegt wurde. Diese Forderung ist gleichbedeutend damit, dass die Fourier-Rücktransformierte der Impedanz $Z(\omega)$, $z(t)$, für Zeiten $t < 0$ einen Wert von 0 hat [Föl00]. Aus Anwendung der Fourier-Transformation auf die Identität

$$z(t) = z(t) \cdot \sigma_{\mathrm{Sprung}}(t) \tag{2.33}$$

mit $\sigma_{\mathrm{Sprung}}(t)$ dem Einheitssprung

$$\sigma_{\mathrm{Sprung}}(t) = \begin{cases} 0, & t < 0 \\ 1, & t \geq 0 \end{cases} \tag{2.34}$$

ergeben sich nach längerer Umformung die entsprechenden Beziehungen 2.32 [Sch14b]. Die Überprüfung der Gültigkeit dieser Beziehung kann theoretisch genutzt werden, um die Validität gemessener Impedanzspektren zu bewerten. In der Praxis entstehen dabei jedoch Probleme: Zum einen führt die Divergenz der Brüche in den Integralen bei der numerischen Ausführung der Integration zu großen Fehlern. Die Auswertung der Integrale bis zu Frequenzen ∞ erfordert zudem eine Extrapolation der gewonnen Messdaten über den gemessenen Bereich hinaus, was ebenfalls leicht Fehler in die Auswertung der Integrale induziert [UM90, Est91]. Zum anderen können durch Überprüfung der Gültigkeit der Kramers-Kronig Beziehungen nur die Fehler detektiert werden, die sich auf die Kausalität der Impedanz auswirken. Da bei Zeitbereichsmessungen die Impedanz aus kausalen Zeitbereichsdaten ermittelt wird, sind auch die ermittelten Spektren stets kausal. Sie erfüllen damit per Definition die Kramers-Kronig Transformation und Fehler können nicht detektiert werden. Ein entsprechend strengeres Kriterium ist nötig, dass in [Bou95] vorgeschlagen wurde: Es bewertet die Validität einer Impedanz durch die Nachbildbarkeit mit einer Reihenschaltung von RC-Gliedern. Die allgemeine Nachbildbarkeit elektrochemischer Systeme durch ein solches Modell wurde im Rahmen dieser Promotion untersucht [Sch15b] (siehe auch Kapitel 6.1) und damit für das Verfahren nach [Bou95] ein theoretisches Fundament geliefert. Zusätzlich erfolgte im Rahmen dieser Promotion eine Weiterentwicklung des Verfahrens nach [Bou95] zu dem robusten, auch für unerfahrene Anwender geeigneten LIN-KK Test [Sch14b].

2.3. Einführung wichtiger Bezeichnungen

In der vorliegenden Dissertationsschrift werden eine Reihe üblicher Bezeichnungen zur Beschreibung der Charakteristika von Lithium-Ionen-Batterien als bekannt vorausgesetzt. Diese werden in den folgenden Unterkapiteln eingeführt und definiert.

2.3.1. Nennkapazität (C_N)

Die Nennkapazität C_N beschreibt die einer Batterie oder Elektrode entnehmbare Ladungsmenge unter definierten Standardbedingungen. Diese Standardbedingungen umfassen die Wahl der Entladestromstärke, der oberen und unteren Abbruchspannung, der Betriebstemperatur sowie des zur Messung der Kapazität verwendeten Ablaufs aus Wartezeiten, Konstant-Strom- und Konstant-Spannungs-Phasen. Eine übliche Messung der Nennkapazität besteht aus einer Ladung der Batterie/Elektrode mittels Konstant-Strom (*constant current*,

CC), einer anschließenden Haltephase, bei der die Spannung auf dem Wert der oberen Abbruchspannung gehalten wird (*constant voltage*, CV), einer darauf folgenden definierten Wartezeit und schließlich einer Entladung der Zelle mit konstantem Strom der Stärke I_0 bis zur unteren Abbruchspannung. Die im letzten Schritt entnommene Ladungsmenge

$$C_\mathrm{N} = \int_0^{T_\mathrm{Entlad}} I_0 \cdot \mathrm{d}t = T_\mathrm{Entlad} \cdot I_0 \tag{2.35}$$

mit T_Entlad der Dauer der Konstant-Strom Entladephase definiert dann die Nennkapazität der Zelle. Die Nennkapazität trägt die Einheit [As] oder [Ah] und ist somit nicht mit einer Kapazität im physikalischen Sinne, beispielsweise eines Kondensators, mit der Einheit $[\frac{\mathrm{As}}{\mathrm{V}}]$ zu verwechseln.

2.3.2. C-Rate

Die C-Rate beschreibt die Stärke des Stroms, der eine vollständig geladene Zelle unter Standardbedingungen innerhalb einer Stunde vollständig entlädt. Bei Angabe der Nennkapazität in [Ah] entspricht die C-Rate also dem Strom, der betragsmäßig gleich der Nennkapazität der Zelle ist. Stromstärken werden bei Betrachtung von Batterien/Elektroden üblicherweise als Vielfache dieser Größe beschrieben. Eine Stromstärke I_0 entspricht damit bei gegebener Zellkapazität C_N einer Rate von xC mit

$$x = \frac{I_0}{C_\mathrm{N}[\mathrm{Ah}]} \tag{2.36}$$

Die mit dieser Stromstärke beaufschlagte Zelle wird also innerhalb von $\frac{1}{x}$h vollständig entladen.

2.3.3. Ladezustand (SOC)

Der Ladezustand einer Zelle beschreibt, welcher Anteil der Nennkapazität der Zelle noch entnommen werden kann, bis die Abbruchspannung erreicht wird. Er wird üblicherweise nach dem englischen "State-of-Charge" mit SOC abgekürzt. Bei einer verfügbaren Ladungsmenge Q_Rest ist der Ladezustand definiert als

$$\mathrm{SOC} = \frac{Q_\mathrm{Rest}}{C_\mathrm{N}} \tag{2.37}$$

2.3.4. Offene Zellspannung (U_{OCV})

Die offene Zellspannung (auch: Leerlaufspannung) bezeichnet die Spannung einer Zelle, wenn kein Stromfluss stattfindet und wenn nach dem letzten Stromfluss eine ausreichend lange Zeit vergangen ist, so dass keine zeitabhängige Änderung der Spannung mehr messbar ist. Sie wird nach dem englischen "Open-Circuit-Voltage" üblicherweise mit OCV abgekürzt. Der Wert U_{OCV} der offenen Zellspannung ist abhängig vom Ladezustand. Misst man die offene Zellspannung bei mehreren Ladezuständen und trägt die Spannungswerte über dem Ladezustand auf, so erhält man die OCV-Kennlinie. In der Praxis wird aus Zeitgründen oft nicht die tatsächliche OCV-Kennlinie sondern lediglich eine quasi-OCV Kennlinie bestimmt, indem eine Zelle mit sehr kleinem Strom, beispielsweise C/40, entladen und dabei die Spannung gemessen wird. Da der Unterschied bei korrekter Durchführung gering ist, wird auch letzteres oft als OCV-Kennlinie bezeichnet.

2.3.5. Differentielle Kapazität (C_{Diff})

Die differentielle Kapazität beschreibt, um welchen Betrag $\mathrm{d}U_{\mathrm{OCV}}$ die offene Zellspannung geändert werden muss, um eine Ladungsmenge $\mathrm{d}Q$ zu entnehmen. Sie ist folglich definiert als

$$C_{\mathrm{Diff}} = \frac{\mathrm{d}Q}{\mathrm{d}U_{\mathrm{OCV}}} \tag{2.38}$$

und trägt die Einheit $\frac{\mathrm{As}}{\mathrm{V}}$. Im Gegensatz zur Nennkapazität einer Zelle handelt es sich bei der differentiellen Kapazität der Einheit nach also um eine Kapazität im physikalischen Sinn. Eine Auftragung der differentiellen Kapazität über der zugehörigen offenen Zellspannung wird als ICA-Kennlinie bezeichnet [Dub06, Dub09, Sch13a]. Abbildung 2.8 zeigt beispielhaft eine OCV-Kennlinie des Kathodenmaterials NMC sowie die zugehörige ICA-Kennlinie. Die Berechnung der differentiellen Kapazität an einem Arbeitspunkt kann erfolgen durch Einbringen einer kleinen Ladungsmenge ΔQ in die Zelle, Messung der Ruhespannungsänderung ΔU und Berechnung des Verhältnisses

$$C_{\mathrm{Diff}} = \frac{\Delta Q}{\Delta U_{\mathrm{OCV}}} \tag{2.39}$$

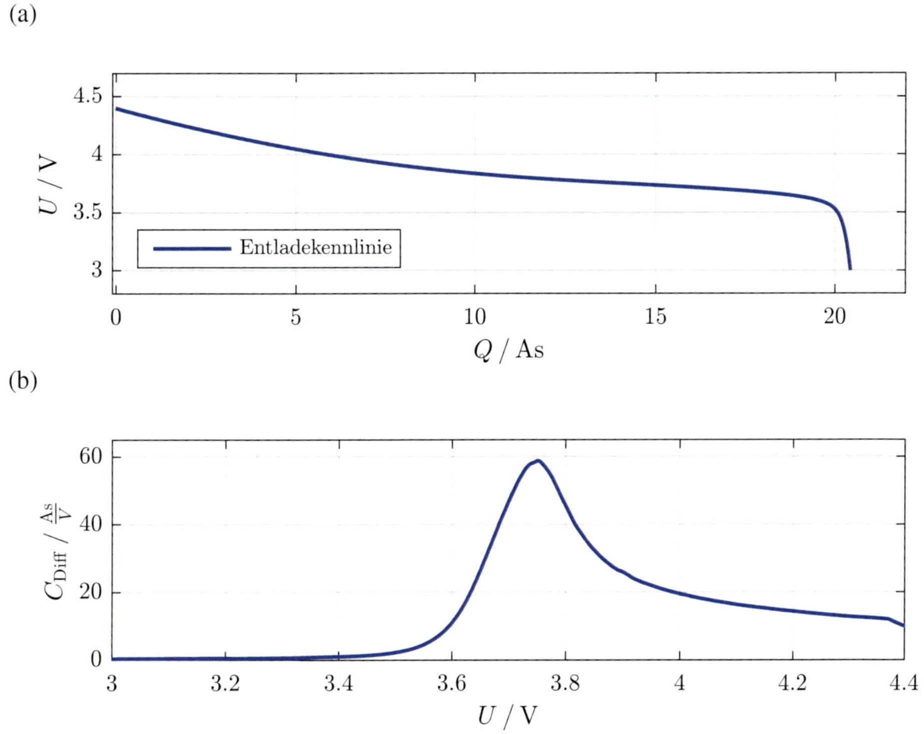

Abbildung 2.8: (a) Quasi-OCV Kennlinie des Kathodenmaterials NMC, bestimmt aus einer C/40 Entlademessung. (b) Zugehörige ICA-Kennlinie.

Ist die OCV-Kennlinie einer Zelle bekannt, so ermittelt sich die zugehörige ICA-Kennlinie durch Invertierung der Ableitung der OCV-Kennlinie nach der Ladung:

$$C_{\mathrm{Diff}}(U_{\mathrm{OCV}}) = \left(\frac{\mathrm{d}U_{\mathrm{OCV}}}{\mathrm{d}Q}\right)^{-1} \tag{2.40}$$

Je nach Qualität der Messdaten muss zuvor eine Filterung der Daten durchgeführt werden, um eine Verstärkung des Messrauschens durch die Ableitungsbildung zu vermeiden [Ric10].

2.3.6. Durchtrittswiderstand (R_{Ohm})

Der Realteil des Impedanzpunkts bei dem gilt

$$\mathrm{Im}(Z) = 0 \tag{2.41}$$

wird als Durchtrittswiderstand R_{Ohm} bezeichnet. Dieser Widerstand beschreibt den Anteil der Spannungsantwort nach Anlegen eines Stromes, der direkt proportional zum fließenden Strom ist.

2.3.7. Polarisationswiderstand (R_{Pol})

Die Differenz

$$R_{\mathrm{Pol}} = \lim_{\omega \to 0} \mathrm{Re}(Z(\omega)) - R_{\mathrm{Ohm}} \tag{2.42}$$

wird als Polarisationswiderstand R_{Pol} bezeichnet. Der Polarisationswiderstand beschreibt den Anteil der Spannungsantwort nach Anlegen eines Stromes, der nach Abschaltung des Stromes wieder vollständig verschwindet.

2.3.8. Polarisationsspektrum (Z_{Pol})

Der Imaginärteil der Impedanz eines kapazitätsbehafteten Systems divergiert für kleine Frequenzen. Aus Darstellungsgründen wird daher oft die Impedanz der enthaltenen Kapazität C subtrahiert:

$$Z_{\mathrm{Pol}} = Z - \frac{1}{j\omega C} \tag{2.43}$$

Das so modifizierte Spektrum zeigt nur noch den Polarisationsanteil der Impedanz und wird im Rahmen dieser Arbeit als Polarisationsspektrum bezeichnet.

3. Stand der Technik

3.1. Impedanzmodelle für Lithium-Ionen-Batterieelektroden

Wie in Kapitel 2.2.2 gezeigt, beschreibt die Impedanz das Strom-Spannungsverhalten von elektrochemischen Systemen. Die charakteristischen Parameter des elektrochemischen Systems, die eine Auswirkung auf das Strom-Spannungsverhalten haben, finden sich somit in der Impedanz wieder und determinieren diese bezüglich Größe und Form. Um die charakteristischen Parameter eines elektrochemischen Systems zu bestimmen, wird daher versucht mit Impedanzmodellen gemessene Impedanzen nachzubilden. Bei guter Nachbildung und physikalisch motivierter Modellvorstellung wird von den Parametern des Impedanzmodells auf die Parameter des realen Systems geschlossen.
Für Lithium-Ionen-Batterieelektroden existiert eine Vielzahl von Impedanzmodellen, die nach ihrem Detaillierungsgrad unterschieden werden können. Auf der einen Seite stehen Modelle, deren Elemente zwar keine direkte physikalische Bedeutung haben, die es jedoch ermöglichen, die Impedanz eines Systems nachzubilden und sein Strom/Spannungsverhalten zu beschreiben. Diese Modelle werden als Verhaltensmodelle bezeichnet. Ein Beispiel für diese Modellart ist gegeben in [And11, Sch13b], wo Impedanzen von Lithium-Ionen-Batterien durch eine Serienschaltung von RC-Gliedern nachgebildet werden. Eine Unterart dieser Modellierungsstrategie ist, die Kapazität in den RC-Gliedern durch Konstant-Phasen-Elemente zu ersetzen, was eine Reduktion der Anzahl benötigter Modellelemente erlaubt [Bul03]. Ein typisches Einsatzgebiet solcher Modelle ist die Verhaltenssimulation von Lithium-Ionen-Batterien, beispielsweise in automobilen Anwendungen. Ihre automatisierte Parametrierung durch Beobachtung der Strom- und Spannungssignale der Batterie im Zeitbereich ist Gegenstand aktueller Forschung [Eck15b].
Am anderen Ende des Spektrums stehen physikalisch basierte, analytische Impedanzmodelle, die nicht nur die Vorgänge an einem einzelnen Elektrodenpartikel modellieren [Doy00], sondern auch Einflüsse von Agglomeraten [Hua14, Hua15b], der Potentialverteilung in der diffusen Helmholtzschicht [Hua15a], Deckschichten [Mey00] oder Inhomogenitäten der Elek-

trode [Hua16] durch analytische Gleichungen berücksichtigen. Auch der Einfluss der Porosität [Mey00, Hua06, Sik07, Mel08, Sun09] und der Partikelgrößenverteilung [Son13, Cho15] der Elektrode wird bei diesen Modellen auf komplexe Weise inkludiert.
Einen Kompromiss zwischen der Simplizität und Anschaulichkeit der Verhaltensmodelle und der physikalischen Präzision bei mathematisch hoher Komplexität der analytischen Modelle stellen Impedanzmodelle mit physikalisch motivierten, konzentrierten Ersatzschaltbildelementen dar. Diese bestehen für dünne Elektroden aus einer Serienschaltung verschiedener, physikalisch motivierter Impedanzelemente [Ran47, Lev99, Ill11, Sch11, Ill12, Xu13, Li14, Eck15a]. Bei großen Elektrodendicken werden diese zu sogenannten Kettenleitermodellen erweitert. Diese diskretisieren die räumlich ausgedehnte Elektrode und weisen jedem Diskretisierungsabschnitt ein lokales Impedanzmodell zu. Die einzelnen Abschnitte werden durch Übergangswiderstände verbunden. Kettenleitermodelle geben auf diese Weise prinzipiell die Struktur der Elektrode wider und ermöglichen die Berücksichtigung der (homogenisierten) Mikrostruktur. Grundlegende Arbeiten zu Kettenleitermodellen und deren mathematischer Beschreibung wurden in [Eul60] und [Bis00] veröffentlicht. Darauf aufbauend wurden in den letzten Jahren eine Vielzahl von Kettenleitermodellen aufgestellt und angewendet, meist um den hochfrequenten Bereich ($f > 100\,\mathrm{mHz}$) der Impedanz von Lithium-Ionen-Batterieelektroden zu modellieren [Bar99, Geo03, Ogi12, Ill14, Ill15]. Aufgrund des Modellierungsziels im Hochfrequenten wurden dabei niederfrequente Impedanzbeiträge ($f < 100\,\mathrm{mHz}$), beispielsweise durch Diffusion im Elektrolyten oder Diffusion im Aktivmaterial der Elektrode, nicht oder nur unvollständig berücksichtigt.
Die vorliegende Arbeit hat zum Ziel, die existierenden Modelle auf den niederfrequenten Bereich der Impedanz zu erweitern. In Kapitel 4 wird daher ein Kettenleitermodell zur Beschreibung einer Lithium-Ionen-Batterieelektrode unter Berücksichtigung der niederfrequenten Impedanzbeiträge durch Elektrolyt- und Festkörperdiffusion und der Verteilung von Partikelgrößen hergeleitet. Die Herleitung geht aus von den fundamentalen Gleichungen der Reaktionskinetik und des Massentransports und leitet aus diesen zunächst die Impedanz eines einzelnen Aktivmaterialpartikels für den gesamten Frequenzbereich ab. Der geschilderten Idee von Kettenleitern folgend wird diese Struktur in einen Kettenleiter eingesetzt und um den Einfluss mehrerer Partikelgrößen ergänzt.

3.2. Niederfrequenz-Impedanzmessung im Zeitbereich

Als Zeitbereichsmessung werden all jene Impedanzmessverfahren bezeichnet, bei denen die Anregung nicht wie bei der EIS durch monofrequente Sinusschwingungen erfolgt, sondern durch beliebige andere Anregungssignalformen. Es können die folgenden Verfahren unterschieden werden: Bei Multisine-Verfahren werden Schwingungen unterschiedlicher Frequenz additiv überlagert und mit einem solchen Signalpaket das zu vermessende System angeregt. Die Überlagerung kann primitiv [Pop92, Dar00] oder optimiert in Hinblick auf die Stärke des resultierenden Signals erfolgen [VG04, VG06, VI09]. Bei rauschbasierten Verfahren wird weißes Rauschen als Anregungssignal genutzt. Diese Verfahren bieten den Vorteil, dass alle Frequenzen gleichförmig angeregt werden [Gab92]. Andere Ansätze gehen wiederum von einer gewünschten Frequenzcharakteristik aus und berechnen aus dieser das zugehörige Anregungssignal im Zeitbereich [Hau17]. Alle genannten Anregungsformen haben gemein, dass Sie mitunter schwierig realisierbar sind bzw. spezielle Messtechnik erfordern. Sehr einfach und robust zu realisierende Anregungsformen sind dagegen Puls- und Sprunganregungen. Bei diesen wird die Spannung ausgehend vom Ruhezustand sprungförmig erhöht und die Stromantwort gemessen [Sch10, Klo11]. Alternativ wird ein Strompuls endlicher Länge an das System angelegt und die Spannungsantwort gemessen [Sch16]. Auch Current-Interrupt bzw. Relaxationsmessungen, bei denen ein fließender Strom abgeschaltet und aus der Spannungsrelaxation die Impedanz des Systems ermittelt wird [Lar94, Pli00], können als Sprungmessungen interpretiert werden. Ein Vergleich zwischen Sinus-, Rausch und Sprunganregung wird in [Gab82] gegeben.

Die Berechnung der Impedanz aus den Zeitbereichsdaten kann mit verschiedenen Methoden erfolgen: Die einfachsten Verfahren sind die Fourier-Transformation [Gar04] bzw. die Laplace-Transformation [Pil70, Tak00]. Eine Verbesserung dieser einfachen Verfahren bezüglich Qualität der Impedanzspektren wurde in [Sch10] bzw. [Klo11] entwickelt. Das Verfahren nach [Sch10, Klo11] setzt dabei Anregungssignale mit definierten Anregungszeitpunkten voraus. Für den Fall beliebiger, a priori unbekannter Anregungszeitpunkte wurde in [Sch14a] im Rahmen dieser Promotion eine entsprechende Verallgemeinerung der Verfahren aus [Sch10, Klo11] entwickelt. Letzteres entspricht der Anregung, die durch die Benutzung eines technischen Systems auf natürliche Weise entsteht.

Den Transformationsverfahren stehen die Modellfitverfahren gegenüber: Bei diesen wird an die Messdaten im Zeitbereich ein Modell angepasst und aus den ermittelten Modellparametern die Impedanz berechnet [Pli00, Bar02, Mac07, Fel16]. Für den Spezialfall pulsförmiger Anregung wird diese Methodik auch als Puls-Fitting bezeichnet [Sch13a, Sch16].

Ausgehend von den Verfahren nach [Sch10, Klo11] bzw. [Sch13a, Sch16] wird in der vorliegenden Dissertationsschrift eine systematische Betrachtung möglicher Fehler und deren Auswirkung auf die ermittelte Impedanz durchgeführt (siehe Kapitel 5.2.3). Eine Alternative zu der in [Sch13a] vorgeschlagenen Methode der Selbstentladungskompensation wird ebenfalls vorgestellt.

3.3. Charakterisierung von Elektrolyten

Der Elektrolyt einer Lithium-Ionen-Batterie kann mit drei physikalischen Parametern beschrieben werden: Der Leitfähigkeit σ, dem effektiven Diffusionskoeffizienten $D_{\mathrm{Elektrolyt}}$ und der Überführungszahl t_{Li^+}. Eine ausführliche mathematische Herleitung dieser Größen wird in Kapitel 4.1 gegeben. Das Ziel einer Charakterisierung des Elektrolyten ist die Bestimmung dieser Parameter. In der Literatur existieren dazu unterschiedliche Methoden: Die Leitfähigkeit eines Flüssigelektrolyten kann in der Regel leicht über Bestimmung des ohmschen Widerstands in einem hochfrequent gemessenen Impedanzspektrum erfolgen [Din01]. Die Überführungszahl kann durch die Hittorf-Methode [Val05] bestimmt werden. Bei dieser wird an eine aus 4 Kammern bestehenden Zelle für eine gewisse Zeit ein Strom angelegt und anschließend über Leitfähigkeits- oder Spannungsmessungen die veränderte Konzentration des Elektrolyten in den äußeren Kammern bestimmt. Aus der Differenz der Konzentrationen kann die Überführungszahl bestimmt werden. Diese Methode setzt voraus, dass sich der von den Elektroden her ausbreitende Konzentrationsgradient noch nicht in die inneren beiden Kammern fortgepflanzt hat [Zug11]. Es sind somit sehr lange Messzellen erforderlich und der experimentelle Aufwand ist sehr hoch. Eine alternative Methode stellt die potentiostatische Polarisierung [Bru88] dar, bei der eine Konstantspannung an eine Elektrolytzelle angelegt und der Strom direkt nach Anlegen der Spannung mit dem stationär fließenden Strom ins Verhältnis gesetzt wird. Dieses Verhältnis entspricht idealerweise der Überführungszahl. In der Praxis stellt besonders die Bestimmung des Stroms direkt nach dem Einschalten ein Problem dar, da der ideal ohmsche Stromwert durch Überlagerung von Ladungstransfereffekten nur schwer bestimmt werden kann. Entsprechend sind zusätzliche Impedanzmessungen notwendig um diesen Effekt zu korrigieren. Eine letzte Methode ist die für Polymerelektrolyte entwickelte galvanostatische Polarisierung [Ma95]. Diese besteht aus drei Teilmessungen: Zunächst wird in einer Konzentrationszelle aus zwei Kammern unter Variation der Elektrolytkonzentration in einer der beiden Kammern die Konzentrationsspannung und deren Abhängigkeit von der Elektrolytkonzentration ermittelt. Anschließend wird an eine Elektrolytmesszelle mit zwei metallischen Lithium-Elektroden ein konstanter Strom angelegt und so ein Konzentrationsgradient aufgebaut. Nach Abschalten des Stroms wird der Spannungswert kurz nach Abschaltung notiert und das Experiment für eine andere Stromstärke oder eine andere Anregedauer wiederholt. Anschließend wird in einer weiteren Messung der Diffusionskoeffizient bestimmt. Aus den Ergebnissen all dieser Experimente kann schließlich die Überführungszahl berechnet werden. Weiterentwicklungen und Abwandlungen dieser Methodik finden sich beispielsweise in [Haf00], [Geo04], [Val05] und [Nym08]. Bei letzterem ist besonders, dass dort die entsprechenden Transport- und Po-

tentialgleichungen des Elektrolyten numerisch gelöst werden und so der Spannungsverlauf eines galvanostatischen Polarisationsexperiments prädiziert wird. Die dabei verwendeten Elektrolytparameter werden im Rahmen einer Optimierung so angepasst, dass die durchgeführten Experimente möglichst gut reproduziert werden.
Eine Bestimmung des Diffusionskoeffizienten erfolgt üblicherweise durch die Methode der *Restricted Diffusion* [Zug11, New73]. Bei dieser Methode wird eine Elektrolytmesszelle zunächst galvanostatisch polarisiert und anschließend aus logarithmischer Auftragung der Relaxationsspannung der Diffusionskoeffizient aus geeignet abgelesener Steigung ermittelt. Weitere Methoden zur Parameterbestimmung umfassen optische Methoden [Nis08] oder auch Untersuchungen mittels Kernspinresonanzspektroskopie (NMR) [Hay12, Cap99]. Mit letzteren kann nicht nur der ambipolare Diffusionskoeffizient sondern auch die Eigendiffusionskoeffizienten von Anionen und Kationen im Elektrolyten bestimmt werden.
Untersuchungen durch Analyse der Impedanz wurden bislang nur an Fest- und Polymerelektrolyten durchgeführt [Sør82, Pol89, Scr00]. In einer erst kürzlich erschienenen Veröffentlichung [Woh16] wird schließlich auch die Impedanz von Flüssigelektrolyten analysiert, die bestimmten Überführungszahlen liegen jedoch in sehr ungewöhnlichen Größenordnungen. Die Ursache für die mangelnde Popularität von Impedanzmessungen zur Charakterisierung von Flüssigelektrolyten liegt in der messtechnisch anspruchsvollen Umsetzung: Die üblicherweise verwendeten Elektroden aus metallischem Lithium sind im Rahmen regulärer Impedanzmessungen mittels EIS nicht stabil. Es kann daher kein gültiges Impedanzspektrum ermittelt werden. In der vorliegenden Dissertationsschrift wird daher vorgeschlagen, die niederfrequente Impedanz des Flüssigelektrolyten aus Zeitbereichsmessungen zu bestimmen. Hierzu wird in Kapitel 4 zunächst ein Impedanzmodell des Elektrolyten hergeleitet. In Kapitel 7.1 wird die Messung der Elektrolytimpedanz im Zeitbereich beschrieben und die ermittelten Impedanzen werden mit Hilfe des hergeleiteten Modells ausgewertet. Aus dem Impedanzmodell können dann bei bekannter MacMullin-Zahl des verwendeten Separators alle relevanten Größen Leitfähigkeit, Diffusionskoeffizient und Überführungszahl gemeinsam ermittelt werden. Für den Fall einer unbekannten MacMullin-Zahl wird ein Messaufbau vorgeschlagen, mit dem die Leitfähigkeit des Elektrolyten ohne Separatoreinfluss bestimmt und daraus die MacMullin-Zahl des Separators berechnet werden kann.

3.4. Niederfrequenzcharakterisierung von Elektroden

Dic Standardverfahren zur Charakterisierung von Batterieelektroden im Niederfrequenzbereich sind die *Potentiostatic-Intermittent-Titration-Technique* (GITT) bzw. die *Potentiostatic-*

Intermittent-Titration-Technique (PITT) [Wep77, Wen79]. Bei diesen Methoden kann unter Gültigkeit strenger Annahmen der Festkörperdiffusionskoeffizient aus einer speziellen Auftragung von Strom- bzw. Spannungssignalen im Zeitbereich abgelesen werden. Schon bei dicken Elektroden bzw. bei Vorhandensein einer Partikelgrößenverteilung schlagen diese Verfahren jedoch fehl: Ihre idealisierten Grundannahmen werden der Komplexität des untersuchten Systems nicht gerecht. Alternativ kann der niederfrequente Bereich durch Impedanzmessungen analysiert werden. Hierbei wird die tatsächliche niederfrequente Charakteristik des Systems erfasst und erst aus einem alle Effekte beschreibenden Modell die physikalischen Parameter des Systems extrahiert. Ein grundsätzlicher Vergleich beider Ansätze ist in [Bak13] gegeben.
Anders als PITT/GITT sind niederfrequente Impedanzmessungen bislang jedoch nicht weit verbreitet. Ursächlich ist die sehr anspruchsvolle Messung der Impedanz in diesem Frequenzbereich. Eine Untersuchung des eingeschränkt niederfrequenten Bereichs bis etwa 1 mHz wird in [Eck15a, Osa03, Han13] dargestellt. Erste Messungen der niederfrequenten Impedanz im μHz Bereich wurden für eine kommerzielle Lithium-Ionen-Zelle in [Sch10, Klo11] durchgeführt. Auch in [Sch13a, Sch15a, Sch16] werden entsprechende Untersuchungen für Vollzellen gezeigt. In [Ill13] wird erstmals die niederfrequente Impedanz einer einzelnen Elektrode ($LiFePO_4$) diskutiert. Der Versuch einer ersten Quantifizierung der niederfrequenten Impedanzbeiträge einer kommerziellen Lithium-Ionen-Zelle erfolgt mit einem stark vereinfachten Modell in [Mer16].
In vorliegender Dissertationsschrift wird erstmals eine Elektrode (NMC) an verschiedenen Ladezuständen im μHz Bereich charakterisiert. Eine Quantifizierung der unterschiedlichen Polarisationseffekte sowie eine Abschätzung der Partikelgrößenverteilung und der aktiven Oberfläche der Elektrode erfolgt mit Hilfe eines ebenfalls hergeleiteten Impedanzmodells (siehe Kapitel 4.3.5 bzw. 7.2).

4. Modellbildung

In den folgenden Unterkapiteln wird die Impedanz einer Lithium-Ionen-Batterieelektrode für den gesamten Frequenzbereich hergeleitet. Die Herleitung erfolgt in drei Teilen: Zunächst wird die Bulk-Impedanz des Elektrolyten hergeleitet. Sie enthält einen ohmschen Beitrag aufgrund der endlichen Leitfähigkeit des Elektrolyten, sowie einen Beitrag durch die räumliche Verschiebung der Ionenkonzentration bei Stromfluss. Im Anschluss wird die Impedanz der Elektrode-Elektrolyt-Grenzfläche hergeleitet. Diese enthält Beiträge aufgrund des Transfers von Lithium-Ionen über die Grenzfläche sowie aufgrund von Hemmungen dieser Transferreaktion durch einen zu langsamen Transport von Lithium-Ionen im Elektrolyten und im Aktivmaterial. Zuletzt werden aus den hergeleiteten Teilimpedanzen Impedanzmodelle relevanter realer Systeme zusammengesetzt.

4.1. Bulkimpedanz des Elektrolyten

Flüssigelektrolyte von Lithium-Ionen-Batterien gehören zur Klasse der binären Elektrolyte, bei denen sowohl Anionen (PF_6^-) als auch Kationen (Li^+) als bewegliche Spezies vorliegen und beim Ladungstransport berücksichtigt werden müssen. Gleichzeitig können jedoch nur die Kationen die Elektrode-Elektrolyt-Grenzfläche passieren. Als Folge kommt es unter Stromfluss zur Ausbildung eines Konzentrationsgradienten im Elektrolyten, der mit einem Spannungsabfall über dem Elektrolytvolumen einhergeht. Der Elektrolyt kann somit nicht allgemein als rein ohmscher Widerstand betrachtet werden. Die folgenden Unterkapitel erklären den Mechanismus der Potentialbildung zunächst anschaulich, bevor ein mathematisches Modell hergeleitet und aus diesem ein Impedanzausdruck abgeleitet wird.

4.1.1. Anschauliche Beschreibung der Vorgänge

In Abbildung 4.1 dargestellt ist ein Modellsystem aus zwei metallischen Lithiumelektroden, zwischen denen sich der Elektrolyt befindet. Abbildung 4.1(a) zeigt die Situation im

Elektrolyten kurz nach Anlegen eines elektrischen Stroms. An den Grenzflächen werden jeweils Li^+-Ionen von der Elektrode in den Elektrolyten transferiert (Abbildung 4.1(a) links) bzw. vom Elektrolyten in die Elektrode eingebaut (Abbildung 4.1(a) rechts). Im Inneren des Elektrolyten wird der Strom anteilig durch Li^+und PF_6^--Ionen getragen, die sich entsprechend ihrer Ladung nach links bzw. nach rechts bewegen. Da der Massenstrom an Li^+-Ionen an den Rändern dem Gesamtstrom entspricht, im Inneren jedoch zunächst nur ein Teil des elektrischen Stroms durch einen äquivalenten Massenfluss an Li^+-Ionen getragen wird (der Rest durch die PF_6^--Ionen), werden in der linken Hälfte des Volumens mehr Li^+-Ionen injiziert als abtransportiert. In der rechten Hälfte werden mehr Li^+-Ionen abtransportiert als nachgeliefert werden. Auf diese Weise entsteht eine Verschiebung der Konzentration beider Ionenarten nach links. Dies ist in Abbildung 4.1(b) idealisiert dargestellt. Der entstandene Konzentrationsgradient hat nach dem Fickschen Gesetz einen Diffusionsstrom zur Folge, der den Konzentrationsgradienten abzubauen versucht. Da die Beweglichkeit der Li^+-Ionen aufgrund einer diese umschließenden Solvathülle geringer ist als die Beweglichkeit der

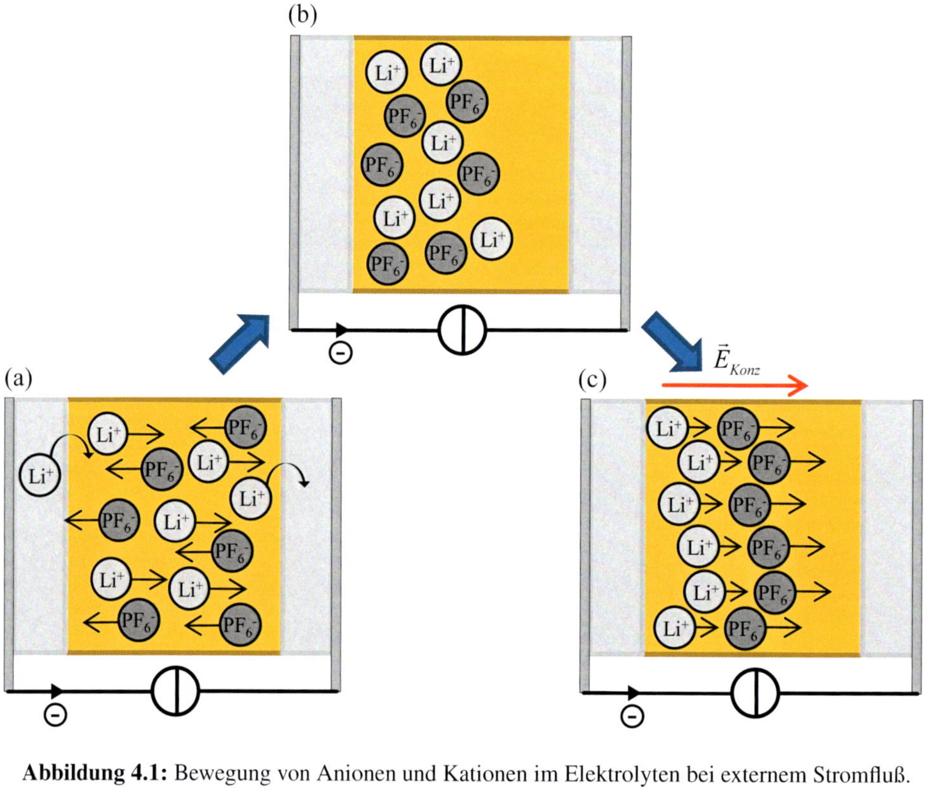

Abbildung 4.1: Bewegung von Anionen und Kationen im Elektrolyten bei externem Stromfluß.

PF_6^--Ionen [Xu04] diffundieren letztere schneller und es kommt zu einer gerichteten mikroskopischen Ladungstrennung beider Spezies. Wie in Abbildung 4.1(c) zu sehen, hat dies ein elektrisches Feld $\vec{E}_{\text{Konz}}$ zwischen beiden Ionenarten zu Folge, das makroskopisch als zusätzlicher, zeitlich aufklingender Spannungsabfall über dem Elektrolyten gemessen werden kann. Dieser Spannungsabfall wird in der Literatur oft als Diffusionsspannung bezeichnet [Boc07]. Aus Gründen der Verwechslungsgefahr mit der später behandelten Elektrolytdiffusionsimpedanz wird jedoch in vorliegender Dissertationsschrift der Begriff Konzentrationsspannung gewählt. Die die Konzentrationsspannung beschreibende Impedanz wird dann als Konzentrationsimpedanz bezeichnet.
Die beschriebenen Vorgänge treten zeitgleich auf und wurden nur aus didaktischen Gründen sequentiell dargestellt. Eine exakte Beschreibung erfolgt durch Betrachtung der zugrundeliegenden Transportgleichungen im nächsten Kapitel.

4.1.2. Mathematische Beschreibung der Vorgänge

Der im vorherigen Kapitel geschilderte Mechanismus der Potentialbildung im Elektrolyten wird im Folgenden mathematisch beschrieben und anhand von Simulationen weiter veranschaulicht. Die folgenden Betrachtungen werden durchgeführt für ein 1-dimensionales Elektrolytvolumen der Länge $L_{\text{Elektrolyt}}$, das in Abbildung 4.2 schematisch dargestellt ist. Der Spannungsabfall an den Elektrode-Elektrolyt-Grenzflächen wird zunächst vernachlässigt und erst in Kapitel 4.2 behandelt.

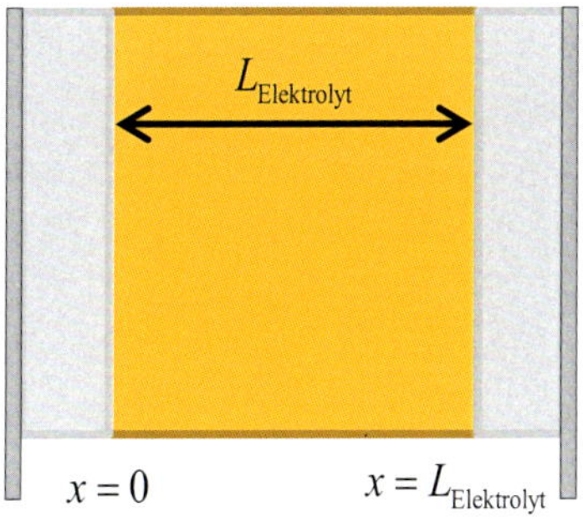

Abbildung 4.2: Elektrolytvolumen der Länge $L_{\text{Elektrolyt}}$.

Im Allgemeinen kann ein Massenstrom der PF_6^- und der Li^+-Ionen im Lösungsmittel bilanziell durch die Wirkung eines elektrischen Felds (Migration), durch Konzentrationsgradienten (Diffusion) oder durch eine Eigenbewegung der Ionen, beispielsweise durch Druckunterschiede oder Strömungseffekte (Konvektion), beschrieben werden. Da sich der Elektrolyt in realen Zellen in einer porösen Elektrodenstruktur oder einem Separator befindet, wo eine Strömungsbildung gut unterdrückt wird, wird der Einfluss durch Konvektion in der Regel vernachlässigt und die Nernst-Planck Gleichung kann zur allgemeinen Beschreibung der Transportverhältnisse herangezogen werden[1]. Sie beschreibt den Massenstrom entsprechend als Summe eines Migrationsstroms aufgrund der Wirkung des elektrischen Feldes auf die geladenen Ionen, sowie eines Diffusionsstroms aufgrund der diffusiven Bewegung der Ionen in einem Konzentrationsgradienten:

$$J_{\mathrm{Li}^+}(x,t) = -u_{\mathrm{Li}^+} \cdot c_{\mathrm{Li}^+}(x,t) \cdot \frac{\partial \Phi(x,t)}{\partial x} - D_{\mathrm{Li}^+} \cdot \frac{\partial c_{\mathrm{Li}^+}(x,t)}{\partial x} \qquad \left[\frac{\mathrm{mol}}{\mathrm{m^2 s}}\right] \tag{4.1}$$

$$J_{\mathrm{PF}_6^-}(x,t) = u_{\mathrm{PF}_6^-} \cdot c_{\mathrm{PF}_6^-}(x,t) \cdot \frac{\partial \Phi(x,t)}{\partial x} - D_{\mathrm{PF}_6^-} \cdot \frac{\partial c_{\mathrm{PF}_6^-}(x,t)}{\partial x} \qquad \left[\frac{\mathrm{mol}}{\mathrm{m^2 s}}\right] \tag{4.2}$$

In diesen Gleichungen enthalten ist die Beweglichkeit $u_x \left[\frac{\mathrm{m^2}}{\mathrm{Vs}}\right]$ der Spezies x, die die Proportionalität zwischen einem angelegten Feld $\vec{E}\left[\frac{\mathrm{V}}{\mathrm{m}}\right]$ und der Driftgeschwindigkeit $\vec{v}_{\mathrm{drift}}\left[\frac{\mathrm{m}}{\mathrm{s}}\right]$ der entsprechenden Spezies beschreibt:

$$\vec{v}_{\mathrm{drift}} = u_x \cdot \vec{E} \tag{4.3}$$

Weiter enthalten sind die Konzentrationen $c_x \left[\frac{\mathrm{mol}}{\mathrm{m^3}}\right]$ sowie die Diffusionskoeffizienten $D_x \left[\frac{\mathrm{m^2}}{\mathrm{s}}\right]$ der entsprechenden Spezies. Die resultierende Massenflußdichte J_x, also die Anzahl der pro Sekunde durch eine Querschnittsfläche tretenden Ionen, trägt die Einheit $\left[\frac{\mathrm{mol}}{\mathrm{m^2 s}}\right]$. Ein positiver Massenstrom sei mit einer Bewegung von Ionen von links nach rechts verknüpft. Es wird hierbei implizit die Gültigkeit der Theorie der verdünnten Lösungen vorausgesetzt. Für Situationen, in denen diese Näherung nicht gilt, müssen die Konzentrationen lediglich durch die Aktivitäten der entsprechenden Spezies ersetzt werden [New04].
Es wird im Folgenden angenommen, dass der Elektrolyt auf makroskopischen Skalen, also etwa innerhalb eines 1 $\mu\mathrm{m}^3$ großen Testvolumens, elektrisch neutral ist. Es seien also stets gleich viele Anionen wie Kationen im Testvolumen vorhanden. Diese Annahme ist allgemein üblich und wird in [Lat11] und [New04] dadurch gerechtfertigt, dass die Feldstärken,

[1] Die angegebene Form der Nernst-Planck Gleichung unterscheidet sich von der in [New04, S. 271] angegebenen Form durch einen Faktor F (Faraday-Konstante, $F = 96485{,}3365\ \frac{\mathrm{C}}{\mathrm{mol}}$) im Migrationsterm. Eine Begründung für die hier gewählte Form ist in Anhang A gegeben.

die notwendig wären um auf makroskopischer Skala eine Ladungstrennung zu bewirken, in technisch irrelevanten Größenordnungen liegen. Die Konzentrationen von Anionen und Kationen sind somit an jedem Ort und für alle Zeiten gleich groß und es gilt:

$$c_{\mathrm{Li}^+}(x,t) = c_{\mathrm{PF}_6^-}(x,t) = c(x,t) \tag{4.4}$$

Unter Berücksichtigung dieser Kopplung kann mit Hilfe von Gleichung 4.1 und 4.2 und Einführung der Faraday-Konstanten $F = 96\,485{,}3365\,\frac{\mathrm{C}}{\mathrm{mol}}$ die Stromdichte

$$j(t) = F \cdot (J_{\mathrm{Li}^+}(x,t) - J_{\mathrm{PF}_6^-}(x,t)) \qquad \left[\frac{\mathrm{A}}{\mathrm{m}^2}\right] \tag{4.5}$$

mit den Gradienten von Konzentration und Potential verknüpft werden:

$$j(t) = -F \cdot (u_{\mathrm{Li}^+} + u_{\mathrm{PF}_6^-}) \cdot c(x,t) \cdot \frac{\partial \Phi(x,t)}{\partial x} + F \cdot (D_{\mathrm{PF}_6^-} - D_{\mathrm{Li}^+}) \cdot \frac{\partial c(x,t)}{\partial x} \tag{4.6}$$

Es wird dabei ersichtlich, dass die Stromdichte im Elektrolyten bilanziell aus einem von beiden Spezies getragenen Migrationsstrom sowie der Differenz der Diffusionsströme von Li^+und PF_6^-zusammengesetzt ist, wobei diese Zusammensetzung räumlich und zeitlich variiert: An den Rändern $x = 0$ und $x = L_{\mathrm{Elektrolyt}}$ des Elektrolytvolumens kann die Stromdichte nur von den Li^+-Ionen getragen werden, weshalb sich dort der Diffusionsstromanteil und der Migrationsstromanteil der PF_6^--Ionen exakt kompensieren:

$$u_{\mathrm{PF}_6^-} \cdot c(x,t)|_{x=0} \cdot \left.\frac{\partial \Phi(x,t)}{\partial x}\right|_{x=0} = D_{\mathrm{PF}_6^-} \cdot \left.\frac{\partial c(x,t)}{\partial x}\right|_{x=0} \tag{4.7}$$

$$u_{\mathrm{PF}_6^-} \cdot c(x,t)|_{x=L_{\mathrm{Elektrolyt}}} \cdot \left.\frac{\partial \Phi(x,t)}{\partial x}\right|_{x=L_{\mathrm{Elektrolyt}}} = D_{\mathrm{PF}_6^-} \cdot \left.\frac{\partial c(x,t)}{\partial x}\right|_{x=L_{\mathrm{Elektrolyt}}} \tag{4.8}$$

An anderen Stellen im Elektrolyten wird der Migrationsstrombeitrag der PF_6^--Ionen nach und nach durch einen Diffusionsstrombeitrag der Li^+-Ionen abgelöst, so dass nach ausreichend langen Zeiten nur noch die Li^+-Ionen zum Stromfluss beitragen und sich der Migrations- und Diffusionsstromanteil der PF_6^--Ionen exakt kompensiert.

Um diesen dynamischen Übergang mathematisch zu beschreiben kann genutzt werden, dass die Massenflüsse beider Spezies durch die bekannte Stromdichte verknüpft sind und entfernt durch Einsetzen von Gleichung 4.6 in Gleichung 4.1 und 4.2 rechnerisch den Einfluss des Potentialgradienten aus den Transportgleichungen. Die entstehenden Gleichungen beschreiben die Massenflüsse nur noch als Funktion der bekannten Stromdichte und des Konzentrationsgradienten und sind somit lösbar:

$$J_{\mathrm{Li}^+}(x,t) = \frac{j(t)}{F} \cdot \frac{u_{\mathrm{Li}^+}}{u_{\mathrm{Li}^+} + u_{\mathrm{PF}_6^-}} - \frac{D_{\mathrm{PF}_6^-} u_{\mathrm{Li}^+} + D_{\mathrm{Li}^+} u_{\mathrm{PF}_6^-}}{u_{\mathrm{Li}^+} + u_{\mathrm{PF}_6^-}} \cdot \frac{\partial c(x,t)}{\partial x} \tag{4.9}$$

$$J_{\mathrm{PF}_6^-}(x,t) = -\frac{j(t)}{F} \cdot \frac{u_{\mathrm{PF}_6^-}}{u_{\mathrm{Li}^+} + u_{\mathrm{PF}_6^-}} - \frac{D_{\mathrm{PF}_6^-} u_{\mathrm{Li}^+} + D_{\mathrm{Li}^+} u_{\mathrm{PF}_6^-}}{u_{\mathrm{Li}^+} + u_{\mathrm{PF}_6^-}} \cdot \frac{\partial c(x,t)}{\partial x} \tag{4.10}$$

Durch Einsetzen einer dieser Beziehungen in die Massenerhaltungsgleichung

$$\frac{\partial c(x,t)}{\partial t} = -\frac{J(x,t)}{\partial x} \tag{4.11}$$

ergibt sich schließlich eine Differentialgleichung, die die Konzentrationsentwicklung im Elektrolyten beschreibt:

$$\begin{aligned} \frac{\partial c(x,t)}{\partial t} = & -\frac{j(t)}{F} \cdot \frac{\partial}{\partial x}\left[\frac{u_{\mathrm{Li}^+}}{u_{\mathrm{Li}^+} + u_{\mathrm{PF}_6^-}}\right] \\ & + \frac{\partial}{\partial x}\left[\frac{D_{\mathrm{PF}_6^-} u_{\mathrm{Li}^+} + D_{\mathrm{Li}^+} u_{\mathrm{PF}_6^-}}{u_{\mathrm{Li}^+} + u_{\mathrm{PF}_6^-}} \cdot \frac{\partial c(x,t)}{\partial x}\right] \end{aligned} \tag{4.12}$$

Da am Rand nur Li^+-Ionen zum Stromfluss beitragen können gilt

$$J_{\mathrm{PF}_6^-}(x,t)\Big|_{x=0,x=L_{\mathrm{Elektrolyt}}} = 0 \tag{4.13}$$

und es folgt aus Gleichung 4.10 als Randbedingung:

$$\frac{j(t)}{F} \cdot \frac{u_{\mathrm{PF}_6^-}}{u_{\mathrm{Li}^+} + u_{\mathrm{PF}_6^-}} = -\frac{D_{\mathrm{PF}_6^-} u_{\mathrm{Li}^+} + D_{\mathrm{Li}^+} u_{\mathrm{PF}_6^-}}{u_{\mathrm{Li}^+} + u_{\mathrm{PF}_6^-}} \cdot \frac{\partial c(x,t)}{\partial x}\Big|_{x=0,x=L_{\mathrm{Elektrolyt}}} \tag{4.14}$$

Durch Lösung von Gleichung 4.12 unter Beachtung der Randbedingung Gleichung 4.14 kann die räumliche und zeitliche Entwicklung der Konzentration nun eindeutig bestimmt werden. Aus dieser folgen dann die entsprechenden Massenströme.

Konzentrationsentwicklung und Teilströme von Anionen und Kationen werden im Folgenden simulativ berechnet und graphisch dargestellt. Um hierfür die in der Literatur gebräuchlichen

Parameterwerte nutzen zu können, müssen die verwendeten physikalisch motivierten Parameter entsprechend transformiert werden. Üblicherweise werden die folgenden Definitionen verwendet [Nym08]: Die Leitfähigkeit

$$\sigma(x,t) = F \cdot (u_{\mathrm{Li}^+} + u_{\mathrm{PF}_6^-}) \cdot c(x,t) \tag{4.15}$$

die Überführungszahlen

$$t_{\mathrm{Li}^+} = \frac{u_{\mathrm{Li}^+}}{u_{\mathrm{Li}^+} + u_{\mathrm{PF}_6^-}} \tag{4.16}$$

$$t_{\mathrm{PF}_6^-} = \frac{u_{\mathrm{PF}_6^-}}{u_{\mathrm{Li}^+} + u_{\mathrm{PF}_6^-}} \tag{4.17}$$

sowie der effektive Diffusionskoeffizient

$$D_{\mathrm{Elektrolyt}} = \frac{D_{\mathrm{PF}_6^-} u_{\mathrm{Li}^+} + D_{\mathrm{Li}^+} u_{\mathrm{PF}_6^-}}{u_{\mathrm{Li}^+} + u_{\mathrm{PF}_6^-}} \tag{4.18}$$

Während die Bedeutung der Leitfähigkeit trivial ist, beschreibt die Überführungszahl t_x den Anteil der Spezies x an der Leitfähigkeit des Elektrolyten. Der ambipolare Diffusionskoeffizient $D_{\mathrm{Elektrolyt}}$ beschreibt die gekoppelte Diffusion beider Spezies im Elektrolyten und setzt sich, die Kopplung verdeutlichend, aus den Diffusionskoeffizienten der beteiligten Spezies zusammen. Mit Hilfe dieser Definitionen nimmt die Differentialgleichung 4.12 der Konzentrationsentwicklung im Elektrolyten die folgende Gestalt an:

$$\frac{\partial c(x,t)}{\partial t} = -\frac{j(t)}{F} \cdot \frac{\partial t_{\mathrm{Li}^+}}{\partial x} + \frac{\partial}{\partial x}\left[D_{\mathrm{Elektrolyt}} \cdot \frac{\partial c(x,t)}{\partial x}\right] \tag{4.19}$$

Die zugehörige Randbedingung Gleichung 4.14 transformiert sich zu

$$\frac{j(t)}{F} \cdot (1 - t_{\mathrm{Li}^+}) = -D_{\mathrm{Elektrolyt}} \cdot \left.\frac{\partial c(x,t)}{\partial x}\right|_{x=0, x=L_{\mathrm{Elektrolyt}}} \tag{4.20}$$

Die zur Lösung notwendigen Parameterwerte des Elektrolyten wurden aus [Nym08] entnommen und sind in Tabelle 4.1 dargestellt. Für die Simulation wurde angenommen, dass die Konzentration der Li^+- und PF_6^--Ionen ihrer Aktivität entspricht. Weiter wurde angenommen, dass die Überführungszahlen und der effektive Diffusionskoeffizient räumlich konstant sind, was für ausreichend kleine Stromdichten in guter Näherung gilt. Die Länge des Elektrolytvolumes wurde zu $L_{\text{Elektrolyt}} = 1\,\text{mm}$ gesetzt. Als eingeprägte Stromdichte wurde $j = 1\,\text{mA}\,\text{cm}^{-2}$ gewählt. Abbildung 4.3 zeigt die so ermittelte Entwicklung der Ionenkonzentration im Elektrolytvolumen für verschiedene Zeiten. Wie in Kapitel 4.1.1 erläutert kommt es zu einer Verarmung bzw. Anreicherung der Ionen, die sich von den Rändern in das Innere des Elektrolytvolumes ausbreitet.

Tabelle 4.1: Typische Parameter für einen 1 molaren $LiPF_6$ – EC – EMC Elektrolyten. Die Werte wurden entnommen aus [Nym08].

Parameter	Wert
$D_{\text{Elektrolyt}}$	$3{,}7 \cdot 10^{-10}\text{m}^2\text{s}^{-1}$
t_{Li^+}	0,3
σ	$9{,}5\,\text{mS}/\text{cm}$

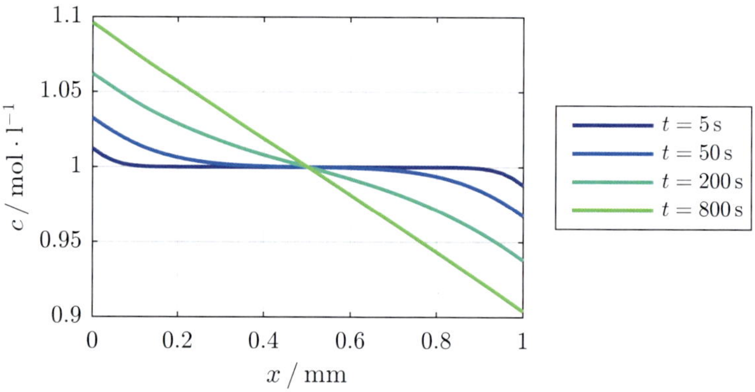

Abbildung 4.3: Zeitliche Entwicklung der Leitsalzkonzentration bei einer aufgeprägten Stromdichte von $1\,\text{mA}\,\text{cm}^{-2}$ in einem 1-dimensionalen Elektrolytvolumen der Länge $L_{\text{Elektrolyt}}$=1 mm.

Abbildung 4.4 zeigt weiter die zeitliche und räumliche Aufteilung der Stromdichte in die Teilstromdichten von Li^+und PF_6^--Ionen, aus denen sie sich zusammensetzt. Man erkennt dort, dass für Zeiten kurz nach Einschalten des Stroms die Stromdichte im Inneren des Elektrolyten durch die den Überführungszahlen entsprechenden Anteilen von Anionen und Kationen getragen wird. Es handelt sich dort um reine Migrationsströme. An den Rändern wird die Stromdichte allein durch die Li^+-Ionen getragen. Der über das Elektrolytvolumen konstante Migrationsstrom der PF_6^--Ionen wird hier also exakt durch einen gleich großen, entgegengesetzten Diffusionsstrom von PF_6^--Ionen kompensiert. Der aufgrund der Kopplung beider Ionenarten gleich große Diffusionsstrom von Li^+-Ionen übernimmt den Migrationsstromanteil der PF_6^--Ionen, so dass insgesamt wieder die vollständige Stromdichte geführt wird. Der räumliche Übergangsbereich zwischen beiden Stromführungsarten wandert für größere Zeiten ins Innere des Elektrolyten, bis schließlich im gesamten Elektrolytvolumen nur noch die Summe aus Migrations- und Diffusionsstrom von Li^+-Ionen im kompletten Volumen die Stromdichte trägt.

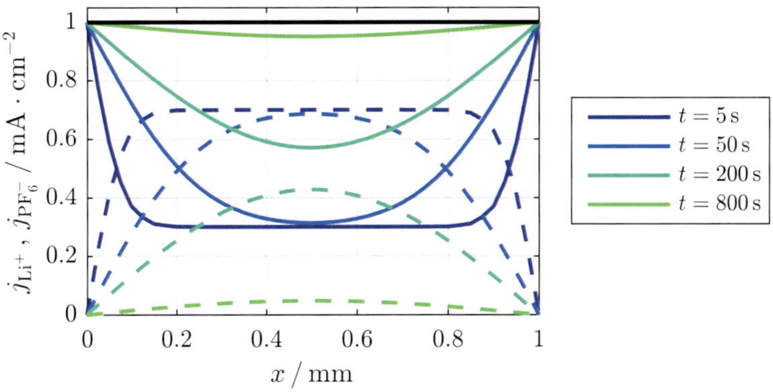

Abbildung 4.4: Zeitliche und räumliche Entwicklung der Teilstromdichten der Li^+- und PF_6^--Ionen bei einer aufgeprägten Stromdichte von $1\,\mathrm{mA\,cm^{-2}}$ in einem 1-dimensionalen Elektrolytvolumen der Länge $L_{\mathrm{Elektrolyt}}$=1 mm. Durchgezogene Linien beschreiben die Teilstromdichte der Li^+-Ionen, gestrichelte Linien die der PF_6^--Ionen. Die eingeprägte Gesamtstromdichte ist durch eine schwarze Linie gekennzeichnet.

4.1.3. Herleitung der Impedanz

Die geschilderten komplexen Konzentrations- und Teilstromverhältnisse manifestieren sich in einem dem ohmschen Spannungsabfall überlagerten, zusätzlichen Spannungsabfall über dem Elektrolyten, der im folgenden als Konzentrationsspannung bezeichnet wird. Diese Konzentrationsspannung kann durch eine Konzentrationsimpedanz beschrieben werden, die im Folgenden hergeleitet wird. Hierfür muss zunächst der Potentialverlauf über dem Elektrolytvolumen berechnet werden. Wie durch Gleichung 4.6 beschrieben sind Konzentration und Potential in einem binären Elektrolyten dabei eng verknüpft. Mit Hilfe der in Abbildung 4.3 gezeigten Konzentrationsentwicklung kann daher ein entsprechender Potentialverlauf im

Elektrolyten berechnet werden. Umstellen von Gleichung 4.6 nach dem Potentialgradienten liefert zunächst

$$\frac{\partial \Phi(x,t)}{\partial x} = -\frac{j(t)}{F \cdot (u_{\mathrm{Li}^+} + u_{\mathrm{PF}_6^-}) \cdot c(x,t)} + \frac{(D_{\mathrm{PF}_6^-} - D_{\mathrm{Li}^+})}{(u_{\mathrm{Li}^+} + u_{\mathrm{PF}_6^-}) \cdot c(x,t)} \cdot \frac{\partial c(x,t)}{\partial x} \tag{4.21}$$

Unter Verwendung der Einstein-Beziehung [Bra11]

$$D_x = \frac{u_x \cdot k_B \cdot T}{e} = \frac{u_x \cdot R \cdot T}{F} \tag{4.22}$$

mit R der Gaskonstanten $R = 8{,}314 \, \frac{\mathrm{J}}{\mathrm{mol \cdot K}}$ und T der Temperatur in [K], sowie der Definition der Leitfähigkeit aus Gleichung 4.15 vereinfacht sich dies zu

$$\frac{\partial \Phi(x,t)}{\partial x} = -\frac{j(t)}{\sigma(x,t)} + \frac{RT}{F} \cdot \frac{t_{\mathrm{PF}_6^-} - t_{\mathrm{Li}^+}}{c(x,t)} \cdot \frac{\partial c(x,t)}{\partial x} \tag{4.23}$$

Durch Integration dieser Gleichung kann der Potentialverlauf im Elektrolyten ermittelt werden. Es ist

$$\Phi(x,t) = \int_0^x \left[-\frac{j(t)}{\sigma(x,t)} + \frac{RT}{F} \cdot \frac{t_{\mathrm{PF}_6^-} - t_{\mathrm{Li}^+}}{c(\xi,t)} \cdot \frac{\partial c(\xi,t)}{\partial \xi} \right] \mathrm{d}\xi \tag{4.24}$$

Unter der Annahme einer konstanten Leitfähigkeit über das Elektrolytvolumen (was für die kleinen Stromdichten im Rahmen einer Impedanzmessung in guter Näherung erfüllt ist) kann dieses Integral leicht gelöst werden. Man erhält für den Potentialverlauf über dem Elektrolyten:

$$\Phi(x,t) = -\frac{j(t)}{\sigma} \cdot x + \frac{RT}{F} \cdot \left(t_{\mathrm{PF}_6^-} - t_{\mathrm{Li}^+} \right) \cdot \ln \left(\frac{c(x,t)}{c(0,t)} \right) + \Phi(0,t) \tag{4.25}$$

Durch geschickte Wahl der freien Eichung $\Phi(0,t)$ ergibt sich schließlich

$$\Phi(x,t) = -\frac{j(t)}{\sigma} \cdot x + \frac{RT}{F} \cdot \left(t_{\mathrm{PF}_6^-} - t_{\mathrm{Li}^+} \right) \cdot \ln \left(\frac{c(x,t)}{c\left(\frac{L_{\mathrm{Elektrolyt}}}{2}, t \right)} \right) \tag{4.26}$$

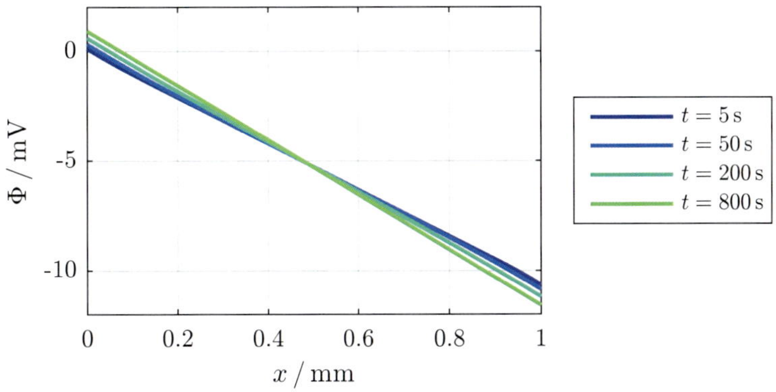

Abbildung 4.5: Zeitliche Entwicklung des Potentials im Elektrolyten bei einer aufgeprägten Stromdichte von $1\,\mathrm{mA\,cm^{-2}}$ in einem 1-dimensionalen Elektrolytvolumen der Länge $L_{\mathrm{Elektrolyt}}$=1 mm.

Der das Konzentrationspotential beschreibende zweite Summand wird auch als Planck-Henderson Gleichung bezeichnet [Zos06]. Für die in Tabelle 4.1 angenommenen Elektrolytparameter und dem in Abbildung 4.3 gezeigten Konzentrationsverlauf ergibt sich somit ein Potentialverlauf, wie in Abbildung 4.5 gezeigt. Es wird durch Beobachtung der Änderung des Potentialverlaufs über der Zeit ersichtlich, dass der Potentialverlauf im Elektrolyten maßgeblich durch die Leitfähigkeit bestimmt wird, die sich als linearer Anteil des Potentialverlaufs zeigt. Der zugehörige Impedanzausdruck ergibt sich nun aus der zeitlichen Entwicklung des Spannungsabfalls über dem Elektrolytvolumen:

$$U_{\mathrm{Elektrolyt}}(t) = \Phi(0,t) - \Phi(L_{\mathrm{Elektrolyt}},t) \tag{4.27}$$

Einsetzen von Gleichung 4.26 und Trennung der Ionenkonzentration in die Gleichgewichtskonzentration c_0 des Elektrolyten in Ruhe, sowie der Überkonzentration $\Delta c(x,t)$ als Abweichung aus dem Gleichgewicht entsprechend

$$c(x,t) = c_0 + \Delta c(x,t) \tag{4.28}$$

liefert:

$$\begin{aligned} U_{\mathrm{Elektrolyt}}(t) = & \frac{j(t)}{\sigma} \cdot L_{\mathrm{Elektrolyt}} \\ & - \frac{RT}{F} \cdot \left(t_{\mathrm{PF}_6^-} - t_{\mathrm{Li}^+}\right) \cdot \ln\left(\frac{c_0 + \Delta c(L_{\mathrm{Elektrolyt}},t)}{c_0 + \Delta c(0,t)}\right) \end{aligned} \tag{4.29}$$

Der Spannungsabfall über dem Elektrolytvolumen ist somit additiv zusammengesetzt aus einem ohmschen Anteil aufgrund der begrenzten ohmschen Leitfähigkeit, sowie aus einem diffusiven Anteil, der durch die unterschiedliche Konzentration des Elektrolyten in unterschiedlichen Bereichen entsteht (siehe auch Abbildung 4.5). Dieser Konzentrationsspannungsabfall ist die Manifestation des in Kapitel 4.1.1 anschaulich begründeten Konzentrationsfeldes $\vec{E}_{\mathrm{Konz}}$, das sich in binären Elektrolyten bei ausgebildeten Konzentrationsgradienten und unterschiedlichen Beweglichkeiten beider Ionenarten ergibt. Bei gleicher Beweglichkeit und somit gleicher Überführungszahl kann sich diese Spannung nicht ausbilden und der entsprechende Summand in Gleichung 4.29 verschwindet.
Zur Herleitung der Impedanz muss Gleichung 4.29 nun in den Fourier-Raum transformiert werden. Es wird dabei ausgenutzt, dass für die angenommenen kleinen Ströme

$$\Delta c(x,t) << c_0 \tag{4.30}$$

gilt, was erlaubt Gleichung 4.29 zu linearisieren:

$$\begin{aligned} U_{\mathrm{Elektrolyt}}(t) \approx & \frac{j(t)}{\sigma} \cdot L_{\mathrm{Elektrolyt}} \\ & - \frac{RT}{Fc_0} \cdot \left(t_{\mathrm{PF}_6^-} - t_{\mathrm{Li}^+}\right) \cdot \left[\Delta c(L_{\mathrm{Elektrolyt}}, t) - \Delta c(0,t)\right] \end{aligned} \tag{4.31}$$

Nach Fourier-Transformation folgt schließlich für den Spannungsabfall im Frequenzbereich:

$$\begin{aligned} U_{\mathrm{Elektrolyt}}(\omega) \approx & \frac{J(\omega)}{\sigma} \cdot L_{\mathrm{Elektrolyt}} \\ & - \frac{RT}{Fc_0} \cdot \left(t_{\mathrm{PF}_6^-} - t_{\mathrm{Li}^+}\right) \cdot \left[\Delta C(L_{\mathrm{Elektrolyt}}, \omega) - \Delta C(0,\omega)\right] \end{aligned} \tag{4.32}$$

In dieser Gleichung sind die Fourier-Transformierten der zeitlichen Entwicklung der Ionenkonzentration an den Rändern des betrachteten Volumens enthalten. Um diese in einem analytischen Ausdruck darstellen zu können, muss die entsprechende Transportgleichung 4.19 (zeitliche und räumliche Entwicklung der Elektrolytkonzentration) unter der Randbedingung 4.20 (Stromdichte an den Rändern des betrachteten Volumens) gelöst werden. Für kleine Stromdichten können Diffusionskoeffizient und Überführungszahl dabei als ortsunabhängig angenommen werden. Unter Verwendung der Überkonzentration nach Gleichung 4.28 transformieren sich diese Gleichungen daher in die folgende Form:

$$\frac{\partial \Delta c(x,t)}{\partial t} = D_{\mathrm{Elektrolyt}} \cdot \frac{\partial^2 \Delta c(x,t)}{\partial x^2} \tag{4.33}$$

mit der Randbedingung

$$\frac{j(t)}{F} \cdot (1 - t_{\mathrm{Li}^+}) = -D_{\mathrm{Elektrolyt}} \cdot \left. \frac{\partial \Delta c(x,t)}{\partial x} \right|_{x=0, x=L_{\mathrm{Elektrolyt}}} \tag{4.34}$$

Diese Differentialgleichung kann mit Hilfe der Laplace-Transformation (siehe Kapitel 2.2.1) gelöst werden. Hierzu wird Gleichung 4.33 zunächst in den Laplace-Bereich transformiert. Dort ergibt sich:

$$s \cdot \Delta C(x,s) = D_{\mathrm{Elektrolyt}} \cdot \frac{\partial^2 \Delta C(x,s)}{\partial x^2} \tag{4.35}$$

Aufgrund der nun nicht mehr vorhandenen Zeitableitung kann mittels eines einfachen Exponentialansatzes

$$\Delta C(x,s) = A \cdot \mathrm{e}^{\lambda \cdot x} + B \cdot \mathrm{e}^{-\lambda \cdot x} \tag{4.36}$$

mit den freien Parametern A, B und λ und durch Einbeziehung der Randbedingungen Gleichung 4.34 die folgende Lösung errechnet werden:

$$\begin{aligned} \Delta C(x,s) = {} & \frac{J(s)}{F} \cdot (1 - t_{\mathrm{Li}^+}) \cdot \frac{1}{\sqrt{s \cdot D_{\mathrm{Elektrolyt}}}} \\ & \cdot \left(\frac{\left(\mathrm{e}^{-\sqrt{\frac{s}{D_{\mathrm{Elektrolyt}}}} \cdot L_{\mathrm{Elektrolyt}}} - 1 \right) \cdot \mathrm{e}^{\sqrt{\frac{s}{D_{\mathrm{Elektrolyt}}}} \cdot x}}{\mathrm{e}^{\sqrt{\frac{s}{D_{\mathrm{Elektrolyt}}}} \cdot L_{\mathrm{Elektrolyt}}} - \mathrm{e}^{-\sqrt{\frac{s}{D_{\mathrm{Elektrolyt}}}} \cdot L_{\mathrm{Elektrolyt}}}} \right. \\ & \left. + \frac{\left(\mathrm{e}^{\sqrt{\frac{s}{D_{\mathrm{Elektrolyt}}}} \cdot L_{\mathrm{Elektrolyt}}} - 1 \right) \cdot \mathrm{e}^{-\sqrt{\frac{s}{D_{\mathrm{Elektrolyt}}}} \cdot x}}{\mathrm{e}^{\sqrt{\frac{s}{D_{\mathrm{Elektrolyt}}}} \cdot L_{\mathrm{Elektrolyt}}} - \mathrm{e}^{-\sqrt{\frac{s}{D_{\mathrm{Elektrolyt}}}} \cdot L_{\mathrm{Elektrolyt}}}} \right) \end{aligned} \tag{4.37}$$

Die Überkonzentrationsentwicklung an den Elektrode-Elektrolyt-Grenzflächen bei $x = 0$ und $x = L_{\mathrm{Elektrolyt}}$ ergibt sich unter Verwendung der Identität

$$\frac{\mathrm{e}^{\xi} + \mathrm{e}^{-\xi} - 2}{\mathrm{e}^{\xi} - \mathrm{e}^{-\xi}} = \tanh\left(\frac{\xi}{2}\right) \tag{4.38}$$

zu

$$\Delta C(0,s) = \frac{J(s)}{F} \cdot (1 - t_{\mathrm{Li}^+}) \cdot \frac{1}{\sqrt{s \cdot D_{\mathrm{Elektrolyt}}}} \cdot \tanh\left(\sqrt{\frac{s}{D_{\mathrm{Elektrolyt}}}} \cdot \frac{L_{\mathrm{Elektrolyt}}}{2}\right) \tag{4.39}$$

bzw.

$$\Delta C(L_{\mathrm{Elektrolyt}},s) = -\frac{J(s)}{F} \cdot (1 - t_{\mathrm{Li}^+}) \cdot \frac{1}{\sqrt{s \cdot D_{\mathrm{Elektrolyt}}}} \cdot \tanh\left(\sqrt{\frac{s}{D_{\mathrm{Elektrolyt}}}} \cdot \frac{L_{\mathrm{Elektrolyt}}}{2}\right) \tag{4.40}$$

Einsetzen von Gleichung 4.39 und 4.40 für $s = j\omega$ in die Spannungsgleichung 4.32 und Division durch die Stromdichte J liefert schließlich für die flächenbezogene Bulkimpedanz des Elektrolyten:

$$\begin{aligned} Z_{\mathrm{Bulk,Elektrolyt}}(\omega) &= \frac{L_{\mathrm{Elektrolyt}}}{\sigma} + \frac{RT}{F^2 c_0} \cdot \frac{L_{\mathrm{Elektrolyt}}}{D_{\mathrm{Elektrolyt}}} \cdot (1 - 2 \cdot t_{\mathrm{Li}^+}) \\ &\quad \cdot (1 - t_{\mathrm{Li}^+}) \cdot \frac{\tanh\left(\sqrt{\frac{j\omega}{D_{\mathrm{Elektrolyt}}}} \cdot \frac{L_{\mathrm{Elektrolyt}}}{2}\right)}{\sqrt{\frac{j\omega}{D_{\mathrm{Elektrolyt}}}} \cdot \frac{L_{\mathrm{Elektrolyt}}}{2}} \\ &= R_{\mathrm{Elektrolyt}} + Z_{\mathrm{Konz,Elektrolyt}}(\omega) \end{aligned} \tag{4.41}$$

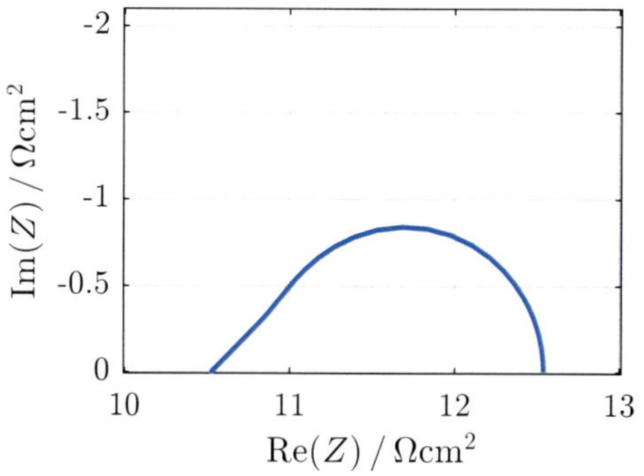

Abbildung 4.6: Simulierte Bulkimpedanz des Elektrolyten in einem Elektrolytvolumen der Länge $L_{\mathrm{Elektrolyt}}$=1 mm und mit Elektrolytparametern aus Tabelle 4.1 [Nym08].

Diese setzt sich zusammen aus einem ohmschen Anteil $R_{\text{Elektrolyt}}$ sowie einer additiv überlagerten Konzentrationsimpedanz $Z_{\text{Konz,Elektrolyt}}(\omega)$. Letztere verschwindet in zwei Spezialfällen: Zum einen, wenn die Überführungszahlen von Anion und Kation exakt gleich sind ($t_{\text{Li}^+} = \frac{1}{2}$) und infolgedessen kein Konzentrationsfeld $\vec{E}_{\text{Konz}}$ ausgebildet wird. Zum anderen, wenn nur die Li^+-Ionen zur Leitfähigkeit beitragen ($t_{\text{Li}^+} = 1$), und sich infolgedessen kein Konzentrationsgradient ausbildet (siehe Kapitel 4.1.1). Dies ist für Festelektrolyte der Fall und markiert eine der positiven Eigenschaften dieses alternativen Elektrolytkonzepts. Der Nyquist-Plot der Bulkimpedanz des Elektrolyten ist für die in Tabelle 4.1 gegebenen Parameter in Abbildung 4.6 dargestellt. Das zugehörige Ersatzschaltbild ist in Abbildung 4.7 dargestellt. Es besteht aus einem Finite-Length Warburg Element [Ora11] in Serie zu einem ohmschen Widerstand. Die im Bulk des Elektrolyten auftretende Konzentrationsimpedanz sollte nicht mit der Diffusionsimpedanz des Elektrolyten verwechselt werden, die die Beeinflussung des Ladungstransfers an der Elektrode-Elektrolyt-Grenzfläche beschreibt und im folgenden Kapitel hergeleitet wird.

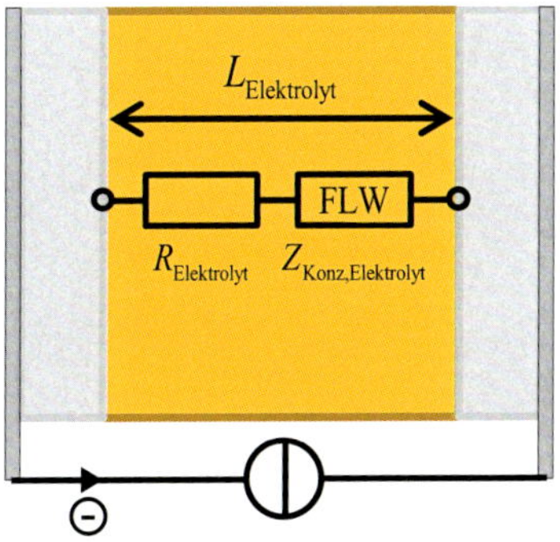

Abbildung 4.7: Ersatzschaltbild der Bulkimpedanz des Elektrolyten.

4.2. Impedanz der Elektrode-Elektrolyt-Grenzfläche

In den folgenden Unterkapiteln werden die Vorgänge an der Grenzfläche zwischen Elektrode und Elektrolyt idealisiert beschrieben und daraus das zugehörige Impedanzmodell abgeleitet. Es besteht aus Teilimpedanzen für den Transfer von Li^+-Ionen über die Grenzfläche, sowie aus Teilimpedanzen für den nur endlich schnellen Transport von Lithium-Ionen von/zur Grenzfläche in Elektrodenmaterial (Festkörperdiffusionsimpedanz) und Elektrolyt (Elektrolytdiffusionsimpedanz). Die Abhängigkeit der Teilimpedanzen vom Ladezustand der Elektrode sowie von der Form der Elektrodenpartikel wird zusätzlich diskutiert. Teile der nachfolgenden Herleitungen wurden in [Sch17] veröffentlicht.

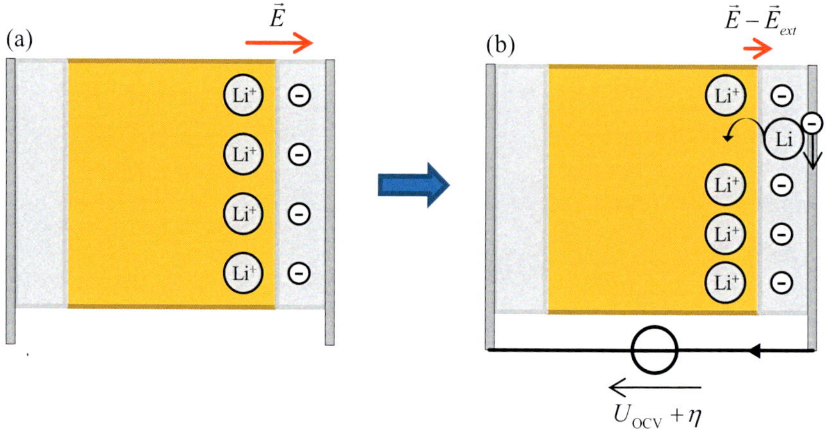

Abbildung 4.8: Elektrode-Elektrolyt-Grenzfläche mit und ohne angelegter äußerer Spannung.

4.2.1. Anschauliche Beschreibung der Vorgänge

Eine Elektrode steht in ständiger Wechselwirkung mit dem sie umgebenden Elektrolyten. Permanent werden Li^+-Ionen aus der Elektrode aus- und wieder eingebaut. Beide Teilreaktionen sind dabei im Ruhezustand exakt ausbalanciert: Jedes ausgebaute Li^+-Ion lässt ein Elektron in der Elektrode zurück und das so entstehende Feld verlangsamt den Ausbau weiterer Ionen, bis dieser schließlich im zeitlichen Mittel zum Stillstand kommt. Das in diesem Ruhezustand existierende Feld beschreibt die über der Grenzfläche abfallende Ruhespannung U_{OCV} der Elektrode. Dies ist in Abbildung 4.8(a) graphisch dargestellt. Abbildung 4.8(b) zeigt die Verhältnisse bei einer angelegten externen Spannung $U_{OCV} + \eta$. Durch diese wird der Gleichgewichtszustand gestört und das resultierende elektrische Feld kann Ein- bzw. Ausbau von Ionen nicht mehr vollständig verhindern. Ein effektiver Fluss von Li^+-Ionen über die Grenzfläche ist die Folge und die Elektrode wird ge- oder entladen. Das Verhältnis zwischen notwendiger Differenzspannung η und sich ergebender Stromdichte wird als Ladungstransferwiderstand bezeichnet. Für den Fall, dass im Elektrolyten oder im Aktivmaterial nicht genug Li^+-Ionen pro Zeiteinheit nachgeliefert werden, nimmt bei gleicher Differenzspannung der fließende Strom mit der Zeit ab. Dieser Effekt kann beschrieben werden als effektive Zunahme dieses Widerstands bzw. der Entstehung neuer, seriell geschalteter Widerstandsanteile. Diese werden ihrer Ursache nach als Festkörperdiffusionsimpedanz bzw. Elektrolytdiffusionsimpedanz bezeichnet. Die mathematische Beschreibung dieser Vorgänge sowie die Herleitung der entsprechenden Impedanzelemente wird in den folgenden Unterkapiteln durchgeführt.

4.2.2. Mathematische Beschreibung der Vorgänge

An der Grenzfläche Elektrode-Elektrolyt einer Lithium-Ionen-Batterieelektrode können Lithium-Ionen vom Elektrolyten in die Elektrode eingebaut bzw. von der Elektrode in den Elektrolyten ausgebaut werden. Die entsprechende Reaktionsgleichung kann allgemein als

$$\mathrm{Li}^{+} + \mathrm{e}^{-} + \mathrm{V}_{\mathrm{Li}} \rightleftharpoons \mathrm{Li}^{\mathrm{I}} \tag{4.42}$$

geschrieben werden, wobei Li^{+} die Lithium-Ionen im Elektrolyten, V_{Li} Lithium-Leerstellen im Festkörper und Li^{I} besetzte Lithium-Plätze im Festkörper beschreibt. Ebenfalls allgemein kann der Einbaureaktion eine Reaktionsgeschwindigkeit

$$v_{\mathrm{in}} = k_{\mathrm{in}} \cdot c_{\mathrm{Li}^{+}} \cdot c_{\mathrm{e}^{-}} \cdot c_{\mathrm{V}_{\mathrm{Li}}} \cdot \mathrm{e}^{-\frac{E_{\mathrm{in}}}{RT}} \tag{4.43}$$

und der Ausbaureaktion eine Reaktionsgeschwindigkeit

$$v_{\mathrm{ex}} = k_{\mathrm{ex}} \cdot c_{\mathrm{Li}^{\mathrm{I}}} \cdot \mathrm{e}^{-\frac{E_{\mathrm{ex}}}{RT}} \tag{4.44}$$

zugewiesen werden [Ham05]. Dabei bezeichnen c_{x} die Konzentration der Spezies x und k_{y} die Geschwindigkeitskonstante der entsprechenden Teilreaktion. Diese Reaktionsgeschwindigkeiten beschreiben, wie viele Spezies pro Zeiteinheit in der jeweiligen Reaktion umgesetzt werden. Die Reaktionsgeschwindigkeit ist dabei zum einen abhängig von der Konzentration der zur Verfügung stehenden Edukte, zum anderen von einem Exponentialterm, der die Wahrscheinlichkeit des Vorhandenseins ausreichender Energie zum Überschreiten der zur Reaktion nötigen Energiebarriere E_{y} beschreibt. Da bei dieser Reaktion zwar Ionen, nicht jedoch Elektronen über die Grenzfläche übertreten können, kommt es ohne externen Stromfluss schon kurze Zeit nach Anlaufen der Reaktion, beispielsweise nach Eintauchen einer Elektrode in einen Elektrolyten, zu ihrem Erliegen: Jedes in den Elektrolyt übergetretene Lithium-Ion lässt ein Elektron zurück, so dass aufgrund der Ladungstrennung ein Feld

$$\vec{E} = -\frac{\partial \Phi}{\partial x} \tag{4.45}$$

entsteht, das weiterem Ausbau entgegengerichtet ist. Dieses fällt über einem lokal ausgedehnten Gebiet ab, der Helmholtz-Doppelschicht. Dem Feld kann mittels

$$U = \int_{\mathrm{Doppelschicht}} E(x)\,\mathrm{d}x \tag{4.46}$$

eine über der Doppelschicht abfallende Spannung zugeordnet werden. Wie in Abbildung 4.9 dargestellt, fällt ein Teil $\alpha \cdot U$ dieser Spannung im Gebiet des Elektrolyten ab und wirkt dort auf die Reaktionsgeschwindigkeit der Einbaureaktion: Die notwendige Eigenenergie der Reaktanden um eingebaut zu werden, vermindert sich durch die Hilfe dieser Spannung auf

$$\tilde{E}_{\text{in}} = E_{\text{in}} - F \cdot U \cdot \alpha \tag{4.47}$$

Andererseits fällt ein Teil $(1-\alpha) \cdot U$ der Spannung im Festkörper ab und wirkt dort auf die Reaktionsgeschwindigkeit der Ausbaureaktion. Die notwendige Eigenenergie der Reaktanden um ausgebaut zu werden, erhöht sich durch die Hemmung durch diese Spannung auf

$$\tilde{E}_{\text{ex}} = E_{\text{ex}} + F \cdot U \cdot (1-\alpha) \tag{4.48}$$

Die Faraday-Konstante F zeigt dabei an, dass die Gleichungen sich stets auf 1 mol an Spezies beziehen. Da beide Teilspannungsabfälle wohldefiniert sein müssen gilt zudem für den Durchtritts- bzw. Symmetriefaktor $\alpha \in (0,1)$. Die resultierende Gesamtreaktionsrate aus Einbau- und Ausbaureaktion (also wie viele Lithium-Ionen im zeitlichen Mittel ein- bzw. ausgebaut werden) ergibt sich damit zu

$$v = v_{\text{in}} - v_{\text{ex}} = k_{\text{in}} \cdot c_{\text{Li}^+} \cdot c_{\text{e}^-} \cdot c_{\text{V}_{\text{Li}}} \cdot \text{e}^{-\frac{E_{\text{in}} - F \cdot U \cdot \alpha}{RT}} - k_{\text{ex}} \cdot c_{\text{Li}^{\text{I}}} \cdot \text{e}^{-\frac{E_{\text{ex}} + F \cdot U \cdot (1-\alpha)}{RT}} \tag{4.49}$$

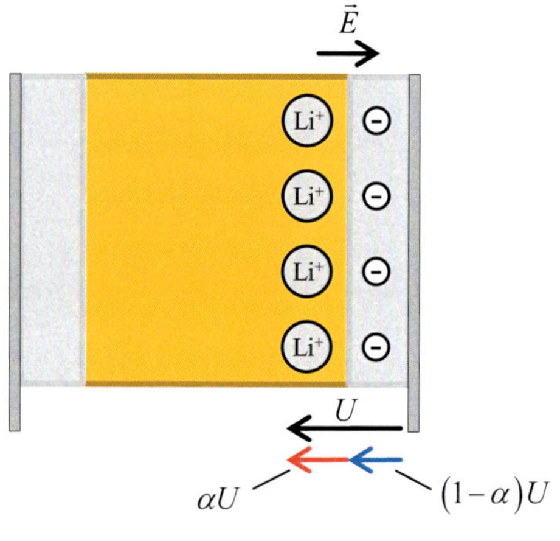

Abbildung 4.9: Aufteilung der Spannung U über der Helmholtz-Doppelschicht.

Da jedes mol an Lithium-Ionen, das pro Zeiteinheit ein- bzw. ausgebaut wird eine Ladung von F trägt, gilt für die pro Zeiteinheit transportierte Ladung und damit die Stromdichte

$$j = F \cdot \left[k_{\text{in}} \cdot c_{\text{Li}^+} \cdot c_{\text{e}^-} \cdot c_{\text{V}_{\text{Li}}} \cdot \text{e}^{-\frac{E_{\text{in}} - F \cdot U \cdot \alpha}{RT}} - k_{\text{ex}} \cdot c_{\text{Li}^{\text{I}}} \cdot \text{e}^{-\frac{E_{\text{ex}} + F \cdot U \cdot (1-\alpha)}{RT}} \right] \tag{4.50}$$

Im Gleichgewicht, das heißt wenn sich die Anzahl der pro Zeiteinheit ein- bzw. ausgebauten Lithium-Ionen genau die Waage hält, fällt genau die Spannung über der Doppelschicht ab, die dieses Ein-/Ausbauverhältnis definiert. Man findet diese Ruhespannung U_{OCV} durch Nullsetzen von Gleichung 4.50 und Auflösen nach der dann herrschenden Spannung:

$$U_{\text{OCV}} = \frac{E_{\text{in}} - E_{\text{ex}}}{F} + \frac{RT}{F} \cdot \ln \left(\frac{k_{\text{ex}}}{k_{\text{in}} \cdot c^*_{\text{Li}^+} \cdot c^*_{\text{e}^-}} \right) + \frac{RT}{F} \cdot \ln \left(\frac{c^*_{\text{Li}^{\text{I}}}}{c^*_{\text{V}_{\text{Li}}}} \right) \tag{4.51}$$

Das Superskript $()^*$ bedeutet dabei, dass sich eine Größe im Gleichgewicht befindet. Da sich unter idealisierten Bedingungen die ersten beiden Summanden nicht ändern, können diese in einer Standardzellspannung $U_{\text{OCV},0}$ zusammengefasst werden und es ergibt sich die Bestimmungsgleichung der offenen Zellspannung in Abhängigkeit der Konzentrationen von interkalierten Lithium-Ionen und Leerstellen im Festkörper:

$$U_{\text{OCV}} = U_{\text{OCV},0}(T) + \frac{RT}{F} \cdot \ln \left(\frac{c^*_{\text{Li}^{\text{I}}}}{c^*_{\text{V}_{\text{Li}}}} \right) \tag{4.52}$$

Diese Gleichung ist auch als Nernst-Gleichung bekannt [Ham05]. Betrachtet man weiter den sich ergebenden Stromfluss bei einer (äußerlich erzwungenen) Spannung, die von der Gleichgewichtsspannung abweicht, so lässt sich zunächst

$$U = U_{\text{OCV}}(0) + \eta \tag{4.53}$$

schreiben, mit der Überspannung η, die die Auslenkung aus dem Gleichgewicht quantifiziert. Setzt man dies in Gleichung 4.50 ein und formt elementar um, so erhält man schließlich mit der Definition

$$\begin{aligned} j_0 = {} & F \cdot \text{e}^{-(1-\alpha) \cdot \frac{E_{\text{in}}}{RT}} \cdot \text{e}^{-\alpha \cdot \frac{E_{\text{ex}}}{RT}} \\ & \cdot \left[k_{\text{ex}} \cdot c^*_{\text{Li}^{\text{I}}}(0) \right]^{\alpha} \cdot \left[k_{\text{in}} \cdot c^*_{\text{Li}^+}(0) \cdot c^*_{\text{e}^-}(0) \cdot c^*_{\text{V}_{\text{Li}}}(0) \right]^{1-\alpha} \end{aligned} \tag{4.54}$$

die konzentrationsabhängige Butler-Volmer-Gleichung [Ham05] für die Beschreibung des Zusammenhangs zwischen Überspannung und Stromdichte an der Elektrode-Elektrolyt-Grenzfläche einer Lithium-Ionen-Batterieelektrode:

$$j = j_0 \cdot \left(\frac{c_{\mathrm{Li}^+} \cdot c_{\mathrm{e}^-} \cdot c_{\mathrm{V_{Li}}}}{c^*_{\mathrm{Li}^+}(0) \cdot c^*_{\mathrm{e}^-}(0) \cdot c^*_{\mathrm{V_{Li}}}(0)} \cdot \mathrm{e}^{\alpha \cdot \frac{F}{RT} \cdot \eta} - \frac{c_{\mathrm{Li^I}}}{c^*_{\mathrm{Li^I}}(0)} \cdot \mathrm{e}^{-(1-\alpha) \cdot \frac{F}{RT} \cdot \eta} \right) \tag{4.55}$$

Man erkennt bereits hier, dass nicht nur die Überspannung η sondern auch die tatsächlichen Konzentrationen der unterschiedlichen Spezies das Verhältnis zwischen Überspannung und Stromdichte beeinflussen: Bei langsamem Transport weichen die tatsächlichen Konzentrationen von ihren Gleichgewichtswerten ab und ihr Einfluss ist als zusätzlicher Impedanzbeitrag messbar. Dies ist unmittelbar einsichtig: Ist weniger Spezies vorhanden, kann pro Zeiteinheit bei sonst gleichen Randbedingungen weniger Spezies ein- bzw. ausgebaut werden. Unter Annahme eines schnellen Transports von Elektronen im Festkörper (was in der Regel gegeben ist) und leichtem Umschreiben von Gleichung 4.55 lässt sich dieser Effekt mathematisch anschaulich darstellen:

$$j = j_0 \cdot \left(\mathrm{e}^{\alpha \cdot \frac{nF}{RT} \cdot \eta + \ln\left(\frac{c_{\mathrm{Li}^+}}{c^*_{\mathrm{Li}^+}(0)}\right) + \ln\left(\frac{c_{\mathrm{V_{Li}}}}{c^*_{\mathrm{V_{Li}}}(0)}\right)} - \mathrm{e}^{-(1-\alpha) \cdot \frac{nF}{RT} \cdot \eta + \ln\left(\frac{c_{\mathrm{Li^I}}}{c^*_{\mathrm{Li^I}}(0)}\right)} \right) \tag{4.56}$$

Bei Stromfluss vom Elektrolyt in die Elektrode sinken c_{Li^+} und $c_{\mathrm{V_{Li}}}$ unter ihren Gleichgewichtswert ab, $c_{\mathrm{Li^I}}$ steigt an. Die Logarithmen der Konzentrationsverhältnisse wirken sich daher wie mindernde Spannungen aus, die zur Herstellung eines gewünschten Stromflusses zusätzlich durch ein höheres η bereitgestellt werden müssen. Man nennt die entsprechend zusätzlich benötigten Überspannungen daher nach ihrer Herkunft Elektrolytdiffusionsüberspannung sowie Festkörperdiffusionsüberspannung. Da sich die entsprechenden Konzentrationen und somit der Wert der Überspannungen bei Stromfluss zeitlich ändern, kann diesen ein komplexer Impedanzausdruck zugeordnet werden. Eine entsprechende Herleitung findet sich im nächsten Unterkapitel 4.2.3.

4.2.3. Herleitung der Impedanz

4.2.3.1. Herleitung der Teilimpedanzen

Die Impedanz eines Systems beschreibt grundsätzlich sein Verhalten im linearen Bereich, sprich für hinreichend kleine Überspannungen, wo eine n-fache Überspannung mit einem n-fachen Strom einhergeht (Linearität). In diesem Bereich sind auch die Konzentrationsänderungen hinreichend klein, so dass in Gleichung 4.56 die Exponentialfunktion sowie die Logarithmen linearisiert werden können. Man erhält damit

$$j \approx j_0 \cdot \left[\frac{F}{RT} \cdot \eta + \frac{\Delta c_{\mathrm{Li}^+}}{c^*_{\mathrm{Li}^+}(0)} + \frac{\Delta c_{\mathrm{V_{Li}}}}{c^*_{\mathrm{V_{Li}}}(0)} - \frac{\Delta c_{\mathrm{Li^I}}}{c^*_{\mathrm{Li^I}}(0)} \right] \tag{4.57}$$

Die Überkonzentrationen Δc_{x} stehen dabei für die absoluten Abweichungen $c_{\mathrm{x}} - c^*_{\mathrm{x}}(0)$ der Konzentration einer Spezies x von ihrem Gleichgewichtswert zum Zeitpunkt $t = 0$. Um einen Impedanzausdruck zu erhalten muss diese Gleichung nun lediglich in den Fourier-Raum transformiert werden, was aufgrund der Linearität aller Summanden in einer direkten Korrespondenz mündet. Umstellen der so erhaltenen Gleichung nach $\eta(\omega)$ und Division durch $j(\omega)$ liefert schließlich für die flächenbezogene Impedanz der Vorgänge an der Grenzfläche einer Lithium-Ionen-Batterieelektrode den allgemeinen Ausdruck

$$Z(\omega) \approx \frac{RT}{F} \cdot \left[\frac{1}{j_0} - \frac{1}{j(\omega)} \cdot \frac{\Delta c_{\mathrm{Li}^+}(\omega)}{c^*_{\mathrm{Li}^+}(0)} - \frac{1}{j(\omega)} \cdot \frac{\Delta c_{\mathrm{V_{Li}}}(\omega)}{c^*_{\mathrm{V_{Li}}}(0)} + \frac{1}{j(\omega)} \cdot \frac{\Delta c_{\mathrm{Li^I}}(\omega)}{c^*_{\mathrm{Li^I}}(0)} \right] \tag{4.58}$$

Dieser enthält als Summanden die drei charakteristischen Impedanzbeiträge: Den Ladungstransferwiderstand

$$R_{\mathrm{CT}} = \frac{1}{j_0} \cdot \frac{RT}{F} \tag{4.59}$$

der das Verhältnis von notwendiger Überspannung zu Stromfluss bei idealem Nachtransport der reagierenden Spezies beschreibt. Die Elektrolytdiffusionsimpedanz

$$Z_{\mathrm{Diff,Elektrolyt}}(\omega) = -\frac{RT}{F} \frac{1}{j(\omega)} \cdot \frac{\Delta c_{\mathrm{Li}^+}(\omega)}{c^*_{\mathrm{Li}^+}(0)} \tag{4.60}$$

beschreibt den Impedanzbeitrag aufgrund einer Konzentrationsänderung der Lithium-Ionen im Elektrolyten bei Stromfluss. Die Festkörperdiffusionsimpedanz

$$Z_{\text{Diff,Festkörper}}(\omega) = \frac{RT}{F} \frac{1}{j(\omega)} \cdot \left[-\frac{\Delta c_{\text{V}_{\text{Li}}}(\omega)}{c^*_{\text{V}_{\text{Li}}}(0)} + \frac{\Delta c_{\text{Li}^{\text{I}}}(\omega)}{c^*_{\text{Li}^{\text{I}}}(0)} \right] \tag{4.61}$$

beschreibt analog den Impedanzbeitrag aufgrund einer Konzentrationsänderung der interkalierten Lithium-Ionen bzw. Leerstellen des Elektrodenmaterials bei Stromfluss. Die genaue Form dieser Impedanzbeiträge, sprich mit welcher Dynamik sie aufklingen und wie groß ihr Einfluss ist, hängt bei einer realen Elektrode davon ab, wie die exakte Geometrie der Elektrode beschaffen ist: Wie lang und wie groß sind die Diffusionskanäle des Elektrolyten (beschrieben durch Dicke, Porosität und Tortuosität der Elektrode) bzw. welche Form, Größe und welche Diffusionspfade weisen die Elektrodenpartikel auf, in die eingelagert wird. Im Rahmen einer beispielhaften Durchführung werden im Folgenden die Formen der Impedanzbeiträge bei einem offenen Elektrolytvolumen und planarer Interkalation in eine dichte Dünnschichtelektrode hergeleitet. Die entsprechende Geometrie ist in Abbildung 4.10 dargestellt.

Abbildung 4.10: Idealisierte Geometrie zur Herleitung der Impedanz einer planaren Elektrode.

Elektrolytdiffusionsimpedanz

Bei Annahme eines Elektrolytvolumens wie in Kapitel 4.1 in Abbildung 4.2 angenommen, kann die Fourier-Transformierte der zeitlichen Entwicklung der Elektrolytkonzentration an der Grenzfläche zur Elektrode von dort übernommen werden. Es war mit Gleichung 4.40

$$\begin{aligned}\Delta c_{\mathrm{Li}^+}(\omega) = &-\frac{j(\omega)}{F}\cdot(1-t_{\mathrm{Li}^+})\\ &\cdot\frac{1}{\sqrt{j\omega\cdot D_{\mathrm{Elektrolyt}}}}\cdot\tanh\left(\sqrt{\frac{j\omega}{D_{\mathrm{Elektrolyt}}}}\cdot\frac{L_{\mathrm{Elektrolyt}}}{2}\right)\end{aligned} \tag{4.62}$$

Einsetzen dieser Gleichung in die Definitionsgleichung 4.60 der Elektrolytdiffusionsimpedanz liefert direkt

$$\begin{aligned}Z_{\mathrm{Diff,Elektrolyt}}(\omega) = &\frac{RT}{F^2 c^*_{\mathrm{Li}^+}(0)}\cdot\frac{L_{\mathrm{Elektrolyt}}}{2\cdot D_{\mathrm{Elektrolyt}}}\\ &\cdot(1-t_{\mathrm{Li}^+})\cdot\frac{\tanh\left(\sqrt{\frac{j\omega}{D_{\mathrm{Elektrolyt}}}}\cdot\frac{L_{\mathrm{Elektrolyt}}}{2}\right)}{\sqrt{\frac{j\omega}{D_{\mathrm{Elektrolyt}}}}\cdot\frac{L_{\mathrm{Elektrolyt}}}{2}}\end{aligned} \tag{4.63}$$

Impedanzausdrücke dieser Struktur werden aufgrund des beidseitig begrenzten Diffusionsvolumens als Finite-Length Warburg Impedanz bezeichnet [Bar05]. Im Gegensatz zu Gleichung 4.41 für die Konzentrationsimpedanz im Elektrolytvolumen tritt dieser Beitrag auch auf, wenn Anion und Kation dieselbe Beweglichkeit besitzen. Da allein die Konzentrationsänderung von Lithium-Ionen auf die Reaktionskinetik an der Grenzfläche wirkt, ist dies einsichtig. Im Falle eines Festelektrolyten mit $t_{\mathrm{Li}^+} = 1$ tritt jedoch auch dieser Beitrag nicht auf, da sich aus Gründen der Ladungsneutralität dann kein Konzentrationsgradient von Lithium-Ionen im Elektrolyten ausbilden kann. Dies stellt einen großen Vorteil bei Verwendung von Festelektrolyten dar [Kat16]. Für die in Tabelle 4.1 gegebenen Elektrolytparameter ist die Gestalt der Elektrolytdiffusionsimpedanz in Abbildung 4.11 dargestellt.

Festkörperdiffusionsimpedanz

Für die Bestimmung der Fourier-Transformierten der zeitlichen Konzentrationsentwicklung von Leerstellen bzw. interkalierter Lithium-Ionen im Festkörper wird beispielhaft die Geometrie einer dichten Dünnschichtelektrode angenommen (siehe Abbildung 4.10). Als Diffusionsmechanismus wird Ficksche Diffusion angenommen, die planar im Inneren des

Festkörpers verläuft. Für die Konzentrationsentwicklung der interkalierten Lithium-Ionen gilt entsprechend

$$\frac{\partial \Delta c_{\mathrm{Li^I}}(x,t)}{\partial t} = D_{\mathrm{Festkörper}} \cdot \frac{\partial^2 \Delta c_{\mathrm{Li^I}}(x,t)}{\partial x^2} \tag{4.64}$$

mit den Randbedingungen einer vorgegebenen Stromdichte an der Elektrode-Elektrolyt-Grenzfläche

$$-D_{\mathrm{Festkörper}} \cdot \left. \frac{\partial \Delta c_{\mathrm{Li^I}}(x,t)}{\partial x} \right|_{x=0} = \frac{1}{F} \cdot j(t) \tag{4.65}$$

sowie einem verschwindenden Lithium-Ionen-Strom an der Ableiterseite der Elektrode:

$$-D_{\mathrm{Festkörper}} \cdot \left. \frac{\partial \Delta c_{\mathrm{Li^I}}(x,t)}{\partial x} \right|_{x=L_{\mathrm{Festkörper}}} = 0 \tag{4.66}$$

Die zweite Randbedingung kann intuitiver auch als

$$\int_0^{L_{\mathrm{Festkörper}}} \Delta c_{\mathrm{Li^I}}(x,t)\,\mathrm{d}x = \frac{1}{F} \cdot \int_0^t j(\tau)\,\mathrm{d}\tau \tag{4.67}$$

geschrieben werden, sprich der Bedingung, dass die angehäufte Menge an Lithium-Ionen im Inneren der Elektrode zu jedem Zeitpunkt der in die Elektrode geflossenen Ladungsmenge entsprechen muss. Die Lösung dieser Differentialgleichung erfolgt analog wie in

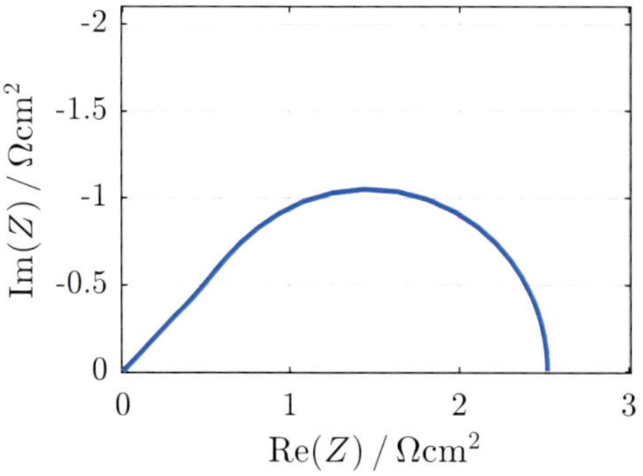

Abbildung 4.11: Form des Impedanzbeitrags durch Änderung der Lithium-Ionen-Konzentration im Elektrolyten an der Elektrode-Elektrolyt-Grenzfläche einer Batterieelektrode (Elektrolytdiffusionsimpedanz). Die Länge des vorgelagerten offenen Elektrolytvolumens wurde zu $L_{\mathrm{Elektrolyt}}$=1 mm angenommen. Die Elektrolytparameter wurden aus Tabelle 4.1 [Nym08] entnommen.

Kapitel 4.1.3 geschildert über Transformation in den Laplace-Bereich und anschließender Lösung mittels Exponentialfunktionsansatz. Die Lösung für die Konzentration der Lithium-Ionen-Leerstellen im Festkörper ergibt sich wegen

$$\Delta c_{\mathrm{Li^I}}(x,t) = -\Delta c_{\mathrm{V_{Li}}}(x,t) \tag{4.68}$$

analog. Einsetzen der so erhaltenen Konzentrationsentwicklungen im Frequenzbereich in Gleichung 4.61 liefert schließlich

$$\begin{aligned} Z_{\mathrm{Diff,Festk\ddot{o}rper}}(\omega) = {} & \frac{RT}{F^2} \cdot \left[\frac{1}{c^*_{\mathrm{Li^I}}(0)} + \frac{1}{c^*_{\mathrm{V_{Li}}}(0)} \right] \\ & \cdot \frac{L_{\mathrm{Festk\ddot{o}rper}}}{D_{\mathrm{Festk\ddot{o}rper}}} \cdot \frac{\coth\left(\sqrt{\frac{j\omega}{D_{\mathrm{Festk\ddot{o}rper}}}} \cdot L_{\mathrm{Festk\ddot{o}rper}}\right)}{\sqrt{\frac{j\omega}{D_{\mathrm{Festk\ddot{o}rper}}}} \cdot L_{\mathrm{Festk\ddot{o}rper}}} \end{aligned} \tag{4.69}$$

Impedanzausdrücke dieser Struktur werden aufgrund des begrenzten Raums, in den Spezies eingebracht wird, als Finite-Space Warburg Impedanz bezeichnet [Bar05]. Der grundlegende Unterschied zur Elektrolytdiffusionsimpedanz ist, dass das Einbringen von Lithium-Ionen in den Festkörper die Konzentration der interkalierten Lithium-Ionen bzw. Leerstellen dauerhaft ändert, während im Elektrolyten ein Einbau an einer Stelle aus Gründen der Elektroneutralität stets mit simultanem Ausbau an anderer Stelle einhergeht. Die Elektroneutralität wird im Falle des Festkörpers durch zufließende Elektronen gewährleistet. Die Form dieser Impedanz ist in Abbildung 4.12 dargestellt.

4.2.3.2. Einfluss der Doppelschichtkapazität

In der bisherigen Herleitung vernachlässigt wurde die Rolle der Eigenkapazität der Helmholtz-Doppelschicht, also die Notwendigkeit des Einbringens von Ladung und somit eines additiven Stromflusses, um die Spannung über dieser Doppelschicht ändern zu können und damit erst eine gerichtete Ladungstransferreaktion zu ermöglichen. Diese Eigenkapazität kann als sogenannte Doppelschichtkapazität C_{DL} modelliert werden [New04], die der Ladungstransferreaktion und damit allen diese quantifizierenden Impedanzelementen parallel geschaltet ist: Eine Konzentrationsänderung in Elektrolyt und Festkörper, wie durch die entsprechenden Diffusionselemente modelliert, verursacht eine Änderung des Verhältnisses von Überspannung zu Durchtrittstromdichte und muss damit direkt in Reihe zum Ladungstransferwiderstand liegen. Die selbe Überspannung muss jedoch auch über der

Helmholtz-Doppelschicht herrschen, weshalb die modellierende Doppelschichtkapazität allem parallel geschaltet sein muss. Der die Doppelschicht ladende Teilstrom ist somit, wie physikalisch erwartet, unabhängig von der Konzentrationssituation an der Elektrode.

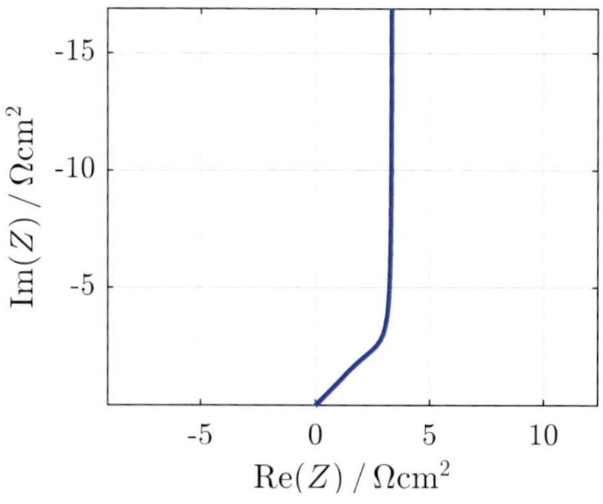

Abbildung 4.12: Form des Impedanzbeitrags durch Änderung der Lithium-Ionen-Konzentration im Festkörper an der Elektrode-Elektrolyt-Grenzfläche einer Elektrode (Festkörperdiffusionsimpedanz).

Dieses Impedanzmodell entspricht (mit zusätzlich berücksichtigtem Einfluss der Elektrolytdiffusion) dem bekannten Randles-Ersatzschaltbild, wie es in [Ran47] vorgeschlagen wurde (siehe Abbildung 4.13 (links)). Die parallel geschaltete Kapazität ist dabei mathematisch unbequem, kann jedoch in den meisten Fällen wie folgt vereinfacht werden: Wenn die Zeitkonstanten der Diffusionselemente viel größer sind als die Zeitkonstante der Parallelschaltung aus Ladungstransferwiderstand und Doppelschichtkapazität (dies ist in der Regel erfüllt), so können die Diffusionselemente aus der Doppelschichtkapazität herausgezogen und zur Parallelschaltung aus Doppelschichtkapazität und Ladungstransferwiderstand seriell geschaltet werden (siehe Abbildung 4.13 (rechts)). Die gebräuchliche Serienschaltung von Ladungstransfer und Diffusionselementen kann durch diese Argumentation motiviert werden. Der rein ohmsche Ladungstransferwiderstand R_{CT} wird auf diese Weise zu einer Ladungstransferimpedanz

$$Z_{CT} = \frac{R_{CT}}{1 + [j\omega R_{CT} C_{DL}]^{P_{CT}}} \tag{4.70}$$

Der Exponent P_{CT} liegt üblicherweise im Bereich 0.9 und dient einer empirischen Anpassung der theoretisch erwarteten Impedanz an reale Messungen [Ill14].

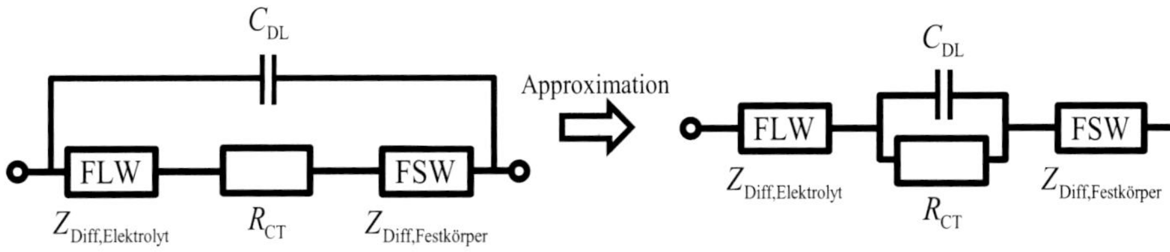

Abbildung 4.13: (Links) Physikalisch korrekte Modellierung der Doppelschichtkapazität: Die Doppelschichtkapazität liegt parallel zu den Vorgängen an der Grenzfläche. (Rechts) Sind die Zeitkonstanten der Diffusionsprozesse viel langsamer als die Zeitkonstante aus Ladungstransferwiderstand und Doppelschichtkapazität, so können die Diffusionselemente in guter Näherung seriell geschaltet werden.

4.2.4. Diskussion der Impedanz

4.2.4.1. Beziehung zwischen Festkörperdiffusionsimpedanz und OCV-Kennlinie

Die dauerhafte Änderung der Lithium- und Leerstellenkonzentration im Elektrodenmaterial bei Stromfluss manifestiert sich zum einen in einem Anstieg des Imaginärteils der Festkörperdiffusionsimpedanz für kleine Frequenzen. Zum anderen ändert sich nach Gleichung 4.52 auch die OCV der Elektrode. Es ist daher naheliegend, dass OCV und Festkörperdiffusionsimpedanz miteinander verknüpft sein müssen. Es wird im folgenden gezeigt, dass die differentielle Kapazität der Elektrode die verknüpfende Größe ist: Sie beschreibt sowohl die Änderung der OCV als auch den Anstieg der Festkörperdiffusionsimpedanz für kleine Frequenzen. Zum Beweis wird im Folgenden die analytische Form der differentiellen Kapazität aus der Nernst-Gleichung 4.52 der OCV abgeleitet und gezeigt, dass diese Kapazität als Teilimpedanz

$$Z_{\text{Diff}} = \frac{1}{j\omega C_{\text{Diff}}} \tag{4.71}$$

in der Festkörperdiffusionsimpedanz nach Gleichung 4.69 enthalten ist.

Die differentielle Kapazität ergibt sich nach Gleichung 2.40 durch Invertierung der Ableitung der OCV nach der Ladung. Durch Einsetzen der Nernst-Gleichung 4.52 in Gleichung 2.40 ergibt sich:

$$C_{\text{Diff}} = \left(\frac{RT}{F} \left[\frac{1}{c^*_{\text{Li}^{\text{I}}}(0)} \frac{\mathrm{d}c^*_{\text{Li}^{\text{I}}}}{\mathrm{d}Q} - \frac{1}{c^*_{\text{V}_{\text{Li}}}(0)} \frac{\mathrm{d}c^*_{\text{V}_{\text{Li}}}}{\mathrm{d}Q} \right] \right)^{-1} \tag{4.72}$$

Die Abhängigkeit der Gleichgewichtskonzentrationen von der Ladung ist gegeben durch

$$c^*_{\mathrm{Li^I}} = c^*_{\mathrm{Li^I}}(0) + \frac{1}{V_{\mathrm{Festkörper}}} \int_0^t \frac{i(t')}{F}\,\mathrm{d}t' = c^*_{\mathrm{Li^I}}(0) + \frac{1}{V_{\mathrm{Festkörper}}} \frac{Q}{F} \tag{4.73}$$

bzw.

$$c^*_{\mathrm{V_{Li}}} = c^*_{\mathrm{V_{Li}}}(0) - \frac{1}{V_{\mathrm{Festkörper}}} \int_0^t \frac{i(t')}{F}\,\mathrm{d}t' = c^*_{\mathrm{V_{Li}}}(0) - \frac{1}{V_{\mathrm{Festkörper}}} \frac{Q}{F} \tag{4.74}$$

Einsetzen dieser Beziehungen in Gleichung 4.72 ergibt schließlich

$$C_{\mathrm{Diff}} = \underbrace{\frac{F^2}{RT} \cdot \left(\frac{1}{c^*_{\mathrm{Li^I}}(0)} + \frac{1}{c^*_{\mathrm{V_{Li}}}(0)} \right)^{-1}}_{C_0} \cdot V_{\mathrm{Festkörper}} \tag{4.75}$$

Der Anteil C_0 ist materialabhängig und beschreibt die volumenspezifische differentielle Kapazität des Festkörpers im Arbeitspunkt. Die in der Festkörperdiffusionsimpedanz enthaltene Kapazität kann durch eine Reihenentwicklung des Impedanzausdrucks Gleichung 4.69 sichtbar gemacht werden. Mit der Reihenentwicklung des coth

$$\coth(x) = \frac{1}{x} + \sum_{k=1}^{\infty} \frac{2x}{k^2\pi^2 + x^2} \tag{4.76}$$

ergibt sich

$$\begin{aligned} Z_{\mathrm{Diff,Festkörper}}(\omega) = {} & \frac{RT}{F^2} \cdot \left(\frac{1}{c^*_{\mathrm{Li^I}}(0)} + \frac{1}{c^*_{\mathrm{V_{Li}}}(0)} \right) \\ & \cdot \left[\frac{1}{j\omega L_{\mathrm{Festkörper}}} + \sum_{k=1}^{\infty} \frac{2 \cdot \frac{L_{\mathrm{Festkörper}}}{D_{\mathrm{Festkörper}}}}{k^2\pi^2 + j\omega \cdot \frac{L^2_{\mathrm{Festkörper}}}{D_{\mathrm{Festkörper}}}} \right] \end{aligned} \tag{4.77}$$

Der den Niederfrequenzbereich dominierende erste Summand entspricht der Impedanz einer Kapazität

$$\tilde{C}_{\mathrm{Diff}} = \frac{F^2}{RT} \cdot L_{\mathrm{Festkörper}} \cdot \left(\frac{1}{c^*_{\mathrm{Li^I}}(0)} + \frac{1}{c^*_{\mathrm{V_{Li}}}(0)} \right)^{-1} \tag{4.78}$$

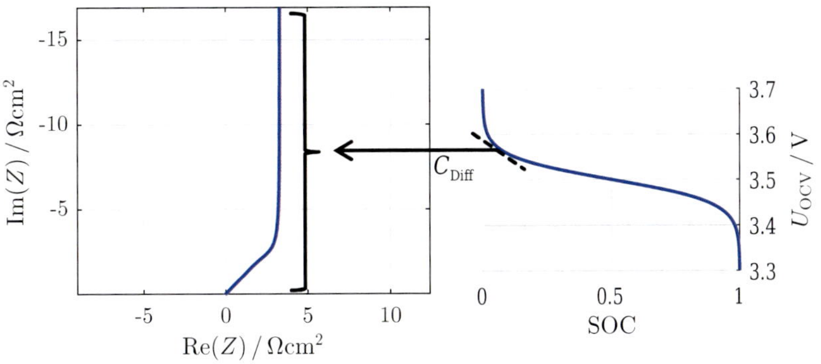

Abbildung 4.14: Verknüpfung von OCV-Kennlinie und Festkörperdiffusionsimpedanz durch die differentielle Kapazität.

Da die Festkörperdiffusionsimpedanz in Gleichung 4.69 unter Verwendung der Stromdichte definiert wurde und somit flächennormiert ist, muss diese Kapazität zur Vergleichbarkeit mit der absoluten differentiellen Kapazität nach Gleichung 4.75 noch durch Multiplikation mit der aktiven Oberfläche A_{akt} der planaren Elektrodenschicht entnormiert werden. Man erhält

$$C_{\text{Diff}} = \tilde{C}_{\text{Diff}} \cdot A_{\text{akt}} \tag{4.79}$$

und somit die Identität beider Kapazitäten. Die Festkörperdiffusionsimpedanz ist somit untrennbar mit der OCV-Kennlinie verbunden. Abbildung 4.14 veranschaulicht diese Verbindung graphisch.

4.2.4.2. Abhängigkeit der Festkörperdiffusionsimpedanz von der Partikelgeometrie

In der gezeigten Herleitung wurde die Geometrie der Elektrode als planar angenommen, um unter dieser Randbedingung die Diffusionsgleichungen im Festkörper zu lösen und eine entsprechende Festkörperdiffusionsimpedanz herzuleiten. In der Realität ist diese Annahme jedoch oft falsch: Günstiger wäre die Annahme einer sphärischen oder zylindrischen Diffusionsgeometrie, die die Geometrie realer Partikel besser annähert. Eine sphärische Geometrie nähert eine Einlagerung aus drei, eine zylindrische Geometrie eine Einlagerung aus zwei Raumrichtungen gut an [Ill14]. Entsprechende Impedanzgleichungen werden beispielsweise in [Jac95, Mey00, Ill14] angegeben. Unter Anpassung der verwendeten Nomenklatur ergibt sich für die Festkörperdiffusionsimpedanz bei sphärischer Diffusion

$$Z_{\text{Diff,sphärisch}}(\omega) = \frac{1}{C_0} \cdot \frac{r}{D_{\text{Festkörper}}} \cdot \frac{1}{\sqrt{\frac{j\omega \cdot r^2}{D_{\text{Festkörper}}}} \cdot \coth\left(\sqrt{\frac{j\omega \cdot r^2}{D_{\text{Festkörper}}}}\right) - 1} \tag{4.80}$$

mit r dem Kugelradius des betrachteten Partikels. Für Diffusion in zylindrischen Partikeln erhält man einen etwas komplizierteren Ausdruck

$$Z_{\text{Diff,zylindrisch}}(\omega) = \frac{1}{C_0} \cdot \frac{r}{D_{\text{Festkörper}}} \cdot \frac{I_0\left(\sqrt{\frac{j\omega \cdot r^2}{D_{\text{Festkörper}}}}\right)}{\sqrt{\frac{j\omega \cdot r^2}{D_{\text{Festkörper}}}} \cdot I_1\left(\sqrt{\frac{j\omega \cdot r^2}{D_{\text{Festkörper}}}}\right)} \tag{4.81}$$

mit r dem Zylinderradius des betrachteten Partikels und $I_n(x)$ den modifizierten Besselfunktionen erster Art und n-ter Ordnung. Ein Vergleich der Festkörperdiffusionsimpedanzen aller drei Geometrien ist in Abbildung 4.15 dargestellt.

Für eine nähere Untersuchung der Interkalationseigenschaften der unterschiedlichen Geometrien bietet es sich an zu betrachten, wie viel Kapazität C_{Diff} bei welchem Polarisationswiderstand R_{Pol} in einer Geometrie verfügbar ist. Das Produkt beider Größen definiert die Interkalationszeitkonstante

$$\tau_{\text{Int}} = R_{\text{Pol}} \cdot C_{\text{Diff}} \tag{4.82}$$

die beschreibt, wie schnell ein Partikel nach einem Spannungssprung geladen wird. Für die absolute Impedanz eines Zylinders mit Radius r und Höhe h gilt entsprechend der Grenzwertbetrachtung für kleine Frequenzen nach [Jac95]:

$$\tilde{Z}_{\text{Diff,zylindrisch}}(\omega) = \frac{1}{C_0} \cdot \frac{r}{D_{\text{Festkörper}}} \cdot \left(\frac{1}{4} + \frac{2}{j\omega \cdot \frac{r^2}{D_{\text{Festkörper}}}}\right) \cdot \frac{1}{2\pi r h} \tag{4.83}$$

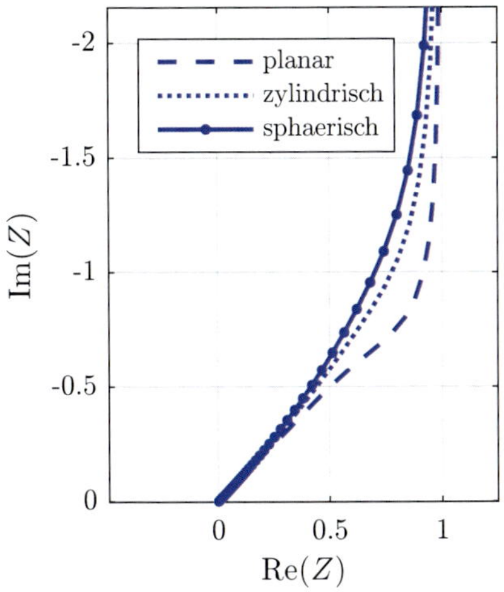

Abbildung 4.15: Unterschiedliche Form der Festkörperdiffusionsimpedanz bei planarer, zylindrischer und sphärischer Partikelgeometrie.

Dies entspricht dem Impedanzausdruck des Polarisationswiderstands in Serie zur differentiellen Kapazität des Partikels. Die differentielle Kapazität ist somit gegeben durch

$$C_{\text{Diff,zylindrisch}} = C_0 \cdot \pi r^2 h \tag{4.84}$$

und wie erwartet proportional zum Volumen des Partikels. Der Polarisationswiderstand ergibt sich zu

$$R_{\text{Pol,zylindrisch}} = \frac{1}{C_0} \cdot \frac{1}{8\pi h \cdot D_{\text{Festkörper}}} \tag{4.85}$$

Für die Interkalationszeitkonstante folgt daraus

$$\tau_{\text{Int,zylindrisch}} = \frac{r^2}{8 \cdot D_{\text{Festkörper}}} \tag{4.86}$$

Für sphärische Partikel mit Radius r ergibt sich analog (ebenfalls mit der Grenzwertbetrachtung nach [Jac95]):

$$C_{\text{Diff,sphärisch}} = C_0 \cdot \frac{4}{3}\pi r^3 \tag{4.87}$$

$$R_{\text{Pol,sphärisch}} = \frac{1}{C_0} \cdot \frac{1}{20\pi r \cdot D_{\text{Festkörper}}} \tag{4.88}$$

$$\tau_{\mathrm{Int,sphärisch}} = \frac{r^2}{15 \cdot D_{\mathrm{Festkörper}}} \tag{4.89}$$

Aus diesen Gleichungen ist erkennbar, dass sowohl bei zylindrischer als auch bei sphärischer Geometrie die Interkalationszeitkonstante quadratisch mit dem Partikelradius wächst, größere Partikel also nur bedeutend langsamer ge- oder entladen werden können als kleinere Partikel. Dieser Umstand wird im Rahmen dieser Dissertation dazu genutzt, die Beiträge verschieden großer Partikel zur differentiellen Kapazität zu separieren und so aus Messungen der Impedanz eine Partikelgrößenverteilung zu bestimmen (siehe Kapitel 6.3 und 7.2.5). Ein direkter Vergleich des Interkalationsverhaltens beider Geometrien kann durch die Wahl der Zylinderhöhe zu

$$h = \frac{4}{3} r \tag{4.90}$$

erfolgen. Für diese Wahl tragen beide Partikelarten die gleiche differentielle Kapazität. Zwar ist der Polarisationswiderstand zylindrischer Geometrien für diesen Fall mit

$$R_{\mathrm{Pol,zylindrisch}} = \frac{1}{C_0} \cdot \frac{1}{\frac{32}{3} \pi r \cdot D_{\mathrm{Festkörper}}} \tag{4.91}$$

etwa doppelt so groß wie der der sphärischen Geometrie, jedoch ist die Beziehung zwischen Kapazität und Polarisationswiderstand bei zylindrischer Geometrie günstiger: Entsprechend Gleichung 4.86 kann in zylindrische Geometrien unabhängig von der Zylinderhöhe um etwa einen Faktor zwei schneller eingelagert werden.

4.2.4.3. Abhängigkeit der Impedanz vom Ladezustand

Der Ladezustand der Elektrode spiegelt sich in der Konzentration der interkalierten Lithium-Ionen bzw. der Konzentration der Lithium-Leerstellen im Gitter wieder. Mit der Konzentration der verfügbaren Gitterplätze c_{Gitter} kann ein Ladezustand als die relative Anzahl besetzter Lithium-Ionen Gitterplätze definiert werden[2]. Es ist damit

$$\mathrm{SOC} = \frac{c^*_{\mathrm{Li^I}}(0)}{c_{\mathrm{Gitter}}} \tag{4.92}$$

[2] Der oft gebräuchliche technische Ladezustand einer Kathode entspricht dem umgekehrten physikalischen Ladezustand: Eine Kathode ist im technischen Sinne geladen, wenn sie in Zusammenspiel mit einer Anode elektrische Arbeit verrichten kann. Dies ist bei hohen Kathodenspannungen der Fall. Ein technischer SOC von 1 korrespondiert also mit einem physikalischen SOC von 0.

beziehungsweise

$$1 - \mathrm{SOC} = \frac{c^*_{\mathrm{V_{Li}}}(0)}{c_{\mathrm{Gitter}}} \tag{4.93}$$

Diese Definition ist rein theoretischer Natur: Ein so definierter SOC von 0 würde physikalisch eine vollständige Entfernung aller Lithium-Ionen bedeuten, was mit einer irreversiblen Zerstörung des Kathodenmaterials einhergehen würde [Kor13]. Dennoch können mit einem so definierten Ladezustand Aussagen über die qualitativ zu erwartende Entwicklung der OCV und der Elektrodenimpedanz über den Ladezustand getroffen werden.
Einsetzen dieser Definitionsgleichungen in die Beschreibungsgleichung 4.52 der offenen Zellspannung liefert zunächst einen Ausdruck für die Ladezustandsabhängigkeit der OCV:

$$U_{\mathrm{OCV}} = U_{\mathrm{OCV},0}(T) + \frac{RT}{F} \cdot \ln\left(\frac{\mathrm{SOC}}{1 - \mathrm{SOC}}\right) \tag{4.94}$$

Abbildung 4.16 zeigt den entsprechenden Spannungsverlauf mit dem charakteristischen Abknicken der OCV für sehr hohe und sehr niedrige Ladezustände. Dieses Verhalten ist also bereits grundsätzlich durch die in der Herleitung angenommenen einfachen Mechanismen berücksichtigt. Für die Beschreibung komplexerer OCV-Verläufe (beispielsweise von Graphit) muss die Modellvorstellung, zum Beispiel um den Einfluss koexistierender Materialphasen [Kor13], erweitert werden.
Im Impedanzmodell sind sowohl der Ladungstransferwiderstand als auch die Festkörperdiffusionsimpedanz von der Konzentration der interkalierten Lithium-Ionen und somit vom Ladezustand abhängig. Setzt man die Definitionsgleichungen des Ladezustands in die entsprechenden Gleichungen 4.54 und 4.69 ein, so erhält man die Proportionalitäten

$$R_{\mathrm{CT}} \sim \frac{1}{[\mathrm{SOC}]^{\alpha} \cdot [1 - \mathrm{SOC}]^{1-\alpha}} \tag{4.95}$$

beziehungsweise

$$Z_{\mathrm{Diff,Festkörper}} \sim \left[\frac{1}{\mathrm{SOC}} + \frac{1}{1 - \mathrm{SOC}}\right] \tag{4.96}$$

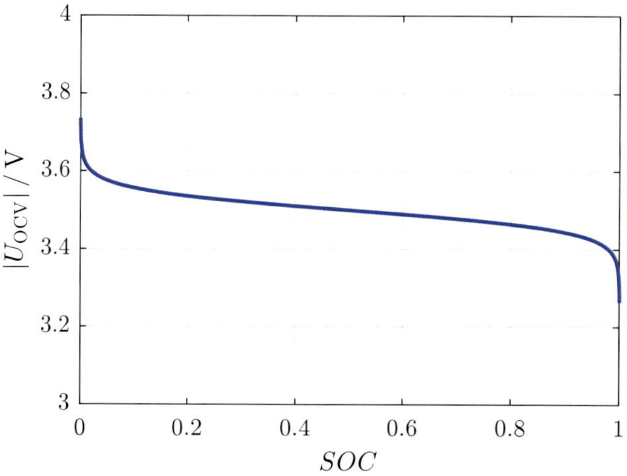

Abbildung 4.16: Ladezustandsabhängigkeit der offenen Zellspannung nach Gleichung 4.94.

Die Abbildungen 4.17 und 4.18 zeigen diese Abhängigkeiten graphisch. Es ist somit sowohl bei der Ladungstransfer- als auch bei der Festkörperdiffusionsimpedanz ein starker Anstieg hin zu vollen und leeren Ladezuständen zu erwarten. Während die Entwicklung der Festkörperdiffusion nach Gleichung 4.96 als symmetrisch um einen Ladezustand von 0,5 erwartet wird, bewirkt der Symmetriefaktor α beim Ladungstransfer eine leichte Asymmetrie. Es deutet sich hier die Möglichkeit an, den Symmetriefaktor α, der in einer Einzelimpedanzmessung aufgrund der Linearisierung der Butler-Volmer-Gleichung nicht zugänglich ist, aus der Schiefheit der Entwicklung des Ladungstransferwiderstand über den SOC zu bestimmen. Die Zeitkonstante (und damit charakteristische Frequenz) des RC-Glieds aus Ladungstransferwiderstand und Doppelschichtkapazität ist wegen $\tau = R_{CT} \cdot C_{DL}$ grundsätzlich abhängig von der Größe des Ladungstransferprozesses und somit ebenfalls SOC-abhängig. Eine Vergrößerung des Ladungstransferprozesses geht daher stets mit einer Verkleinerung der charakteristischen Frequenz einher. Anders bei der Festkörperdiffusion: Die charakteristische Frequenz ist dort abhängig vom Festkörperdiffusionskoeffizienten sowie von der Diffusionsgeometrie. Keine dieser Größen ist notwendigerweise SOC-abhängig. Eine Größenänderung der Festkörperdiffusionsimpedanz ist somit nicht automatisch mit einer Änderung der charakteristischen Frequenz verknüpft. Eine Änderung der charakteristischen Frequenz kann nur bei gleichzeitiger Änderung des Diffusionskoeffizienten oder der Diffusionsgeometrie, beispielsweise durch Volumenänderung, erfolgen.

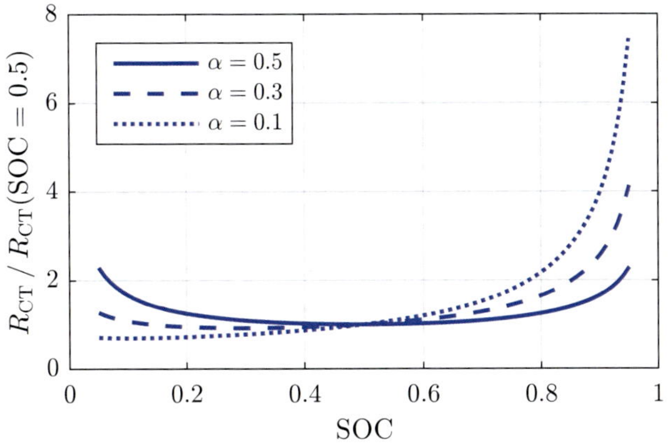

Abbildung 4.17: Abhängigkeit des Ladungstransferwiderstands vom Ladezustand der Elektrode. Für hohe und niedrige Ladezustände erhöht sich der Ladungstransferwiderstand stark. Ein Symmetriefaktor $\alpha \neq 0{,}5$ induziert eine Asymmetrie in der SOC-Abhängigkeit.

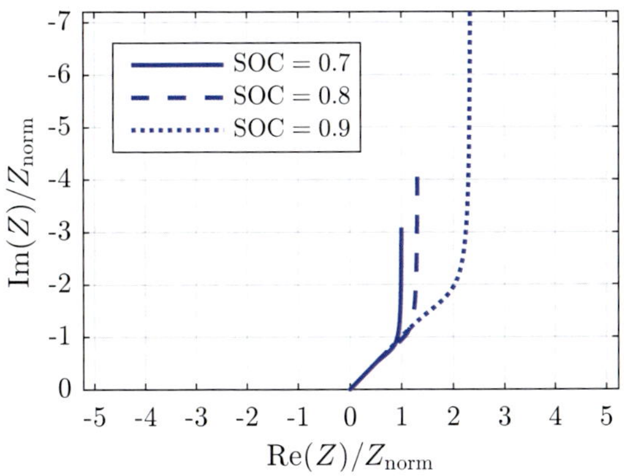

Abbildung 4.18: Abhängigkeit der Festkörperdiffusionsimpedanz vom Ladezustand der Elektrode. Die Spektren sind auf den maximalen Realteil der Impedanz bei SOC=0,7 normiert. Die Impedanzentwicklung ist symmetrisch um einen SOC von 0,5 und daher nur für SOC > 0,5 dargestellt.

4.3. Impedanzmodelle realer Anordnungen

Die Impedanz realer Anordnungen lässt sich aus den Teilimpedanzen des Bulk des Elektrolyten und der Elektrode-Elektrolyt-Grenzfläche aus den vorherigen beiden Unterkapiteln 4.1 und 4.2 zusammensetzen. Dies wird in den folgenden Unterkapiteln für verschiedene relevante Anordnungen durchgeführt. Dabei werden jeweils die grundsätzlichen Impedanzbeiträge dargestellt. Zur Berücksichtigung des Einflusses von Deckschichten, Kontaktwiderständen und Zuleitungen müssen die dargestellten Impedanzmodelle entsprechend erweitert werden. Die benötigten zuvor hergeleiteten Impedanzausdrücke sind in den Tabellen 4.2 und 4.3 noch einmal übersichtlich dargestellt.

4.3.1. Einfluss einer realen Mikrostruktur

Befinden sich Teile des Elektrolyten nicht in einem freien Volumen, sondern in einer realen Mikrostruktur, so müssen Leitfähigkeit und Diffusionskoeffizient des Elektrolyten wie in Kapitel 2.1.4 beschrieben angepasst werden. Es gilt dann mit Gleichung 2.9

$$\sigma_{\text{eff}} = \frac{\varepsilon_{\text{Por}}}{\tau_{\text{Por}}} \cdot \sigma \tag{4.97}$$

bzw. mit Gleichung 2.10

$$D_{\text{eff}} = \frac{\varepsilon_{\text{Por}}}{\tau_{\text{Por}}} \cdot D_{\text{Elektrolyt}} \tag{4.98}$$

4.3.2. Lithium | Flüssigelektrolyt | Lithium

Der einfachste Aufbau einer Lithium-Ionen-Zelle besteht aus einer Lithium-Elektrode, einem mit Elektrolyt durchtränkten Separator und einer zweiten Lithium-Elektrode. Mit diesem Aufbau kann keine Energie gespeichert werden, er eignet sich jedoch zur Charakterisierung des eingeschlossenen Elektrolyten. Grund hierfür ist die bei metallischen Lithium-Elektroden vernachlässigbare Festkörperdiffusion in den Elektroden. Die Impedanz dieses Aufbaus besteht lediglich aus der Bulkimpedanz des Elektrolyten, sowie aus Ladungstransfer- und Elektrolytdiffusionsimpedanz an den Elektrode-Elektrolyt-Grenzflächen. Das entsprechende Ersatzschaltbild ist in Abbildung 4.19 dargestellt.

Tabelle 4.2: Teil 1 der Übersicht der hergeleiteten Ausdrücke aus den Kapiteln 4.1 und 4.2. Alle Impedanzausdrücke beschreiben das Verhältnis zwischen Spannung und Stromdichte und sind somit flächenbezogen.

Größe	Definition
$R_{\text{Elektrolyt}}$ (4.41)	$\frac{L_{\text{Elektrolyt}}}{\sigma}$
$Z_{\text{Konz,Elektrolyt}}$ (4.41)	$\frac{RT}{F^2 c^*_{\text{Li}^+}(0)} \cdot \frac{L_{\text{Elektrolyt}}}{D_{\text{Elektrolyt}}} \cdot (1 - 2 \cdot t_{\text{Li}^+}) \cdot (1 - t_{\text{Li}^+}) \cdot \frac{\tanh\left(\sqrt{\frac{j\omega}{D_{\text{Elektrolyt}}}} \cdot \frac{L_{\text{Elektrolyt}}}{2}\right)}{\sqrt{\frac{j\omega}{D_{\text{Elektrolyt}}}} \cdot \frac{L_{\text{Elektrolyt}}}{2}}$
$Z_{\text{Diff,Elektrolyt}}$ (4.63)	$\frac{RT}{F^2 c^*_{\text{Li}^+}(0)} \cdot \frac{L_{\text{Elektrolyt}}}{2 \cdot D_{\text{Elektrolyt}}} \cdot (1 - t_{\text{Li}^+}) \cdot \frac{\tanh\left(\sqrt{\frac{j\omega}{D_{\text{Elektrolyt}}}} \cdot \frac{L_{\text{Elektrolyt}}}{2}\right)}{\sqrt{\frac{j\omega}{D_{\text{Elektrolyt}}}} \cdot \frac{L_{\text{Elektrolyt}}}{2}}$
j_0 (4.54)	$F \cdot \mathrm{e}^{-(1-\alpha) \cdot \frac{E_{\text{in}}}{RT}} \cdot \mathrm{e}^{-\alpha \cdot \frac{E_{\text{ex}}}{RT}} \cdot \left[k_{\text{ex}} \cdot c^*_{\text{Li}^{\text{I}}}(0)\right]^{\alpha} \cdot \left[k_{\text{in}} \cdot c^*_{\text{Li}^+}(0) \cdot c^*_{\text{e}^-}(0) \cdot c^*_{\text{V}_{\text{Li}}}(0)\right]^{1-\alpha}$
R_{CT} (4.59)	$\frac{1}{j_0} \cdot \frac{RT}{F}$
Z_{CT} (4.70)	$\frac{R_{\text{CT}}}{1 + [j\omega R_{\text{CT}} C_{\text{DL}}]^{P_{\text{CT}}}}$
U_{OCV} (4.52)	$U_{\text{OCV},0}(T) + \frac{RT}{F} \cdot \ln\left(\frac{c^*_{\text{Li}^{\text{I}}}}{c^*_{\text{V}_{\text{Li}}}}\right)$
C_{Diff} (4.75)	$C_0 \cdot V_{\text{Festkörper}}$
C_0 (4.75)	$\frac{F^2}{RT} \cdot \left(\frac{1}{c^*_{\text{Li}^{\text{I}}}(0)} + \frac{1}{c^*_{\text{V}_{\text{Li}}}(0)}\right)^{-1}$

Tabelle 4.3: Teil 2 der Übersicht der hergeleiteten Ausdrücke aus den Kapiteln 4.1 und 4.2. Alle Impedanzausdrücke beschreiben das Verhältnis zwischen Spannung und Stromdichte und sind somit flächenbezogen.

Größe	Definition
$Z_{\text{Diff,Festkörper,planar}}$ (4.69)	$\frac{1}{C_0}\cdot\frac{L_{\text{Festkörper}}}{D_{\text{Festkörper}}}\cdot\frac{\coth\left(\sqrt{\frac{j\omega}{D_{\text{Festkörper}}}}\cdot L_{\text{Festkörper}}\right)}{\sqrt{\frac{j\omega}{D_{\text{Festkörper}}}}\cdot L_{\text{Festkörper}}}$
$Z_{\text{Diff,Festkörper,zylindrisch}}$ (4.81)	$\frac{1}{C_0}\cdot\frac{r}{D_{\text{Festkörper}}}\cdot\frac{I_0\left(\sqrt{\frac{j\omega\cdot r^2}{D_{\text{Festkörper}}}}\right)}{\sqrt{\frac{j\omega\cdot r^2}{D_{\text{Festkörper}}}}\cdot I_1\left(\sqrt{\frac{j\omega\cdot r^2}{D_{\text{Festkörper}}}}\right)}$
$Z_{\text{Diff,Festkörper,sphärisch}}$ (4.80)	$\frac{1}{C_0}\cdot\frac{r}{D_{\text{Festkörper}}}\cdot\frac{1}{\sqrt{\frac{j\omega\cdot r^2}{D_{\text{Festkörper}}}}\cdot\coth\left(\sqrt{\frac{j\omega\cdot r^2}{D_{\text{Festkörper}}}}\right)-1}$

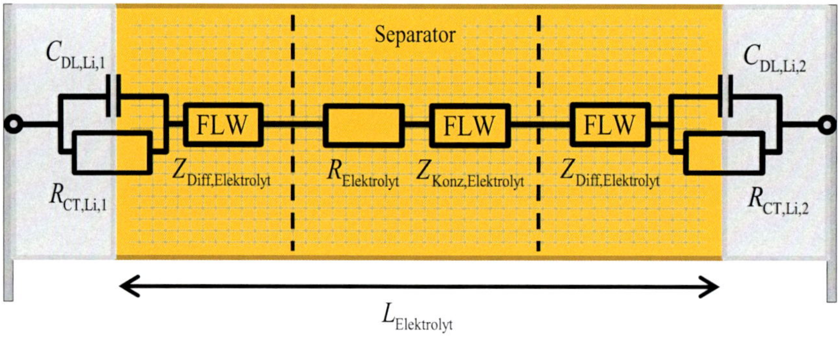

Abbildung 4.19: Impedanzmodell der Anordnung (Lithium | Flüssigelektrolyt | Lithium).

4.3.3. Lithium | Flüssigelektrolyt | Planare Elektrode

Der einfachste Aufbau einer Lithium-Ionen-Zelle, mit der Energie gespeichert werden kann besteht aus einer Lithium-Elektrode, einem mit Elektrolyt durchtränkten Separator und einer planaren, nicht porösen Elektrodenschicht. Im Gegensatz zur metallischen Lithium-

Elektrode kann die Festkörperdiffusionsimpedanz im Aktivmaterial der Elektrode nicht vernachlässigt werden. Es ergibt sich das in Abbildung 4.20 gezeigte Ersatzschaltbild.

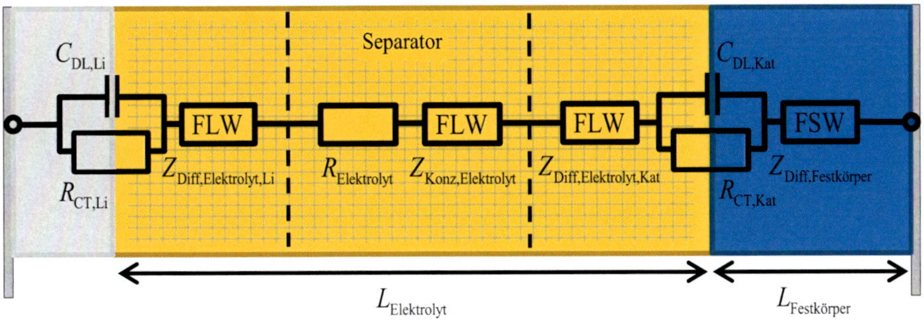

Abbildung 4.20: Ersatzschaltbild eines Zellaufbaus Lithium | Flüssigelektrolyt | Dünnschichtkathode.

4.3.4. Lithium | Separator | Referenz | Poröse Elektrode

Zur Modellierung einer porösen Elektrode muss die räumliche Verteilung der Einbaustellen in die Tiefe der Elektrode berücksichtigt werden. Unter der Annahme einer einzigen Aktivmaterialsorte und einer dominanten Partikelgröße kann dies näherungsweise durch Verwendung einer Kettenleiterstruktur erfolgen [Ill14, Ill15, Nar16, DL64, Eul60, Bis00]. Dabei wird die Impedanz der Elektrode-Elektrolyt-Grenzfläche, bestehend aus Ladungstransferwiderstand sowie den hemmenden Beiträgen von Elektrolytdiffusion und Festkörperdiffusion, mehrfach parallel angesetzt. Die Impedanzen der einzelnen Diskretisierungsabschnitte werden dann unter Berücksichtigung der Bulkimpedanz des Elektrolyten verknüpft. Bei schlechter elektronischer Leitfähigkeit des Elektrodenmaterials muss ein zusätzlicher ohmscher Widerstand R_{Kathode} im unteren Längszweig eingesetzt werden. Eine eingefügte Referenz dient der Messung der Elektrodenimpedanz ohne Einfluss der Impedanz der Lithium-Elektrode. Die so motivierte Struktur des Impedanzmodells ist in Abbildung 4.21 graphisch dargestellt.
Der zugehörige Impedanzausdruck kann geschlossen dargestellt werden [Eul60, Bis00]. Mit der Impedanz ξ des Querpfads, der Impedanz χ_1 des oberen Längspfads und der Impedanz χ_2 des unteren Längspfads ergibt sich für eine Elektrodendicke $L_{\text{Elektrode}}$ der Impedanzausdruck

$$Z_{\text{TLM}} = \frac{\chi_1\chi_2}{\chi_1+\chi_2} \cdot \left(L + \frac{2\lambda}{\sinh\left(\frac{L}{\lambda}\right)}\right) + \lambda \cdot \frac{\chi_1^2+\chi_2^2}{\chi_1+\chi_2} \cdot \coth\left(\frac{L}{\lambda}\right) \tag{4.99}$$

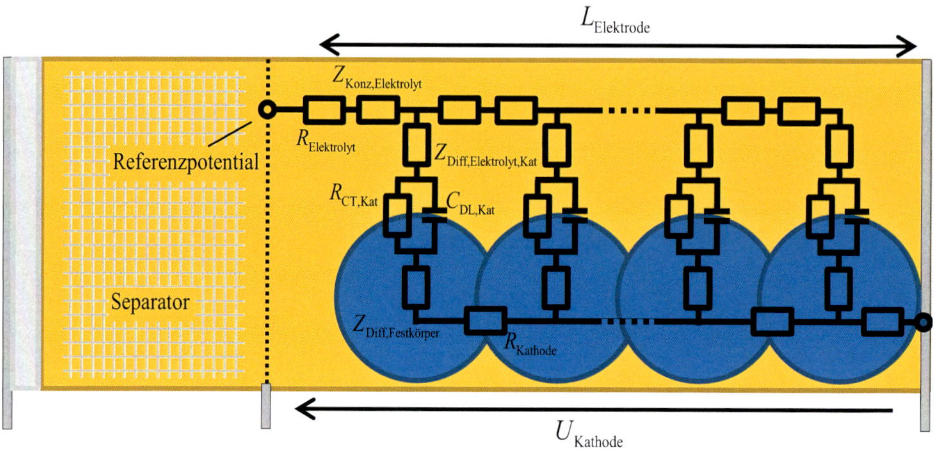

Abbildung 4.21: Impedanzmodell der Anordnung (Lithium|Separator|Referenz|Poröse Elektrode). Die Impedanzbeiträge der Lithiumelektrode sowie der Bulkimpedanz des Elektrolyten im Separator sind in der gemessenen Referenzspannung nicht enthalten und somit nicht dargestellt.

Die Größe λ ist hierbei definiert als

$$\lambda = \sqrt{\frac{\xi}{\chi_1 + \chi_2}} \tag{4.100}$$

Die Größe $L_{\text{Elektrode}}$ dient dabei lediglich der Normierung: Wählt man $L_{\text{Elektrode}}$ entsprechend der tatsächlichen Dicke der Elektrode so entsprechen die gefitteten Impedanzwerte den physikalisch korrekten Impedanzbelägen. Wählt man $L = 1$ so erhält man unnormierte Parameterwerte in den Größenordnungen der gemessenen Impedanz. Ersteres ist günstig für die Extraktion physikalischer Größen sowie für den Vergleich der ermittelten Parameter bei Elektroden unterschiedlicher Art, letzteres für ein anschaulicheres Verständnis der Größenordnungen der ermittelten Parameter bei gegebener Elektrode. Die Güte des Fits wird durch $L_{\text{Elektrode}}$ nicht beeinflusst.

4.3.5. Poröse Elektrode mit Partikelgrößenverteilung

Die Berücksichtigung einer Partikelgrößenverteilung kann durch parallele Verschaltung unterschiedlich großer Partikel in einem Einbauzweig erfolgen, wie in Abbildung 4.22 gezeigt. Es liegen dabei sowohl Partikel unterschiedlicher Größe parallel, als auch Partikel gleicher Größe. Erstere Parallelschaltung ermöglicht die Modellierung unterschiedlicher Interkalationszeitkonstanten der Elektrode aufgrund der unterschiedlichen Partikelradien. Letztere Parallelschaltung ermöglicht die freie Zuweisung verschiedener Anteile der Elektrodenkapazität auf unterschiedliche Partikelarten.

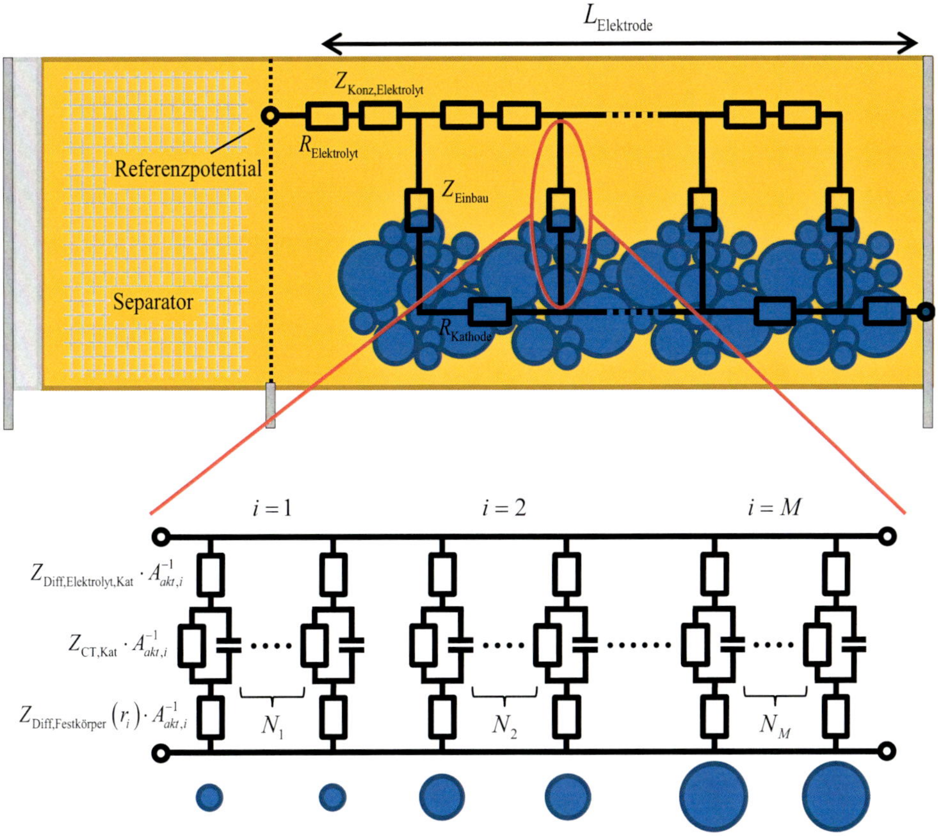

Abbildung 4.22: Impedanzmodell der Anordnung (Lithium|Separator|Referenz|Poröse Elektrode) unter Berücksichtigung einer Partikelgrößenverteilung. Die Verteilung wird beschrieben durch M Partikelgrößen mit jeweils N_i Partikeln des Partikelradius r_i.

Es ist hierbei wichtig hervorzuheben, dass nicht jeder dargestellte Zweig unterschiedliche Ladungstransfer-, Festkörperdiffusions- oder Elektrolytdiffusionsimpedanzen enthält. Diese werden nur einmal angesetzt und werden dann lediglich für die unterschiedlichen Partikelsorten mit der jeweiligen aktiven Oberfläche $A_{\mathrm{akt,i}}$ bzw. dem Partikelradius r_i unterschiedlich entnormiert. Zusätzlich zu den Freiheitsgraden des Modells aus Abbildung 4.21 kommen als freie Parameter also nur die Partikelanzahlen N_i, sowie die Partikelradien r_i der M Partikelgrößen hinzu. Unter der Annahme zylindrischer Partikel mit Radius r und angenommener Höhe $h = r$ folgt beispielsweise für die gemeinsame Einbauimpedanz in alle Partikel mit Radius r_i:

$$\begin{aligned} Z_{\mathrm{Einbau,r_i}} = \big[& Z_{\mathrm{Diff,Elektrolyt,Kat}} + Z_{\mathrm{CT,Kat}} \\ & + Z_{\mathrm{Diff,Festkörper,zylindrisch}}(r_i) \big] \cdot \frac{1}{2\pi r_i \cdot r_i} \cdot \frac{1}{N_i} \end{aligned} \tag{4.101}$$

Die gesamte Einbauimpedanz lässt sich damit schreiben als

$$Z_{\mathrm{Einbau}} = \left[\sum_i \frac{1}{Z_{\mathrm{Einbau,r_i}}} \right]^{-1} \tag{4.102}$$

5. Impedanzmessung

Die Messung von Impedanzen kann entweder durch das Standardverfahren der elektrochemischen Impedanzspektroskopie (EIS) oder durch Zeitbereichsmessungen erfolgen (siehe Kapitel 2.2.2). Im Folgenden werden beide Verfahren vorgestellt. Es zeigt sich, dass der hochfrequente Bereich der Impedanz günstigerweise durch EIS ermittelt wird, der niederfrequente Bereich hingegen durch Zeitbereichsmessungen. Die den gesamten Frequenzbereich beschreibende Impedanz wird anschließend durch Vereinigung beider Teilimpedanzen ermittelt.

5.1. Elektrochemische Impedanzspektroskopie (EIS)

Die EIS ist das Standardverfahren zur Messung von Impedanzen [Ora11]. Es werden dabei nacheinander sinusförmige Strom- oder Spannungssignale verschiedener Frequenz an ein System angelegt und aus dem Antwortsignal die Impedanz an der jeweiligen Frequenz berechnet. Für den Fall einer galvanostatischen Anregung, bei der ein Stromsignal vorgegeben wird, gilt für das Stromsignal

$$i(\omega,t) = \hat{i} \cdot \sin(\omega t) \tag{5.1}$$

Dies entspricht dem Imaginärteil einer komplexen Schwingung

$$i_{\text{komplex}}(\omega,t) = \hat{i} \cdot \mathrm{e}^{j\omega t} \tag{5.2}$$

Die Spannungantwort des Systems hat die Form

$$u(\omega,t) = \hat{u} \cdot \sin(\omega t + \varphi) \tag{5.3}$$

Dies entspricht dem Imaginärteil einer komplexen Schwingung

$$u_{\text{komplex}}(\omega,t) = \hat{u} \cdot \mathrm{e}^{j\omega t + j\varphi} \tag{5.4}$$

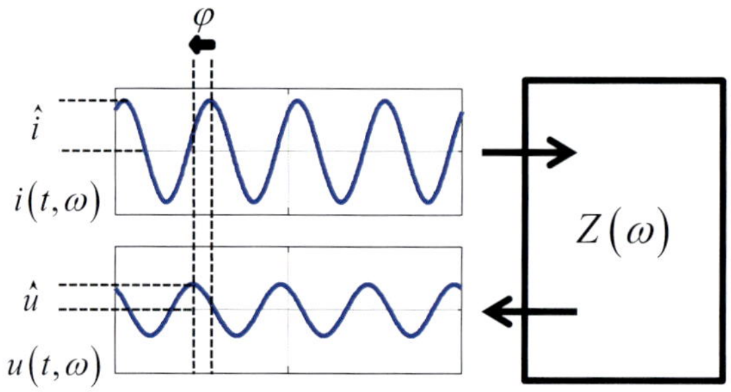

Abbildung 5.1: Anregungs- und Antwortsignal bei einer EIS.

Nach Definition der Impedanz in Kapitel 2.2.2, ist die Impedanz eine frequenzabhängige komplexe Zahl, die Amplitude und Phase eines komplexen Eingangssignals in Amplitude und Phase eines komplexen Ausgangssignals überführt. Es gilt somit

$$Z(\omega) = \frac{u_{\text{komplex}}(\omega,t)}{i_{\text{komplex}}(\omega,t)} = \frac{\hat{u}}{\hat{i}} \cdot \mathrm{e}^{j\varphi} \tag{5.5}$$

Die Phase der Impedanz entspricht also gerade der Phasenverschiebung zwischen Spannungssignal und Stromsignal, der Betrag der Impedanz dem Amplitudenverhältnis beider Signale. Dies ist in Abbildung 5.1 graphisch dargestellt.

Die EIS ermöglicht Messungen sehr hoher Qualität, die mit zunehmender Anzahl der gemessenen Perioden sogar noch steigt. Grund hierfür ist zum einen, dass die Fourier-Transformierte einer komplexen Schwingung nur Anteile an der zu messenden Frequenz enthält. Es gehen also keine Signalanteile an nicht-relevante Frequenzen verloren und das Anregungssignal wird bestmöglich ausgenutzt. Zum anderen entspricht die Messung von N Perioden implizit einer N-fachen Wiederholung der Impedanzmessung. Ein der gemessenen Spannung überlagertes Störsignal ζ wird im Rahmen einer Mittelwertbildung also gut unterdrückt. Mathematisch können die genannten Vorteile wie folgt dargestellt werden: Seien $I_k(\omega)$ die Fourier-Transformierte der Stromanregung und $U_k(\omega)$ die Fourier-Transformierte der Spannungsantwort der k-ten Periode einer EIS und $\zeta_k(\omega)$ die Fourier-Transformierte der in der jeweiligen Periode überlagerten Störung. Dann gilt für die ermittelte Impedanz

$$\hat{Z}(\omega) = \frac{1}{N}\sum_{k=1}^{N} \frac{U_k(\omega)+\zeta_k(\omega)}{I_k(\omega)} = Z(\omega) + \frac{1}{N}\sum_{k=1}^{N} \frac{\zeta_k(\omega)}{I_k(\omega)} \tag{5.6}$$

Aufgrund der periodischen Anregung gilt $I_k(\omega) = I(\omega)$ und es folgt

$$\hat{Z}(\omega) = Z(\omega) + \frac{\sum_{k=1}^{N} \zeta_k(\omega)}{N \cdot I(\omega)} \tag{5.7}$$

Die additive Störung der ermittelten Impedanz bei einer Frequenz ω sinkt also für größere Signalanteile der Anregung bei dieser Frequenz. Unter der Annahme unkorrelierter Störungen wächst zudem der Nenner dieses Terms mit größerer Anzahl gemessener Perioden schneller als der Zähler und die Störung wird zunehmend unterdrückt.
Ein großer Nachteil der EIS besteht in Bezug auf Messungen des niederfrequenten Bereichs der Impedanz: Da die notwendige Messdauer mit der Anzahl gemessener Frequenzen skaliert und zudem die Periodendauern hin zu niederfrequenteren Schwingungen immer größer werden, kommt es zu sehr langen Messzeiten. Für eine typische Niederfrequenzmessung im Frequenzbereich von 100 kHz bis 50 μHz ergibt sich beispielsweise bei einer Einschwingperiode, vier Messperioden (der realistisch geringsten Messdauer pro Frequenz) und acht Frequenzen pro Dekade eine Messdauer von

$$T_{\mathrm{Mess}} = \sum \frac{5}{f_k} = 93{,}8\,\mathrm{h} \tag{5.8}$$

Während einer so langen permanenten Anregung des Systems kann dessen elektrochemische Stabilität sowie das Ausbleiben eines Arbeitspunktdrifts nicht gewährleistet werden. Ein weiterer Nachteil besteht in der Größe der periodischen Arbeitspunktverschiebung durch die sinusförmige Ladung und Entladung des Messobjekts: Bei einer Frequenz von 50 μHz und einer realistischen Anregungsamplitude von $\frac{C}{10}$ entsteht ein Ladungshub, der

$$\frac{\Delta Q}{C_{\mathrm{N}}} = 17{,}6\,\% \tag{5.9}$$

der Zellkapazität entspricht. Bei einem solchen Ladungshub kann die OCV-Kennlinie nicht mehr linearisiert und eine gültige Impedanz somit nicht mehr ermittelt werden.
Die EIS ist somit ein vorteilhaftes Verfahren für die Messung der Impedanz im hochfrequenten Bereich, bei dem Messzeit und entnommene Ladungsmenge nur eine untergeordnete Rolle spielen. Für die Messung der Impedanz im niederfrequenten Bereich hingegen müssen Zeitbereichsmessungen verwendet werden, die im folgenden Kapitel behandelt werden.

5.2. Zeitbereichsmessung

Der Begriff Zeitbereichsmessung bezeichnet all die Messverfahren, bei denen nicht-sinusförmige Anregungssignale verwendet werden, um die Impedanz eines Systems zu bestimmen. Diese bieten den Vorteil, dass ihre Fourier-Transformierte Anteile bei unterschiedlichen Frequenzen aufweist, so dass mit nur einer Messung der Wert der Impedanz bei verschiedenen Frequenzen bestimmt werden kann. Dies reduziert die notwendige Messzeit und erlaubt so die Messung der Impedanz bei weit geringeren Frequenzen, als bei Verwendung der EIS. Der Vorteil, dass das Anregungssignal sich auf mehrere Frequenzanteile verteilt ist jedoch zugleich auch ein Nachteil: Die Qualität der ermittelten Spektren ist systematisch geringer als bei Verwendung der EIS. Der in [Sch10, Klo11] vorgeschlagene Kompromiss besteht darin, Zeitbereichsmessungen nur in den niedrigen Frequenzbereichen zu verwenden, die durch EIS nicht erfasst werden können. Der hohe Frequenzbereich wird weiterhin durch EIS erfasst und die beiden Teilspektren schließlich zu einem Gesamtspektrum verschmolzen.
In den folgenden Unterkapiteln werden verschiedene Arten der Zeitbereichsmessung vorgestellt und diskutiert. Die Unterscheidung erfolgt dabei zum einen nach der Art des Anregungssignals, zum anderen nach der Art, wie aus den ermittelten Zeitbereichsdaten ein Impedanzspektrum berechnet wird. Eine Fehlerbetrachtung der verschiedenen Vorgehensweisen rundet das Kapitel ab.

5.2.1. Anregungsarten

Bei der Wahl des Anregungssignals stehen prinzipiell unterschiedlichste Anregungsarten zur Verfügung. Die Bandbreite reicht von weißem Rauschen [Gab92] bis hin zu Multisine-Methoden, bei denen Sinusschwingungen unterschiedlicher Frequenz und Phase geschickt überlagert werden [VG04, VG06]. All diesen Methoden ist gemein, dass die entsprechenden Anregungssignale für die gesamte Messdauer stabil bereitgestellt werden müssen. Dies stellt besondere Anforderungen an die Messtechnik und unterwirft das zu vermessende System zudem einer kontinuierlichen Belastung, was eine Alterung des Systems während der Messung begünstigt. In den nachfolgenden Unterkapiteln werden daher nur die Anregungsformen behandelt, die mit simpler Messtechnik und möglichst geringer Belastung des Messobjekts durchgeführt werden können. Dazu zählen Sprung- und Pulsanregung, sowie die Relaxationsmessung als daraus abgeleitetes Verfahren. Es wird zudem nur die Anregung durch Vorgabe eines Stromsignals behandelt, wie im ersten der folgenden Unterkapitel erläutert wird.

5.2.1.1. Spannungsanregung vs. Stromanregung

Bei Niederfrequenzmessungen sind Anregungen durch Vorgabe gezielter Strom- oder Spannungsänderungen denkbar. Während die Systemtheorie beide Anregungsarten erlaubt, ist in der Praxis eine Spannungsanregung mit deutlichen Nachteilen behaftet: Aufgrund der kapazitiven Natur der in dieser Dissertationsschrift betrachteten Batterieelektroden führen bereits kleinste Schwankungen in einem vom Potentiostaten bereitgestellten Anregungsspannungssignal zu starken Ausschlägen im Antwortstromsignal, die eine weiterführende Transformation der Zeitbereichssignale in den Impedanzraum erschweren bzw. die erzielbare Qualität der Spektren deutlich mindern. Auf minimalste Stromschwankungen reagieren die betrachteten Systeme hingegen gutmütig, entsprechende Störungen sind in der Regel nicht sichtbar und fallen bei einer anschließenden Transformation nicht ins Gewicht. Weiter hängt bei Spannungsanregung die mit der Elektrode ausgetauschte Ladungsmenge stark von der differentiellen Kapazität der Elektrode am aktuellen Arbeitspunkt ab und kann somit a priori höchstens abgeschätzt, nie jedoch exakt vorhergesagt werden. Leicht werden folglich größere Ladungsmengen entnommen, als für eine Impedanzmessung zulässig gewesen wäre. Auch wird so an unterschiedlichen Arbeitspunkten unterschiedlich viel Ladung entnommen, was ebenfalls nicht wünschenswert ist. Im Folgenden wird daher lediglich die Stromanregung und ihre vorteilhafte Ausgestaltung erörtert.

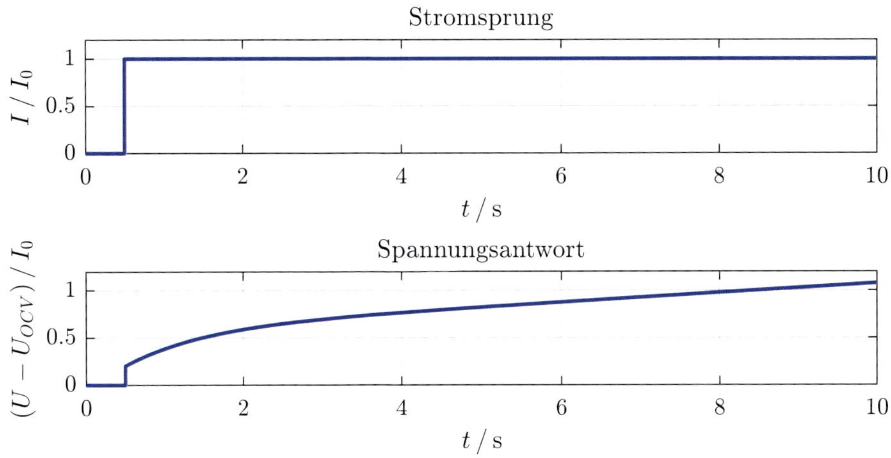

Abbildung 5.2: Stromsprung und exemplarische Spannungsantwort.

5.2.1.2. Sprunganregung

Bei der Sprunganregung wird der Strom zu Beginn des Experiments auf einen festen Wert gesetzt und dieser Wert für den Rest des Experiments beibehalten (siehe Abbildung 5.2). Der Vorteil dieser Anregungsform ist ihr nullstellenfreies Frequenzspektrum, sprich die Tatsache, dass alle im Zeit- und Abtasthorizont der Messung liegenden Frequenzen angeregt werden und somit an allen Frequenzen die Impedanz der Elektrode berechnet werden kann. Das Frequenzspektrum des Sprungsignals ergibt sich durch Berechnung der Fourier-Transformierten der Heaviside Sprungfunktion $\sigma_{\mathrm{Sprung}}(t)$, die die Sprunganregung mathematisch beschreibt:

$$\sigma_{\mathrm{Sprung}}(t) = \begin{cases} 0, & t < 0 \\ 1, & t \geq 0 \end{cases} \tag{5.10}$$

Für einen Sprung des Stroms von 0 auf I_0 ergibt sich so ein Frequenzspektrum der Form

$$I(\omega) = I_0 \cdot \pi \cdot \delta(\omega) + \frac{I_0}{j\omega} \tag{5.11}$$

mit δ einem Dirac-Impuls [Bur90]. Abbildung 5.3 stellt dieses Frequenzspektrum für Frequenzen $\omega > 0$ graphisch dar und zeigt anschaulich die behauptete Nullstellenfreiheit sowie die sehr gute Anregung im relevanten Niederfrequenzbereich.

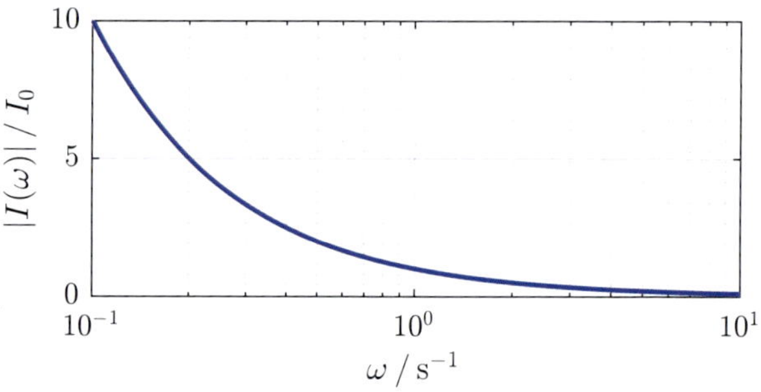

Abbildung 5.3: Frequenzspektrum eines Sprunganregungssignals.

Den geschilderten Vorteilen einer Sprunganregung steht der Nachteil gegenüber, dass die Elektrode während der Messung permanent geladen bzw. entladen wird und die Zellspannung somit divergiert (siehe Abbildung 5.2). Der Strom muss daher so klein gewählt werden, dass sich der Ladezustand der Elektrode während der kompletten Messdauer nur um wenige

Prozent verschiebt, um die Linearität des Systems zu gewährleisten. Bei einer realistischen Messdauer von 24 h und dem Richtwert einer maximalen Entladungsmenge von 1 % der Nennkapazität der Elektrode ergibt sich eine zulässige Stromstärke von $I_0 < \frac{1}{2400}\,\mathrm{C}$, die für Experimentalzellen im Bereich weniger μA liegt und somit nicht sinnvoll zu stellen bzw. auszuwerten ist. Die Sprunganregung kann somit in der Praxis nicht durchgeführt werden.

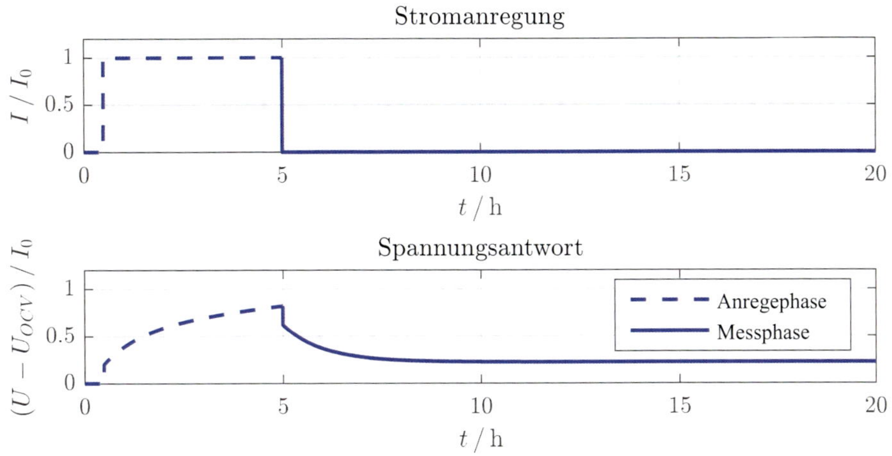

Abbildung 5.4: Exemplarischer Ablauf einer Relaxationsmessung.

5.2.1.3. Relaxationsmessung

Eine Alternative zur Messung durch Sprunganregung stellen Relaxationsmessungen dar. Dieser Messmethodik zugrunde liegt die verbreitete, jedoch erst im Rahmen dieser Dissertation näher untersuchte Annahme, dass sich elektrochemische Systeme als additive Überlagerung von RC-Gliedern verschiedener Zeitkonstanten beschreiben lassen [Sch15b] (siehe auch Kapitel 6.1). An das System wird dabei so lange ein Strom angelegt, bis die Spannung aller RC-Glieder voll aufgeklungen ist. Anschließend wird der Strom abgeschaltet und die relaxierende Spannungsantwort genutzt, um ein Impedanzspektrum zu berechnen (siehe Abbildung 5.4). Unter der Voraussetzung einer ausreichend lange andauernden Polarisationsphase entspricht dieses Vorgehen einer Sprunganregungsmessung mit dem Unterschied, dass hier zu einem Stromwert von 0 gesprungen wird. Dies erlaubt beliebig lange Messdauern, ohne dass der Ladezustand der Elektrode weiter verschoben wird. Die zeitliche Trennung von physikalischer Anregung und Messung erlaubt, die auch hier notwendige Entnahme einer größeren Ladungsmenge ($\approx$ 10 % bei realistischen Anregungsparametern von $I_0 = \frac{C}{80}$

und $T_{\text{Puls}} = 8\,\text{h}$) zeitlich vor den eigentlichen Messvorgang zu schieben. Ab dem Zeitpunkt der Abschaltung ändern sich die ladezustandsabhängigen Innenwiderstandsanteile nicht mehr und der so "eingefrorene" Systemzustand kann gemessen werden.
Da das Spannungssignal in der Relaxationsphase keine Information über die differentielle Kapazität des Messobjekts enthält, sind die so ermittelten Impedanzspektren prinzipbedingt von einer differentiellen Kapazität und somit von einem kapazitiven Anstieg der Impedanz befreit. Das ermittelte Spektrum entspricht dem Polarisationsspektrum der Impedanz. Die differentielle Kapazität am Arbeitspunkt muss daher durch Sekundärauswertungen, beispielsweise der Steigung der Spannung vor dem Abschalten des Stroms

$$C_{\text{Diff}} = \frac{I_0}{\frac{\partial u(t)}{\partial t}} \tag{5.12}$$

abgeschätzt und auf das Impedanzspektrum der Relaxationsmessung entsprechend

$$Z(\omega) = Z_{\text{relax}}(\omega) + \frac{1}{j\omega C_{\text{Diff}}} \tag{5.13}$$

aufaddiert werden. Der Spannungshub während der Anregephase kann aufgrund des meist großen überstrichenen Ladezustandsbereich nicht zur Bestimmung der differentiellen Kapazität herangezogen werden.

5.2.1.4. Pulsanregung

Bei der Pulsanregung wird der Strom während der Anregephase auf einen Wert I_0 gesetzt, dieser Wert für eine Pulsdauer T_{Puls} beibehalten und dann wieder abgeschaltet (siehe Abbildung 5.5). Anschließend werden Anrege- und Relaxationsphase der Spektrenberechnung zugeführt. Pulsanregungen haben den Vorteil einer definierten und in der Regel kleinen Ladezustandsänderung (etwa 1,39 % bei realistischer Anregung von $\frac{C}{10}$ für 500 s) während einer nur kurzen Anregephase im Verhältnis zur Messdauer. Entsprechende Messungen sind daher nur selten von messgerätbedingten Anregungsschwankungen betroffen bzw. können mit rudimentärster Messtechnik durchgeführt werden. Die kleine Ladezustandsänderung erlaubt zudem, Messungen an einem Arbeitspunkt zu wiederholen ohne den Arbeitspunkt (wie bei Relaxationsmessungen) neu anfahren zu müssen. Da bei Pulsmessungen nicht nur die Relaxationsphase sondern auch die Anregephase zur Gewinnung eines Impedanzspektrums ausgewertet werden, entstehen auch bei sehr kurzer Pulsdauer keine systematischen Fehler durch nur unvollständig aufgeklungene Überspannungen. In der Praxis sind Pulsdauer und

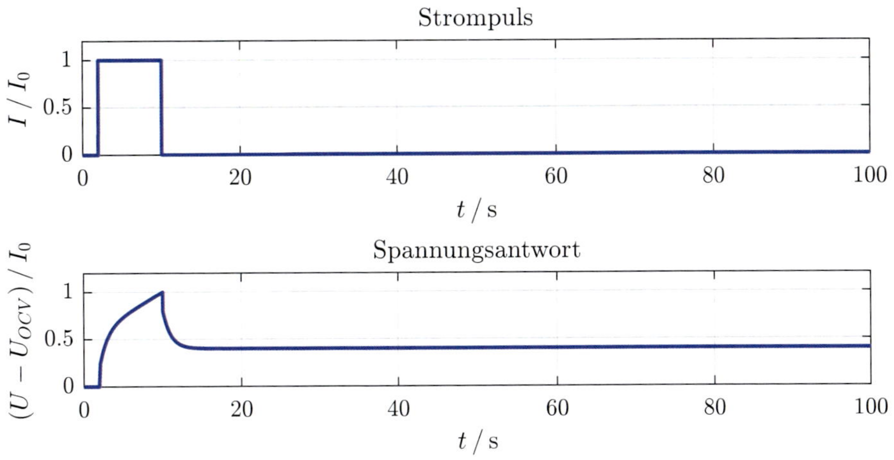

Abbildung 5.5: Strompuls und exemplarische Spannungsantwort.

Stromstärke lediglich durch die Fehlertoleranz der Messung limitiert, die es verbietet die Anregung beliebig kurz und beliebig klein zu machen (siehe auch Kapitel 5.2.3.1 und 5.2.3.1). Ein Nachteil von Pulsmessungen offenbart sich bei Betrachtung der Fourier-Transformierten des Pulssignals

$$\mathrm{rect}_{T_{\mathrm{Puls}}}(t) = \begin{cases} 0, & |t| > \frac{T_{\mathrm{Puls}}}{2} \\ I_0, & |t| \leq \frac{T_{\mathrm{Puls}}}{2} \end{cases} \tag{5.14}$$

Diese ist gegeben durch

$$I(\omega) = T_{\mathrm{Puls}} \cdot I_0 \cdot \frac{\sin\left(\frac{T_{\mathrm{Puls}}}{2} \cdot \omega\right)}{\frac{T_{\mathrm{Puls}}}{2} \cdot \omega} \tag{5.15}$$

und in Abbildung 5.6 dargestellt. Klar erkennbar sind die bei Frequenzen

$$f_k = \frac{\omega_k}{2\pi} = \frac{k}{T_{\mathrm{Puls}}} \quad , \quad k = 0, 1, 2, \ldots \tag{5.16}$$

liegenden Nullstellen des Frequenzspektrums. Diese haben zur Folge, dass in Gebieten um diese Nullstellen die Impedanz nur fehlerhaft ermittelt werden kann.

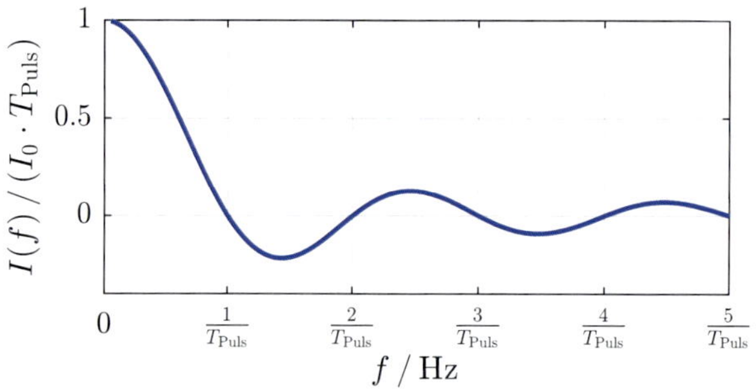

Abbildung 5.6: Frequenzspektrum eines Pulsanregungssignals.

5.2.2. Auswertemethoden

Nachdem Strom- und Spannungsverläufe an einem System unter Verwendung der im vorherigen Kapitel genannten Anregungssignale gewonnen wurden, muss aus diesen die Impedanz des Systems ermittelt werden. Grundsätzlich stehen hierfür zwei Methoden zur Verfügung: Zum einen die Fourier-Transformation, bei denen die Fourier-Transformierte der Signalverläufe berechnet und aus diesen nach Gleichung 2.23 die Impedanz ermittelt wird. Zum anderen die Methode des Modellfits, bei der ein allgemeines Modell des Systems anhand der Messdaten im Zeitbereich parametriert wird, um anschließend mit den ermittelten Modellparametern die zugehörige Impedanz zu berechnen. Beide Ansätze werden im Folgenden vorgestellt.

5.2.2.1. Fourier-Transformation

Prinzip

Das grundlegende Prinzip zur Berechnung von Impedanzen mittels Fourier-Transformation ist in Kapitel 2.2.2 dargestellt. Dabei müssen nach Gleichung 2.23 lediglich die Fourier-Transformierten von Strom- und Spannungssignal berechnet und anschließend dividiert werden. In [Sch10, Klo11] konnte jedoch gezeigt werden, dass diese intuitive Berechnung im Fall real gemessener Signale zu stark fehlerbehafteten Impedanzen führt. Als Hauptursache hierfür wird der Leckeffekt [Leó11] identifiziert. Dieser tritt bei Fourier-Transformation nicht stetig periodisch fortsetzbarer Signale auf, also bei Signalen, deren periodische Wiederholung Sprungstellen enthält. Um den Einfluss dieses Leckeffekts zu minimieren müssen die zu transformierenden Signale vor Durchführung der Fourier-Transformation mit einer Fensterfunktion $w(t)$ multipliziert werden: Es gilt somit

$$\tilde{u}(t) = u(t) \cdot w(t) \tag{5.17}$$

beziehungsweise

$$\tilde{i}(t) = i(t) \cdot w(t) \tag{5.18}$$

Diese Methodik erzwingt die stetige Fortsetzbarkeit und wird in der Literatur als Fensterung bezeichnet [Leó11].
Anschaulich kann die Notwendigkeit einer Fensterung damit begründet werden, dass die Integrationsgrenzen bei Fourier-Transformation von $-\infty$ bis ∞ reichen, jedes real gemessene Signal jedoch zeitlich begrenzt ist. Ohne Fensterung wird daher implizit ein Wert von 0 für alle nicht gemessenen Zeitpunkte angenommen. War das zu transformierende Signal zum Ende der Messung tatsächlich auf 0 abgeklungen, so stört dies nicht weiter. Andernfalls entspricht die implizite Fortsetzung mit 0 der Entstehung einer Sprungstelle im Signal, die physikalisch nie stattgefunden hat und damit Strom- und Spannungssignal nicht korrekt korreliert. Die Fensterung ist der Versuch, diese unvermeidliche implizite Fortsetzung so zu gestalten, dass die Wirkung auf das Frequenzspektrum minimiert wird. In [Sch10, Klo11] konnte gezeigt werden, dass das Gaußfenster

$$w(t) = \mathrm{e}^{-at^2} \tag{5.19}$$

für die Berechnung von Impedanzspektren besonders vorteilhafte Eigenschaften besitzt. Es weist nach [Leó11] von allen Fensterfunktionen das minimale Zeitdauer-Bandbreite Produkt auf und hat damit bei gegebener Messdauer T_{Mess} das schmalst mögliche Frequenzspektrum. Die Fourier-Transformierte der gefensterten Signale

$$\tilde{U}(\omega) = U(\omega) * W(\omega) \tag{5.20}$$

beziehungsweise

$$\tilde{I}(\omega) = I(\omega) * W(\omega) \tag{5.21}$$

mit $(*)$ dem Faltungsoperator unterscheidet sich damit in einem Frequenzbereich $f > f_{\text{min}}$ nur minimal von der theoretisch erwarteten Fourier-Transformierten. In diesem Frequenzbereich gilt dann

$$Z(\omega) = \frac{\int_{-\infty}^{\infty} u(t) \cdot \mathrm{e}^{-j\omega t}\, \mathrm{d}t}{\int_{-\infty}^{\infty} i(t) \cdot \mathrm{e}^{-j\omega t}\, \mathrm{d}t} \approx \frac{\int_{0}^{T_{\text{Mess}}} u(t) \cdot w(t) \cdot \mathrm{e}^{-j\omega t}\, \mathrm{d}t}{\int_{0}^{T_{\text{Mess}}} i(t) \cdot w(t) \cdot \mathrm{e}^{-j\omega t}\, \mathrm{d}t} \tag{5.22}$$

und die Impedanz kann berechnet werden. Die minimal auswertbare Frequenz sinkt dabei mit längerer Messdauer. Nach [Sch10, Klo11] gilt für Sprunganregungen

$$f_{\text{min}} \approx \frac{4}{T_{\text{Mess}}} \tag{5.23}$$

Durch eine Modifikation des beschriebenen Auswerteverfahrens kann die Gültigkeit dieser Beziehung auch für Pulsmessungen sichergestellt werden. Dies wird im folgenden Unterkapitel erläutert.

Modifikation für Pulsmessungen an kapazitätsbehafteten Systemen

Das Verfahren zur Berechnung von Impedanzspektren mittels Fourier-Transformation gefensterter Signale wurde in [Sch10][Klo11] für Sprunganregungssignale entwickelt. Es wurde dort gezeigt, dass mit einer Messdauer entsprechend der vierfachen Periodendauer der auszuwertenden Frequenz störungsfreie Ergebnisse erzielt werden können. Dies mündet in Gleichung 5.23 für die Beziehung zwischen benötigter Messdauer und minimal auswertbarer Frequenz. Bei Pulsanregung gilt diese Beziehung zunächst nicht: Dort divergiert die Fourier-Transformierte der Spannung für kleine Frequenzen, ohne das ihr eine ebenfalls divergierende Fourier-Transformierte des Stromsignals gegenübersteht. Die Fensterung muss daher weit konservativer ausgelegt werden, so dass sich die notwendige Messdauer auf etwa 8 Periodendauern erhöht. Für die gleiche minimal auswertbare Frequenz wäre also die doppelte Messzeit nötig.

Um die Gültigkeit dieser Gleichung auch für Pulsmessungen zu erhalten darf dort also der kapazitive Anteil der Spannungsantwort

$$u_{\text{Cap}}(t) = \frac{1}{C_{\text{Diff}}} \cdot \begin{cases} t, & t \leq T_{\text{Puls}} \\ T_{\text{Puls}}, & t > T_{\text{Puls}} \end{cases} \tag{5.24}$$

nicht mitverarbeitet werden. Er muss vor Durchführung von Fensterung und Fourier-Transformation entfernt werden und darf erst wieder zur berechneten Impedanz analytisch hinzugefügt werden (siehe Abbildung 5.7). Die zu transformierende Spannung berechnet sich damit zu

$$u_{\mathrm{Pol}}(t) = u(t) - u_{\mathrm{Cap}}(t) \tag{5.25}$$

Das aus dieser Teilspannung ermittelte Impedanzspektrum entspricht zunächst dem Polarisationsspektrum Z_{Pol} des Systems. Das vollständige Impedanzspektrum ergibt sich schließlich durch Addition der Impedanz der zuvor subtrahierten differentiellen Kapazität:

$$Z(\omega) = Z_{\mathrm{Pol}}(\omega) + \frac{1}{j\omega C_{\mathrm{Diff}}} \tag{5.26}$$

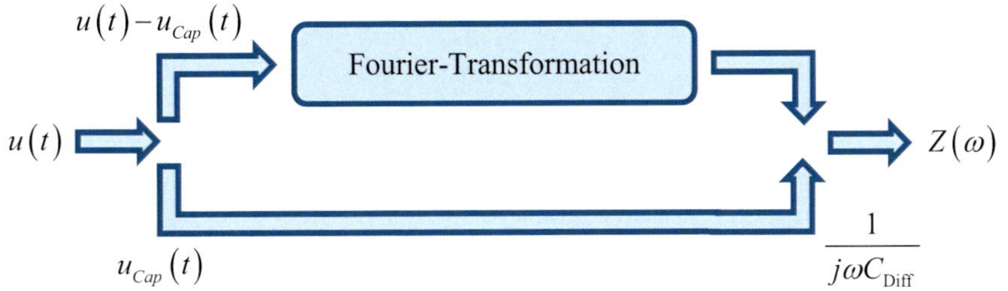

Abbildung 5.7: Signalfluss bei Verarbeitung der Spannungsantwort einer Pulsmessung mittels Fourier-Transformation: Der kapazitive Spannungsanteil wird vor der Fourier-Transformation entfernt und im Impedanzraum wieder zum ermittelten Impedanzspektrum hinzugefügt.

5.2.2.2. Modellfit

Prinzip

Bei der Berechnung von Impedanzen aus Zeitbereichsdaten mittels Modellfit wird angenommen, dass die Impedanz elektrochemischer Systeme durch eine Reihenschaltung von RC-Gliedern, einem ohmschen Widerstand und einer Kapazität beliebig gut approximiert werden kann. Zwar konnte der mathematische Beweis der Gültigkeit dieser Annahme erst im Rahmen dieser Promotion erbracht werden [Sch15b] (siehe auch Kapitel 6.1), es existieren jedoch bereits Ansätze, die auf dieser Annahme beruhen [Bar02, Sch16]. Dabei wird das allgemeine Modell im Zeitbereich an die Messdaten angepasst und mit den so ermittelten Modellparametern die analytische Form der Impedanz des Systems bestimmt. Diese kann dann für beliebige Frequenzen explizit berechnet werden. Für den Fall einer Pulsanregung wird dieses Verfahren als Pulse-Fitting bezeichnet [Sch16]. Die Vorgehensweise ist im Folgenden beispielhaft dargestellt: Für einen Anregungsstrompuls der Stärke I_0 und der Dauer T_{Puls} ist die strukturelle Spannungsantwort einer Elektrode während des Strompulses gegeben durch

$$u(t) = R_{\text{Ohm}} \cdot I_0 + \frac{I_0}{C_{\text{diff}}} \cdot t + I_0 \cdot \sum R_k \cdot \left(1 - \mathrm{e}^{-\frac{t}{\tau_k}}\right) \tag{5.27}$$

mit R_{Ohm} dem ohmschen Widerstand, R_k den Widerständen der RC-Glieder und C_{diff} der differentiellen Kapazität der Elektrode im Arbeitspunkt. Nach Abschaltung des Stromes gilt:

$$u(t) = \frac{I_0}{C_{\text{diff}}} \cdot T_{\text{Puls}} + I_0 \cdot \sum R_k \cdot \left(1 - \mathrm{e}^{-\frac{T_{\text{Puls}}}{\tau_k}}\right) \cdot \mathrm{e}^{-\frac{t-T_{\text{Puls}}}{\tau_k}} \tag{5.28}$$

Die Zeitkonstanten der RC-Glieder τ_k werden im Rahmen des Modellfits nicht bestimmt, sondern werden in der Regel logarithmisch gleichverteilt vorgegeben. Dies stellt die Linearität und damit die eindeutige Lösbarkeit zu lösenden Gleichungssystems sicher. Die auf diese Weise bestimmten Parameter R_{Ohm}, R_k und C_{diff} können dann genutzt werden um mittels

$$Z(\omega) = R_{\text{Ohm}} + \frac{1}{j\omega C_{\text{diff}}} + \sum \frac{R_k}{1 + j\omega\tau_k} \tag{5.29}$$

das zu den Messdaten gehörige Impedanzspektrum zu berechnen.
A priori besteht bei Modellfitverfahren keine Einschränkung der auswertbaren Frequenz bei gegebener Messdauer. Es wird jedoch in Kapitel 5.2.3.1 gezeigt, dass unter Einfluß von Messrauschen die Fehler des bestimmten Modells für Zeitkonstanten über einer in Abhängigkeit der Messdauer definierten Maximalzeitkonstanten stark anwachsen, wodurch sich wiederum eine ähnliche Beschränkung wie Gleichung 5.23 bei Auswertung durch Fourier-Transformation ergibt.

5.2.3. Fehlerbetrachtung

5.2.3.1. Einfluss von Messrauschen

Reale Messungen von Strom und Spannung sind stets von Messrauschen überlagert, welches bei der Berechnung der Impedanz mitverarbeitet wird und zu Fehlern führt. Bei günstigerweise verwendeter Stromanregung (siehe Kapitel 5.2.1.1) kann den Problemen durch Strommessrauschen einfach begegnet werden: Unter der Annahme eines präzise gestellten Anregungsstromsignals kann dem Berechnungsalgorithmus ein idealisiertes, synthetisches

Stromsignal übergeben werden, das kein Messrauschen enthält. Der Einfluss von Spannungsmessrauschen hingegen kann nicht a priori kompensiert werden und wirkt sich abhängig vom verwendeten Berechnungsverfahren unterschiedlich auf die berechnete Impedanz aus. In den folgenden Unterkapiteln wird der Einfluss von Spannungsmessrauschen auf die ermittelte Impedanz bei Fourier-Transformation (siehe Kapitel 5.2.2.1) und Modellfit (siehe Kapitel 5.2.2.2) analytisch untersucht.

Fourier-Transformation

Unter der Annahme eines weißen, mittelwertfreien und mit einer Standardabweichung von σ gaußverteilten Rauschpozesses $\zeta(t)$, der der Spannungsantwort $u(t)$ des Systems additiv überlagert ist, erhält man durch Fourier-Transformation des gestörten Spannungssignals

$$\hat{u}(t) = u(t) + \zeta(t) \tag{5.30}$$

das von einer additiven Störimpedanz überlagerte Impedanzspektrum

$$\hat{Z}(\omega) = Z(\omega) + \frac{\mathcal{F}\{\zeta(t)\}}{I(\omega)} \tag{5.31}$$

Die Phase der Störimpedanz ist dabei aufgrund der Zufälligkeit der Störung gleichverteilt in $[0, 2\pi]$, ihr Betrag ist gegeben durch

$$|Z_{\text{Stoer}}| = \frac{|\mathcal{F}\{\zeta(t)\}|}{|I(\omega)|} \tag{5.32}$$

Das Konfidenzgebiet um den wahren Impedanzpunkt hat damit die Form einer Kreisscheibe mit einem Radius proportional zum Betrag der Störimpedanz: Das Ausmaß der Störung steigt also qualitativ mit der Stärke des Messrauschens bzw. sinkt mit der Stärke der Anregung bei der betrachteten Frequenz. Quantitativ kann die "Größe" der Fourier-Transformierten des Messrauschens durch seine spektrale Rauschleistungsdichte $S_{\zeta\zeta}$ abgeschätzt werden: Jene ist gegeben durch die gleichmäßige Verteilung der Rauschleistung σ^2 auf die N Frequenzen, die bei einer T_{Mess} dauernden Messung mit einer Abtastzeit von T_{S} existieren. Bei einem dadurch definierten Frequenzbereich von $-\frac{1}{2T_{\text{S}}}$ bis $\frac{1}{2T_{\text{S}}}$ und einem Frequenzpunktabstand von $\frac{1}{T_{\text{Mess}}}$ ergibt sich

$$N = \frac{\frac{1}{2T_{\text{S}}} - \frac{1}{-2T_{\text{S}}}}{\frac{1}{T_{\text{Mess}}}} = \frac{T_{\text{Mess}}}{T_{\text{S}}} \tag{5.33}$$

und damit

$$S_{\zeta\zeta} = \frac{\sigma^2}{N} = \sigma^2 \cdot \frac{T_\mathrm{S}}{T_\mathrm{Mess}} \tag{5.34}$$

Da weiter die Beziehung zwischen Rauschleistungsdichte und Fourier-Transformierter des Messrauschens durch den Effektivwert bei n-fach wiederholter Beobachtung des Rauschprozesses

$$S_{\zeta\zeta} \approx \frac{1}{n} \cdot \sum_{i=1}^{n} |\mathcal{F}\{\zeta_i(t)\}|^2 \tag{5.35}$$

gegeben ist, kann der Betrag der Fourier-Transformierten des Messrauschens schließlich zu

$$|\mathcal{F}\{\zeta(t)\}| \leq \sigma \cdot \sqrt{\frac{T_\mathrm{S}}{T_\mathrm{Mess}}} \tag{5.36}$$

abgeschätzt werden. Der Einfluss des Messrauschens sinkt hier nur scheinbar mit der Messdauer: Berücksichtigt man, dass die Fourier-Transformierte des Stromsignals nach Gleichung 2.21 nicht auf die Messdauer normiert ist, muss die entsprechende Normierung der Fourier-Transformierten des Messrauschens aus Gleichung 5.36 nachträglich entfernt werden. Man erhält damit

$$|\mathcal{F}\{\zeta(t)\}| \leq \sigma \cdot \sqrt{\frac{T_\mathrm{S}}{T_\mathrm{Mess}}} \cdot T_\mathrm{Mess} = \sigma \cdot \sqrt{T_\mathrm{S} \cdot T_\mathrm{Mess}} \tag{5.37}$$

Berücksichtigt man weiter, dass die Transformation des rauschbehafteten Spannungssignals in der Praxis mittels zusätzlicher Gauss-Fensterung erfolgt, was wiederum die Signalleistung eines Rauschsignals viertelt (nachweisbar durch numerische Berechnung) so erhält man letztendlich als quantitative Abschätzung für den Betrag der Störimpedanz

$$|Z_\mathrm{Stoer}| \leq \frac{\frac{\sigma}{2} \cdot \sqrt{T_\mathrm{S} \cdot T_\mathrm{Mess}}}{|I(\omega)|} \tag{5.38}$$

Abbildung 5.8 zeigt die Gültigkeit der angegebenen Betrachtung. Dort dargestellt ist das Ergebnis einer Monte-Carlo-Simulation, bei der mit wiederholten Realisierungen des angenommenen Rauschprozesses ein Impedanzspektrum berechnet wurde. Die Radien der schwarz hinterlegten Kreisscheiben entsprechen der Abschätzung aus Gleichung 5.38. Deutlich erkennbar ist die unterschiedliche Fehlercharakteristik bei Sprunganregung und Pulsanregung, verursacht durch das unterschiedliche Frequenzspektrum dieser Anregungsformen (siehe dazu auch Kapitel 5.2.1). Sichtbar ist weiter, dass aufgrund mangelhafter Anregung besonders bei hohen Frequenzen starke Störungen durch Messrauschen beobachtet werden können.

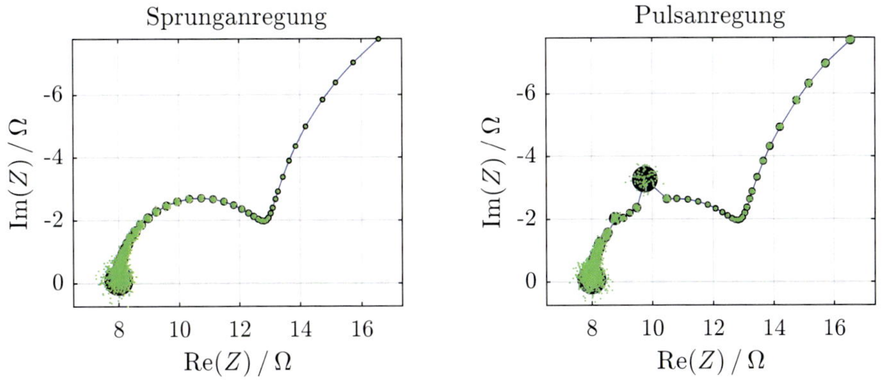

Abbildung 5.8: Charakteristische Störung der durch Fourier-Transformation ermittelten Impedanzspektren aufgrund von Spannungsmessrauschen. Die Radien der schwarz hinterlegten Kreisscheiben entsprechen der Abschätzung aus Gleichung 5.38. Grün gezeichnet sind die Impedanzpunkte, wie sie im Rahmen einer 100 mal wiederholten Monte-Carlo-Simulation berechnet wurden. Als Anregungssignale wurden ein 500 s dauernder Strompuls bzw. ein Stromsprung mit einer Anregungsstromstärke von jeweils C/80 verwendet. Die Standardabweichung des Messrauschens wurde realistisch zu σ=10 μV gewählt. Das Modellsystem besteht aus 2 RC-Gliedern mit angelehnt an reale Elektroden realistischen Zeitkonstanten von 100 bzw. 10000 Sekunden. Dargestellt ist ein Bereich von 35 μHz - 100 mHz.

Obwohl die Messdauer durch die auszuwertende Frequenz fest vorgegeben ist, kann das Ergebnis entsprechend Gleichung 5.38 durch Wahl einer höheren Abtastrate bzw. einer höheren Anregungssignalstärke und Pulsdauer (soweit durch Linearitätsbedingung erlaubt) noch verbessert werden. Alternativ kann der hochfrequente Anteil eines Impedanzspektrums mittels in diesem Frequenzbereich schnell durchführbarer EIS gemessen werden: Die Teilimpedanzspektren aus hohem Frequenzbereich (Impedanzspektroskopie) und Niederfrequenzbereich (Zeitbereichsmessung) werden anschließend zu einem Ergebnisspektrum verschmolzen (siehe auch [Sch10][Klo11]).

Modellfit

Im Fall von Modellfitverfahren kann die Wirkung von Messrauschen durch die Wirkung von mittelwertfreiem, weißem und gauss-verteiltem Rauschen auf ein lineares Fitproblem abgeschätzt werden (siehe beispielsweise [Gre03]). Das zu lösende Gleichungssystem wird hierzu zunächst in Matrixschreibweise formuliert. Für Pulsanregung gilt beispielsweise für die Spannung eines angenommenen Modells aus RC-Gliedern, einem ohmschen Widerstand und einer Kapazität zu Zeiten t_i:

$$\begin{pmatrix} u(t_1) \\ u(t_2) \\ \vdots \\ u(t_m) \end{pmatrix} = \mathbf{A} \cdot \begin{pmatrix} R_1 \\ R_2 \\ \vdots \\ R_n \\ R_{ohm} \\ \frac{1}{C_{\text{diff}}} \end{pmatrix} \tag{5.39}$$

mit

$$\mathbf{A} = I_0 \cdot \begin{pmatrix} 1-\mathrm{e}^{-\frac{t_1}{\tau_1}} & \cdots & 1-\mathrm{e}^{-\frac{t_1}{\tau_n}} & 1 & t_1 \\ 1-\mathrm{e}^{-\frac{t_2}{\tau_1}} & \cdots & 1-\mathrm{e}^{-\frac{t_2}{\tau_n}} & 1 & t_2 \\ \vdots & \ddots & \vdots & \vdots & \vdots \\ 1-\mathrm{e}^{-\frac{t_{\text{Puls}}}{\tau_1}} & \cdots & 1-\mathrm{e}^{-\frac{t_{\text{Puls}}}{\tau_n}} & 1 & t_{\text{Puls}} \\ \mathrm{e}^{-\frac{\Delta t}{\tau_1}} - \mathrm{e}^{-\frac{t_{\text{Puls}}+\Delta t}{\tau_1}} & \cdots & \mathrm{e}^{-\frac{\Delta t}{\tau_n}} - \mathrm{e}^{-\frac{t_{\text{Puls}}+\Delta t}{\tau_n}} & 0 & t_{\text{Puls}} \\ \vdots & \ddots & \vdots & \vdots & \vdots \\ \mathrm{e}^{-\frac{t_{\text{end}}-t_{\text{Puls}}}{\tau_1}} - \mathrm{e}^{-\frac{t_{\text{end}}}{\tau_1}} & \cdots & \mathrm{e}^{-\frac{t_{\text{end}}-t_{\text{Puls}}}{\tau_n}} - \mathrm{e}^{-\frac{t_{\text{end}}}{\tau_n}} & 0 & t_{\text{Puls}} \end{pmatrix} \tag{5.40}$$

In Kurzschreibweise gilt:

$$\mathbf{u} = \mathbf{A} \cdot \mathbf{R} \tag{5.41}$$

Im Rahmen des zur Bestimmung der Modellparameter **R** durchgeführten Least-Square Fits wird die Summe der quadratischen Abweichungen von Messung $\hat{u}$ und Modell an den unterschiedlichen Zeitpunkten t_i minimiert:

$$J = \sum_i \left[\hat{u}(t_i) - \mathbf{A} \cdot \hat{\mathbf{R}}\right]^2 \tag{5.42}$$

Die Lösung dieses Minimierungsproblems ist gegeben durch

$$\hat{\mathbf{R}} = \left[\mathbf{A}^T \cdot \mathbf{A}\right]^{-1} \cdot \mathbf{A}^T \cdot \hat{\mathbf{u}} \tag{5.43}$$

mit

$$\hat{\mathbf{u}} = \begin{pmatrix} u(t_1) \\ u(t_2) \\ \vdots \\ u(t_m) \end{pmatrix} + \begin{pmatrix} \zeta(t_1) \\ \zeta(t_2) \\ \vdots \\ \zeta(t_m) \end{pmatrix} \tag{5.44}$$

dem Vektor der durch Messrauschen gestörten, gemessenen Spannungswerte. Aufgrund des auf diese Weise in den errechneten Parameterwerten inkludierten Messrauschens schwanken diese statistisch. Diese Schwankungsbreite lässt sich charakterisieren durch den Erwartungswert der Schätzung, um den die Parameter schwanken, sowie die statistische Schwankungsbreite. Der Erwartungswert ergibt sich aufgrund der Konstanz der Matrix **A** zu:

$$E\left(\hat{\mathbf{R}}\right) = \left[\mathbf{A}^T \cdot \mathbf{A}\right]^{-1} \cdot \mathbf{A}^T \cdot E\left(\hat{\mathbf{u}}\right) = \left[\mathbf{A}^T \cdot \mathbf{A}\right]^{-1} \cdot \mathbf{A}^T \cdot \mathbf{u} \tag{5.45}$$

Mit Gleichung 5.41 ergibt sich schließlich

$$E\left(\hat{\mathbf{R}}\right) = \mathbf{R} \tag{5.46}$$

Bei wiederholter Messung und Berechnung wird also im Mittel der korrekte Parametersatz berechnet. Die Schwankungsbreite der berechneten Parameter ist gegeben durch die Hauptdiagonale der Kovarianzmatrix (siehe [Gre03]) mit

$$\operatorname{cov}\left(\hat{\mathbf{R}}\right) = E\left(\left[\hat{\mathbf{R}} - \mathbf{R}\right]^2\right) = \left[\mathbf{A}^T \cdot \mathbf{A}\right]^{-1} \cdot \sigma^2 \tag{5.47}$$

Der n-te Eintrag der Hauptdiagonalen beschreibt dabei die Schwankungsbreite des n-ten Parameters im Parametervektor. Abbildung 5.9 zeigt die entsprechenden Schwankungsbreiten der Widerstände der angefitteten RC-Glieder für Puls- bzw. (analog, mit angepasster Matrix **A** berechnet) Sprunganregung. Für beide Anregungsformen ist ein starker Anstieg der Unsicherheit für die Widerstände zu erkennen, denen Zeitkonstanten größer als $\frac{1}{3}$ der Messzeit zugeordnet sind. Dies ist unmittelbar einsichtig: Jene Zeitkonstanten klingen im Messzeitraum nicht vollständig auf bzw. ab und können ihre Charakteristik im Zeitraum der Messung somit nur unzureichend entfalten. Diese Zeitkonstanten können somit nicht eindeutig aus der Messung rückbestimmt werden und sind daher nicht eindeutig bestimmbar. Ist die Bestimmung großer Zeitkonstanten notwendig (weil die Messung entsprechend langsame Informationsanteile enthält), muss die Messdauer so weit erhöht werden, dass alle notwendigen Zeitkonstanten im bestimmbaren Bereich liegen. Es ergibt sich somit auch im Modellfitverfahren eine Limitierung der Auswertbarkeit in Abhängigkeit der Messdauer:

War diese bei Fourier-Transformationsverfahren noch entsprechend Gleichung 5.23 als Limitierung der minimal auswertbaren Frequenz gegeben, so ergibt sich bei Modellfitverfahren eine Limitierung auf die maximale eindeutig bestimmbare Zeitkonstante entsprechend

$$\tau_{max} \approx \frac{T_{\text{Mess}}}{3} \tag{5.48}$$

Wird dieses Kriterium verletzt kann es zur Entstehung von Pseudoprozessen mit riesigem Polarisationswiderstand kommen, die keinerlei physikalische Relevanz haben. Dies ist anschaulich leicht verständlich: Da entsprechende Zeitkonstanten so groß sind, dass ihre Charakteristik nicht im Messzeitraum sichtbar wird, kann Ihnen vom Berechnungsalgorithmus ein beliebiger Wert zugeordnet werden, ohne dass dies im Zeitbereich sichtbar wäre und somit ohne das Gütemaß zu verschlechtern. Die Einhaltung dieser Begrenzung ist somit essentiell für die Ermittlung eines korrekten Impedanzspektrums. Auch bei Einhaltung dieser Begrenzung bleiben die normalen Restunsicherheiten durch Messrauschen bestehen, die sich in eine Unsicherheit des ermittelten Impedanzspektrums fortpflanzen. Die entsprechenden Konfidenzbereiche der Impedanzwerte ergeben sich aus der Varianz der Summe der geschätzten Modellparameter, gewichtet mit ihrer Frequenzfunktion:

$$\text{var}\left(\hat{Z}\right) = \text{var}\left(\sum_i \frac{\hat{R}_i}{1 + j\omega\tau_i} + \hat{R}_{ohm} + \frac{1}{\hat{C}_{\text{diff}}} \cdot \frac{1}{j\omega}\right) \tag{5.49}$$

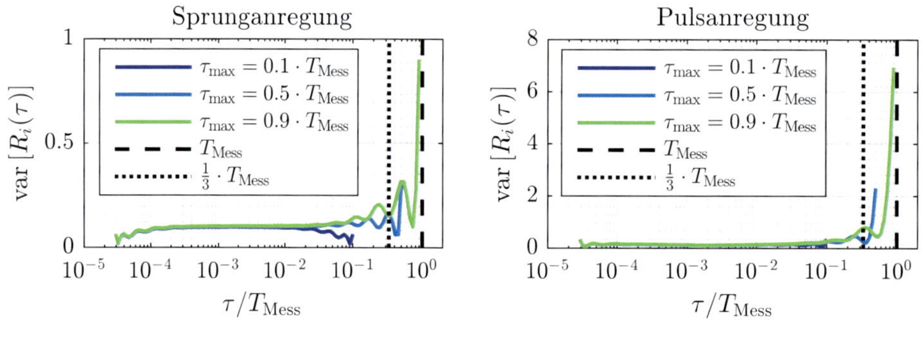

Abbildung 5.9: Varianz der ermittelten R_i bei unterschiedlichen Wertebereichen der Zeitkonstanten des anzufittenden Modells. Für direkte Vergleichbarkeit wurden Pulsdauer bzw. Anregungsstromstärke wie in Kapitel 5.2.3.1 zu 500 s bzw. C/80 gewählt. Der starke Anstieg der Varianz für Widerstandswerte mit Zeitkonstanten größer als $\frac{1}{3}$ der Messzeit ist begründet durch die mangelhafte Entfaltung der Charakteristik dieser Modellanteile im Rahmen der begrenzten Messdauer. Jene Zeitkonstanten können folglich im Rahmen eines Modellfits nicht eindeutig bestimmt werden.

Da die Modellparameter miteinander korreliert sind (künstliches Festsetzen eines Parameters auf einen beliebigen Wert beeinflusst die im Fit ermittelten Werte der Parameter mit ähnlichen Zeitkonstanten) müssen bei Berechnung der Summenvarianz auch die diesen Effekt quantifizierenden Kovarianzen zwischen den Parametern (Einträge in den Nebendiagonalen der Kovarianzmatrix) berücksichtigt werden. Mit den bekannten Beziehungen

$$\operatorname{var}\left(\sum_i X_i\right) = \sum_i \operatorname{var}(X_i) + \sum_{i \neq j} \operatorname{cov}(X_i, X_j) \tag{5.50}$$

und

$$\operatorname{cov}(a \cdot X_i, b \cdot X_j) = a \cdot b \cdot \operatorname{cov}(X_i, X_j) \tag{5.51}$$

beziehungsweise

$$\operatorname{var}(a \cdot X_i) = a^2 \cdot \operatorname{var}(X_i) \tag{5.52}$$

kann Gleichung 5.49 schließlich gelöst werden. Es ergibt sich mit dem Frequenzfunktionsvektor

$$\mathbf{F} = \begin{pmatrix} \frac{1}{1+j\omega\tau_1} & \cdots & \frac{1}{1+j\omega\tau_n} & 1 & \frac{1}{j\omega} \end{pmatrix} \tag{5.53}$$

für die Varianz der berechneten Impedanz

$$\operatorname{var}\left(\hat{Z}(\omega)\right) = \mathbf{F} \cdot \operatorname{cov}\left(\hat{\mathbf{R}}\right) \cdot \mathbf{F}^T = \mathbf{F} \cdot \left[\mathbf{A}^T \cdot \mathbf{A}\right]^{-1} \cdot \mathbf{F}^T \cdot \sigma^2 \tag{5.54}$$

bzw. für ihre Standardabweichung

$$\sigma_{\hat{Z}}(\omega) = \sqrt{\operatorname{var}\left(\hat{Z}(\omega)\right)} \tag{5.55}$$

Abbildung 5.10 zeigt die Form des sich aus diesen Beziehungen ergebenden Konfidenzbereichs des ermittelten Impedanzspektrums sowie das Ergebnis einer entsprechenden Monte-Carlo-Simulation, bei der mit wiederholten Realisierungen des angenommenen Rauschprozesses ein Modellfit durchgeführt und ein Impedanzspektrum aus den im Fit ermittelten Modellparametern berechnet wurde. Abhängig von der Stärke der Anregung (Stromstärke sowie Pulsdauer) hat der Konfidenzbereich die Form eines kleineren oder größeren niederfrequenten Aufspreizungsgebiets innerhalb dessen die ermittelten Impedanzen allein durch geringes Messrauschen liegen können. Zur Vermeidung von stark schwankenden bzw. quantitativ falschen Ergebnissen ist folglich eine korrekte Dimensionierung des Pulssignals essentiell. Die genaue Abhängigkeit des Fehlers von Pulsdauer und Stromstärke ist in Abbildung 5.11 dargestellt. Man erkennt eine etwa gleiche Abnahme des Fehlers mit zunehmender Stromstärke und zunehmender Pulsdauer. Zur besseren Anschaulichkeit ist die eigentlich absolute Größe des Fehlers dort auf einen Referenzwert von 40 Ω bezogen. Zusätzlich eingetragen sind drei Hilfslinien, die die physikalisch "verbotenen" Bereiche der Signaldimensionierung abgrenzen: Zu hohe Stromstärke, zu hohe entnommene Ladung und zu hohe Pulsdauer, wobei letzteres nur bei einer zusätzlichen Auswertung mittels Fourier-Transformation (aufgrund der Lage der Frequenznullstellen) relevant ist. Die Notwendigkeit dieser zusätzlichen Auswertung wird im folgenden Unterkapitel motiviert.

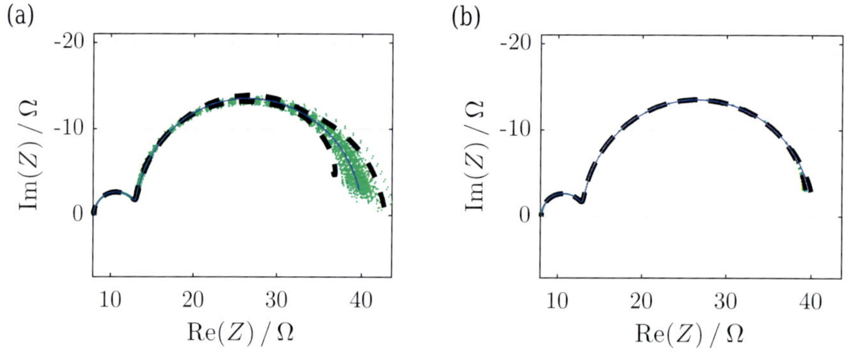

Abbildung 5.10: Konfidenzbereich von durch Modellfit ermittelten Impedanzspektren aufgrund von Spannungsmessrauschen. Die schwarzen Begrenzungen entstammen der Abschätzung aus Gleichung 5.55. Grün gezeichnet sind die Impedanzpunkte, wie sie im Rahmen einer 100 mal wiederholten Monte-Carlo-Simulation berechnet wurden. Als Anregungssignale wurden in (a) eine Stromstärke von C/40 und eine Pulsdauer von 50 s bzw. in (b) eine Stromstärke von C/20 und eine Pulsdauer von 500 s gewählt. Die Standardabweichung des Messrauschens wurde realistisch zu σ=10 μV gewählt. Das Modellsystem besteht aus 2 RC-Gliedern mit angelehnt an reale Elektroden realistischen Zeitkonstanten von 100 s bzw. 5 h. Dargestellt ist der Frequenzbereich von 1 μHz - 100 mHz.

Bewertung beider Verfahren

Aus den Betrachtungen der vorherigen Kapitel ergibt sich, dass die aus Modellfitverfahren ermittelten Impedanzspektren selbst bei stark fehlerbehafteten Messungen noch einen glatten und somit vertrauenserweckenden Verlauf zeigen. Die glatten Verläufe entstehen dabei aufgrund der nicht frequenz-, sondern zeitkonstantenbasierten Fehlerstruktur und ungeachtet der Messdatenqualität: Da das Impedanzspektrum synthetisch berechnet wird sind alle Impedanzpunkte aufgrund des unterliegenden Modells stets glatt verknüpft, egal wie fehlerbehaftet die bestimmten Modellparameter sind. Bei Fourier-Transformation hingegen werden einzelne Frequenzpunkte unabhängig voneinander berechnet und sind daher auch in ihrer Störung unkorreliert. Messfehler sind daher deutlich sichtbar. Abbildung 5.12 zeigt einen entsprechend gelagerten Fall, wo eine Störung durch Messrauschen aufgrund einer bewusst zu schwach gewählten Anregung dargestellt ist. Während das mittels Fourier-Transformation berechnete Spektrum stark gestört erscheint, erweckt das durch Modellfit berechnete Spektrum trotz großer Fehlerbehaftung den Eindruck der Korrektheit.

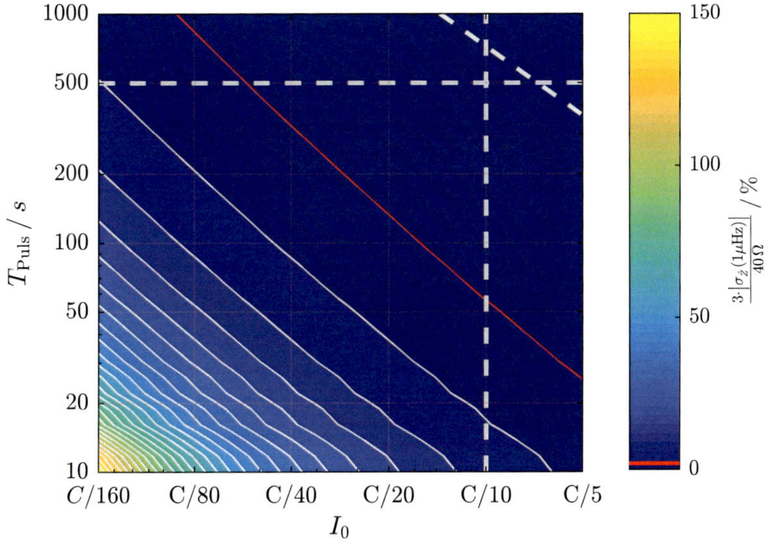

Abbildung 5.11: Prozentuale Unsicherheit bei der Bestimmung des Impedanzpunktes bei f=1 μHz des in Abbildung 5.10 gezeigten Impedanzspektrums. Die eingezeichnete rote Linie beschreibt eine Unsicherheit von 2 %. Der gezeichnete relative Fehler bezieht sich auf einen Widerstandswert von 40 Ω. Die angegebene C-Rate bezieht sich auf eine Elektrode mit einer Kapazität von 5 mAh. Die Standardabweichung des Messrauschens wurde realistisch zu σ=10 μV gewählt. Die gestrichelt gezeichneten Hilfslinien kennzeichnen die physikalisch "verbotenen" Bereiche der Signaldimensionierung: Zu hohe Stromstärke, zu hohe entnommene Ladung und zu hohe Pulsdauer.

Andererseits ergibt sich aus der Zeitkonstanten-Basiertheit des Modellfitverfahrens, dass sobald die größte Zeitkonstante der Messung korrekt ermittelt wurde, das Impedanzspektrum hin zu beliebig kleinen Frequenzen berechnet werden kann. Gerade bei sehr langsamen Prozessen kann dies entscheidend für eine mögliche Auflösbarkeit sein: Liegt eine potentielle maximale Zeitkonstante bei $\tau_{\max} = 4{,}4\,\mathrm{h}$, so liegt allein die charakteristische Frequenz des zugehörigen Prozesses schon bei etwa $f = 10\,\mu\mathrm{Hz}$. Eine volle Messung der Impedanz erfordert eine zusätzliche Dekade gemessener Frequenzen, so dass eine Frequenz von $f = 1\,\mu\mathrm{Hz}$ ausgewertet werden müsste. Nach Gleichung 5.23 bedeutet dies für Fourier-basierte Verfahren eine notwendige Messdauer von

$$T_{\text{Mess}} = \frac{4}{f_{\text{min}}} = 46\,\text{d} \tag{5.56}$$

versus für Modellfitverfahren nach Gleichung 5.48

$$T_{\text{Mess}} = 3 \cdot \tau_{\text{max}} = 15\,\text{h} \tag{5.57}$$

Der Faktor 2π zwischen Periodendauer und Zeitkonstante sowie die zusätzliche Dekade Frequenzbereich spielen hier die entscheidende Rolle. In der Praxis sollte jedoch auch bei Modellfitverfahren eine längere Zeit als die abgeschätzten 15 h gemessen werden, um sicherzustellen, die größte Zeitkonstante auch wirklich fehlerfrei erfasst zu haben. Beide Verfahren sollten folglich parallel genutzt werden. Nur bei guter Übereinstimmung der Impedanzen aus Fourier-Transformation und Modellfitverfahren kann der Vorteil des erweiterten Frequenzbereichs bei Modellfitverfahren sicher genutzt werden.

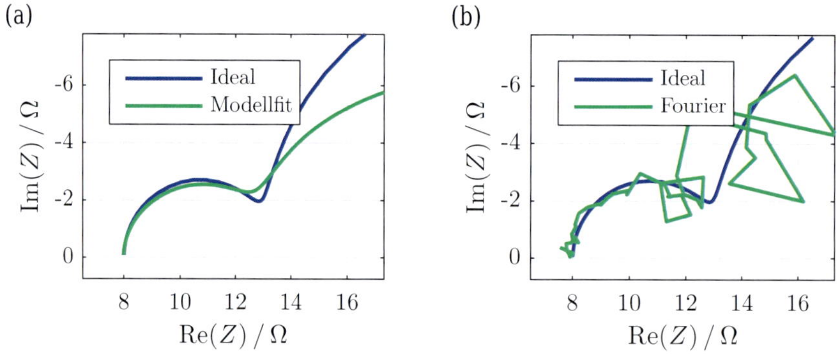

Abbildung 5.12: Struktur der Störung des Impedanzspektrums bei Modellfitverfahren in (a) und Fourier-Transformationsverfahren in (b). Obwohl das ermittelte Impedanzspektrum stark fehlerbehaftet ist, zeigt es im Fall der Ermittlung aus Modellfit einen glatten und somit vertrauenserweckenden Verlauf. Bei der Auswertung mittels Fourier-Transformation ist die geringe Qualität des ermittelten Spektrums jedoch deutlich sichtbar. Als Anregungssignal wurde in beiden Fällen ein 10 s dauernder Strompuls mit einer Anregungsstromstärke von C/80 verwendet. Die Standardabweichung des Messrauschens wurde realistisch zu σ=10 μV gewählt. Das Modellsystem besteht aus 2 RC-Gliedern mit angelehnt an reale Elektroden realistischen Zeitkonstanten von 100 bzw. 10000 Sekunden. Dargestellt ist der Frequenzbereich von 35 μHz - 100 mHz.

5.2.3.2. Fehlerquellen bei Relaxationsmessungen

Den Vorteilen einer stromlosen Messphase bei gleichzeitig sehr starker Anregung im relevanten Niederfrequenzbereich und einem nach Gleichung 5.11 nullstellenfreien Frequenzspektrum steht eine fehleranfällige und aufwändige praktische Durchführung von Relaxationsmessungen gegenüber. Der Zustand des zu untersuchenden Systems darf sich in der Anregephase nicht bzw. nur sehr langsam ändern. Weiter muss die Anregephase lange genug sein, um alle im System enthaltenen äquivalenten RC-Glieder vollständig zu polarisieren. Die Auswirkung einer Missachtung dieser Bedingungen wird in den folgenden Unterkapiteln beschrieben.

Zu kurze Anregephase

Der Einfluss einer zu kurzen Anregephase kann wie folgt abgeschätzt werden: Da nach Kapitel 6.1 die Impedanz einer Batterieelektrode als Serienschaltung eines ohmschen Widerstands, einer Kapazität und einer Anzahl von RC-Gliedern beschrieben werden kann, gilt für die Systemantwort während des Stromflusses:

$$u(t) = R_{\mathrm{Ohm}} \cdot I_0 + \frac{I_0}{C_{\mathrm{diff}}} \cdot t + I_0 \cdot \sum R_k \cdot \left(1 - \mathrm{e}^{-\frac{t}{\tau_k}}\right) \tag{5.58}$$

Nach Abschaltung gilt:

$$u(t) = \frac{I_0}{C_{\mathrm{diff}}} \cdot t_{\mathrm{abschalt}} + I_0 \cdot \sum R_k \cdot \left(1 - \mathrm{e}^{-\frac{t_{\mathrm{abschalt}}}{\tau_k}}\right) \cdot \mathrm{e}^{-\frac{t - t_{\mathrm{abschalt}}}{\tau_k}} \tag{5.59}$$

Während im Abschaltsignal also alle Zeitkonstanten der Elektrode strukturell korrekt als RC-Glieder vorhanden sind, erscheinen die Polarisationsanteile dieser Zeitkonstanten um den Faktor

$$\left(1 - \mathrm{e}^{-\frac{t_{\mathrm{abschalt}}}{\tau_k}}\right) \tag{5.60}$$

vermindert. Erst bei einer Anregedauer von drei Mal der größten vorhanden Zeitkonstanten,

$$t_{\mathrm{abschalt}} > 3 \cdot \max(\tau_k) \tag{5.61}$$

ist die Störung dieser größten Zeitkonstante auf einen Wert kleiner 4,98 % abgeklungen und die Impedanz des Systems kann korrekt erfasst werden. Abbildung 5.13 verdeutlicht dies anhand der DRT der Impedanz eines Modellsystems bestehend aus 3 RC-Gliedern, die aus Relaxationsmessungen mit unterschiedlich langen Anregephasen bestimmt wurden.

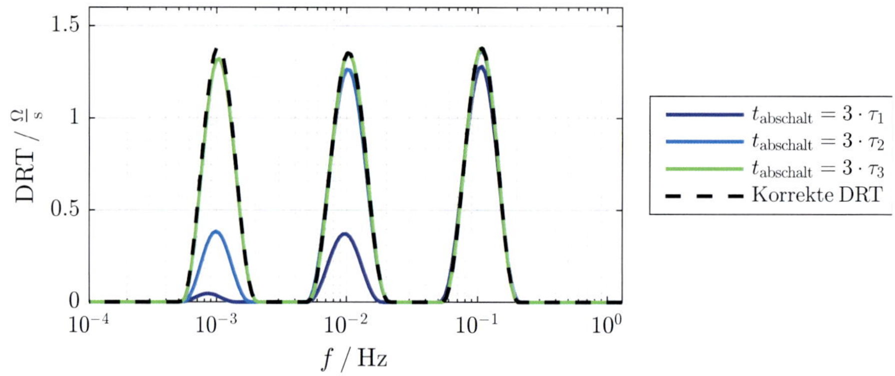

Abbildung 5.13: DRT der Impedanz eines Modellsystems bestehend aus 3 RC-Gliedern mit Zeitkonstanten $\tau_1 < \tau_2 < \tau_3$, bestimmt aus Relaxationsmessungen mit unterschiedlich langen Anregephasen. Bei einer Anregedauer von $3 \cdot \tau_i$ ist der mit der Zeitkonstante τ_i verknüpfte Prozess zu 95,02 % aufgeklungen und kann somit korrekt quantifiziert werden. Alle langsameren Prozesse sind zum Zeitpunkt der Abschaltung nur unvollständig aufgeklungen und somit fehlerhaft.

Dort sichtbar ist die jeweilig korrekte Messung der mit einer Dauer von mindestens $3 \cdot \tau_i$ angeregten Zeitkonstanten τ_i sowie aller schnelleren Zeitkonstanten und die fehlerhafte Messung aller langsameren Zeitkonstanten.

In der Praxis kann die notwendige Polarisationsdauer im Rahmen einer Voridentifikationsmessung ermittelt werden. Dies kann eine Pulsmessung sein (siehe Kapitel 5.2.1.4) oder eine Relaxationsmessung selbst, bei der im Falle einer zu kurzen Anregung zwar die Größe der Polarisationsanteile fehlerhaft ermittelt wird, die Lage der Zeitkonstanten jedoch, wie gezeigt, dennoch korrekt bestimmt werden kann.

Zu schnelle Ladezustandsänderung

Neben einer unzureichenden Polarisationsdauer der Elektrode können auch durch eine zeitliche Änderung der Polarisationswiderstände während der Polarisationsphase (beispielsweise bei ladezustandsabhängigen Prozessen) Fehler im ermittelten Impedanzspektrum auftreten. Ist die Änderungsgeschwindigkeit eines Polarisationsanteils nicht sehr viel langsamer als seine Polarisationsgeschwindigkeit, so kann zum Zeitpunkt des Abschaltens nicht davon ausgegangen werden, dass die entsprechende Polarisationsspannung voll aufgeklungen ist: Diese kann dem veränderlichen Widerstandswert in diesem Fall nicht schnell genug folgen und hat so einen kleineren Wert, als durch die aktuelle Impedanz erwartet würde. Dieser Effekt kann durch eine Simulation, bei der ein RC-Glied mit zeitlich linear veränderlichem

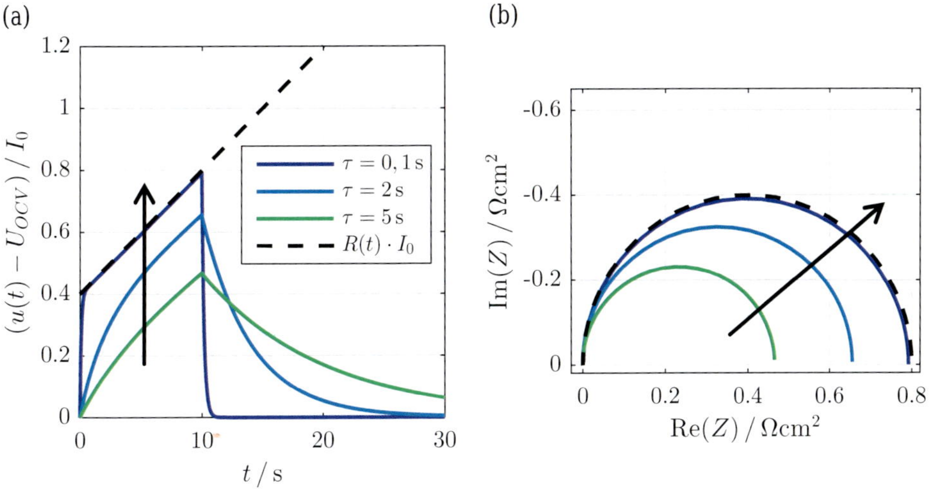

Abbildung 5.14: (a) Konvergenzverhalten der Spannung eines zeitlich variablen RC-Glieds. Je kleiner die Zeitkonstante des RC-Glieds, desto besser nähert sich die Spannung des RC-Glieds dem Spannungswert an, der mit der tatsächlichen Größe des Widerstands bei Abschaltung verknüpft ist. (b) Je besser die Spannung bei Abschaltung den tatsächlichen Widerstandswert beschreibt, desto korrekter wird die ermittelte Impedanz.

Widerstand betrachtet wird, verdeutlicht werden. Abbildung 5.14 zeigt: Mit kleinerer Zeitkonstante kann die Polarisationsspannung des RC-Glieds dem geänderten Widerstandswert bei konstanter Änderungsrate besser folgen. Der Spannungswert bei Abschaltung nähert sich dem Spannungswert, der einer vollständigen Polarisation entspricht. Der Fehler wird somit kleiner. Für die Praxis bedeutet dies, dass das vorgeschlagene Messverfahren durch Stromabschaltung nur dann gültige Ergebnisse liefert, wenn sich die Größe der Widerstandsanteile während der Anregephase nur sehr langsam ändert. Entsprechend der gezeigten Simulation kann abgeschätzt werden, dass gute Ergebnisse bei einem Verhältnis

$$\frac{\text{Verdoppelungszeit des Widerstandsanteils}}{\text{Zeitkonstante des Widerstandsanteils}} > 100 \tag{5.62}$$

erwartet werden können. Die Erfüllung dieser Bedingung muss bei jedem neuen Material und jedem Arbeitspunkt überprüft werden. Sie kann erfolgen durch Vergleich mit einer im Anschluss an die Relaxationsmessung durchgeführten Pulsmessung (wo dieser Effekt aufgrund des geringen überstrichenen Ladezustandsbereich während der Anregung nicht auftritt) oder wiederum durch eine Variation der Anregungsstromstärke. Letzteres ändert die

Änderungsgeschwindigkeit der Polarisationsanteile. Ändern sich die Ergebnisse systematisch, so muss die Stromstärke so lange verringert und damit die Änderungsgeschwindigkeit so weit verlangsamt werden, bis ein konvergentes Impedanzspektrum erzielt wird.

5.2.3.3. Batteriespezifische Fehlerquellen

Das grundsätzliche Problem bei niederfrequenten Zeitbereichsmessungen an Lithium-Ionen-Batterieelektroden besteht darin, dass Frequenzbereiche identifiziert werden sollen, deren Charakteristik bei der physikalisch gegebenen Limitierung von Stärke und Dauer des Anregungssignals nur begrenzt angeregt werden kann. Da das Stromsignal meist vom Messgerät fest vorgegeben wird (siehe Kapitel 5.2.1.1) finden sich Störungen in der Regel additiv überlagert im Spannungssignal wieder:

$$\hat{u}(t) = u(t) + u_{\text{Stör}}(t) \tag{5.63}$$

Bei Fourier-Transformationsverfahren transformieren sich diese Störungen in additive Impedanzkomponenten nach

$$\hat{Z}(\omega) = Z(\omega) + \frac{U_{\text{Stör}}(\omega)}{I(\omega)} \tag{5.64}$$

mit $U_{\text{Stör}}(\omega)$ dem Frequenzspektrum der Störung. Bei Modellfitverfahren wird das Gütemass nach Gleichung 5.65 so beeinflusst, dass der Fit des RC-Modells einem Kompromiss aus Nachbildung des physikalischen Signalanteils und des Störsignalanteils entspricht.

$$J = \sum_i \left[u(t_i) + u_{\text{Stör}}(t_i) - u_{\text{Modell}}(t_i)\right]^2 \tag{5.65}$$

In beiden Fällen wirken die Störungen besonders dann stark, wenn die entsprechende Anregung gering ist: Bei Fourier-Transformationsverfahren bedeutet schlechte Anregung eine geringe Größe der Frequenzanteile $I(\omega)$ des Stromanregungssignals im Frequenzbereich des Störungssignals. Das daraus folgende Anwachsen der Störung im Impedanzbereich ist in Gleichung 5.64 direkt ersichtlich. Bei Modellfitverfahren bedeutet schlechte Anregung, dass das Störsignal in der selben Größenordnung liegt wie reguläre, physikalisch bedingte Signalkomponenten. Die Störung wirkt dann besonders auf die Modellanteile, deren Systemantwort eine ähnliche Struktur aufweist wie die Störung selbst. Vor diesem Hintergrund wirken sich sämtliche systematischen Signalstörungen stark auf die ermittelten Impedanzspektren und aufgrund der dort schlechten Anregung besonders auf den niederfrequenten Teil aus. Zeit-

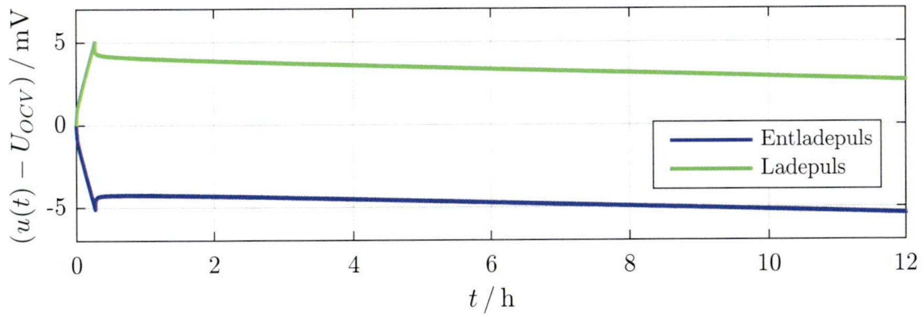

Abbildung 5.15: Spannungsantwort einer NMC-Kathode auf einen Entlade- bzw. Ladepuls unter dem Einfluss von Selbstentladung. Die Dauer der Strompulse betrug jeweils 1000 s, als Stromstärke wurde C/80 gewählt. Der Ladepuls wurde 24 h nach dem Entladepuls aufgeprägt.

bereichsmessungen müssen daher unter größter Sorgfalt, insbesondere in Hinblick auf die Einhaltung notwendiger Wartezeiten sowie auf eine gute Kompensation der Selbstentladung, durchgeführt werden. Die Auswirkungen dieser beiden Hauptfehlerquellen werden in den folgenden Unterkapiteln genauer beleuchtet, sowie Gegenmaßnahmen vorgeschlagen.

Selbstentladung

Die zwar kleine, aber dennoch vorhandene Selbstentladung von Lithium-Ionen-Zellen hat aufgrund der physikalisch limitierten Stärke des Anregungssignals einen starken Einfluss auf die Ergebnisse von Zeitbereichsmessungen. Sie wird ausgelöst durch interne Shuttle-Prozesse [Sin11], Kriechströme oder einer Entladung der Zelle über den endlichen Innenwiderstand des Messgeräts und zeigt sich als fortschreitender Abfall der offenen Zellspannung, ohne dass ein externer Stromfluss messbar wäre (siehe Abbildung 5.15). In den folgenden Absätzen wird die Auswirkung der Selbstentladung auf Impedanzmessungen diskutiert und ein Verfahren zur Kompensation der Selbstentladung bei Verwendung von Pulsmessungen vorgeschlagen.

Auswirkung Dieser Abfall der offenen Zellspannung kann zunächst nicht von der tatsächlichen Spannungsantwort der Zelle getrennt werden und verfälscht somit das ermittelte Impedanzspektrum. Setzt man die Selbstentladungsspannung $u_{\mathrm{SE}}(t)$ näherungsweise als zeitlich linear [Sch15a] und der echten Spannungsantwort $u(t)$ additiv überlagert an,

$$\hat{u}(t) = u(t) - u_{\mathrm{SE}}(t) \approx u(t) - K_{\mathrm{SE}} \cdot t \tag{5.66}$$

so kann der Einfluss der Störung durch Selbstentladung leicht abgeschätzt werden: Die Additivität der Selbstentladung gilt nach den Regeln der Fourier-Transformation auch für das resultierende Impedanzspektrum. Für die Störung eines mittels Ladepuls gemessenen Spektrums ergibt sich daher

$$\hat{Z}(\omega) = Z(\omega) - \frac{U_{\mathrm{SE}}(\omega)}{I(\omega)} \tag{5.67}$$

bzw. für ein mittels Entladepuls gemessenes Spektrum

$$\hat{Z}(\omega) = Z(\omega) + \frac{U_{\mathrm{SE}}(\omega)}{I(\omega)} \tag{5.68}$$

Die Störung durch Selbstentladung wirkt also bei Lade- und Entladepulsmessungen in unterschiedliche Richtungen und eine Spreizung der ermittelten Spektren kann beobachtet werden. Dieser Effekt kann durch Betrachtung der Fourier-Transformierten der linearen Selbstentladungsspannung[1] genauer quantifiziert werden. Diese ist gegeben durch

$$U_{\mathrm{SE}}(\omega) \approx \frac{K_{\mathrm{SE}}}{(j\omega)^2} \tag{5.70}$$

Ersetzen des Stromsignals durch die Fourier-Transformierte eines bei $t = 0$ startenden Pulses der Dauer T_{Puls} und der Pulshöhe I_0

$$\mathcal{F}\{i_{\mathrm{Puls}}(t)\} = T_{\mathrm{Puls}} \cdot I_0 \cdot \frac{\sin\left(\frac{T_{\mathrm{Puls}}}{2} \cdot \omega\right)}{\frac{T_{\mathrm{Puls}}}{2} \cdot \omega} \cdot \mathrm{e}^{-j\omega \frac{T_{\mathrm{Puls}}}{2}} \tag{5.71}$$

ergibt für die Form der Störung durch Selbstentladung bei Pulsanregung:

$$\hat{Z}_{\mathrm{Puls}}(\omega) = Z(\omega) \pm \frac{K_{\mathrm{SE}}}{2 \cdot I_0} \cdot \left(\frac{1}{j\omega} - \frac{1}{\omega \cdot \tan\left(\frac{T_{\mathrm{Puls}}}{2} \cdot \omega\right)} \right) \tag{5.72}$$

[1] Die Fourier-Transformierte eines zeitlich linear ansteigenden Signals existiert streng genommen nicht, bei begrenzter Messdauer lässt Sie sich jedoch mit Hilfe der entsprechenden Laplace-Transformierten [Föl00] an der Stelle $s = j\omega$ approximieren:

$$\mathcal{F}\{u_{\mathrm{SE}}(t)\} \approx \mathcal{L}\{u_{\mathrm{SE}}(t)\}|_{s=j\omega} = \frac{K_{\mathrm{SE}}}{(j\omega)^2} \tag{5.69}$$

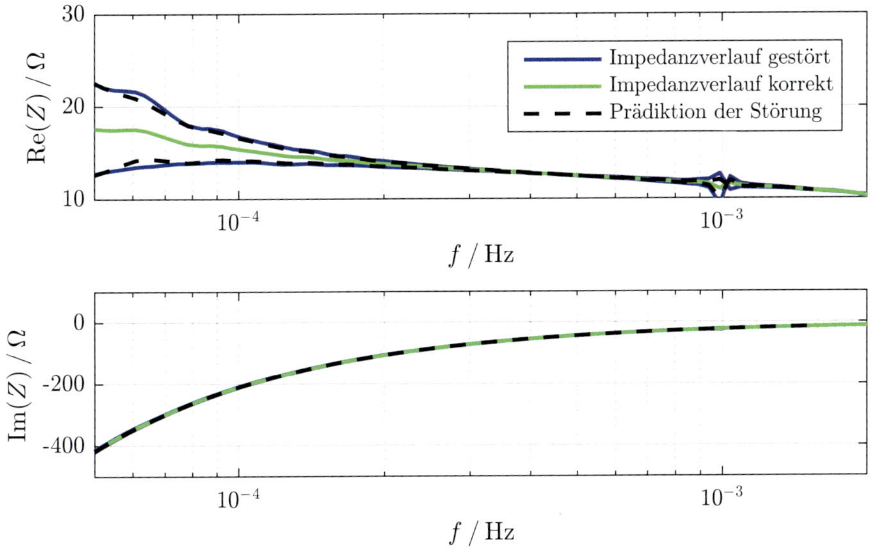

Abbildung 5.16: Verläufe der Impedanzen aus Lade- und Entladepulsmessung unter Einfluss von Selbstentladung. Der Verlauf der Störung folgt dabei gut dem hergeleiteten Ausdruck Gleichung 5.72 mit einem Wert von $K_{SE} = 3.1 \cdot 10^{-8}$. Die Störung bei 10 mHz wird verursacht durch die charakteristische Nullstelle im Frequenzspektrum des 1000 s dauernden Anregepulses (siehe Abbildung 5.6). Die Störung des Imaginärteils ist bezogen auf seine absolute Größe klein und damit in dieser Darstellung nicht sichtbar.

Die Gültigkeit dieses Ausdrucks ist in Abbildung 5.16 ersichtlich: Dort gezeigt sind die aus den gestörten Lade- und Entladepulsen in Abbildung 5.15 berechneten Impedanzverläufe. Die berechneten Impedanzen stimmen gut mit den durch Gleichung 5.72 prädizierten Impedanzen überein. Charakteristisch ist ein Anwachsen der Störung hin zu kleinen Frequenzen, geschuldet nach Gleichung 5.68 dem wachsenden Verhältnis von Frequenzspektrum des Störsignals zu Frequenzspektrum des Anregungssignals. Die behauptete symmetrische Spreizung der gestörten Lade- und Entladepulsmessungen um die wahre Impedanz ist dort ebenfalls gut sichtbar. Diese charakteristischen Störungen des niederfrequenten Bereichs sind qualitativ unabhängig vom verwendeten Auswerteverfahren. Auch bei einer Auswertung mittels Modellfit werden entsprechende Störungen beobachtet, dort durch Beeinflussung des Gütemaßes durch die Selbstentladung entsprechend Gleichung 5.65.

Kompensation Eine durch Selbstentladung gestörte Messung ist zunächst vollkommen unbrauchbar. Ausgehend von dieser Erkenntnis können zwei Wege beschritten werden:

1. Eine Erhöhung der niederfrequenten Systemanregung, gleichbedeutend mit einer Erhöhung der Anregung großer Zeitkonstanten.
2. Der Versuch einer Rekonstruktion des ungestörten Spannungsverlaufs bzw. der von ihm getragenen Systeminformation.

Eine Erhöhung der niederfrequenten Systemanregung kann nur mit einer Erhöhung der eingebrachten Ladungsmenge $I_0 \cdot T_{\mathrm{Puls}}$ erfolgen (siehe Abbildung 5.6 und 5.11). Diese Erhöhung ist jedoch aus Linearitätsgründen physikalisch limitiert bzw. bringt bei einer Umgehung durch Relaxationsmessungen andere Nachteile mit sich (siehe Kapitel 5.2.3.2). Es bleibt somit nur die Möglichkeit, den ungestörten Spannungsverlauf bzw. die von diesem getragene Systemantwort zu rekonstruieren. In [Sch15a] wird hierzu vorgeschlagen, den selbstentladungsbehafteten Spannungsverlauf im linearen Bereich des Spannungsabfalls mit einer abklingenden e-Funktion (bzw. einer Geraden) anzunähern und die so identifizierte Selbstentladung dann vom Originalspannungsverlauf zu subtrahieren. Dieses Vorgehen ist prinzipiell korrekt, scheitert jedoch in der Praxis an einer exakten Bestimmung der Selbstentladungssteigung K_{SE}: Gerade sehr niederfrequente Signalanteile sind oft nicht ausreichend gut von Selbstentladung unterscheidbar, so dass diese, je nach Anregungsrichtung, leicht mitsubtrahiert oder künstlich vergrößert werden. Spektren aus Lade- und Entladepulsen weisen also auch nach Selbstentladungskorrektur mit der bestimmten Steigung $\hat{K}_{\mathrm{SE}}$ noch einen Restfehler

$$\hat{Z}_{\mathrm{Puls}}(\omega) = Z(\omega) \pm \frac{K_{\mathrm{SE}} - \hat{K}_{\mathrm{SE}}}{2 \cdot I_0} \cdot \left(\frac{1}{j\omega} - \frac{1}{\omega \cdot \tan\left(\frac{T_{\mathrm{Puls}}}{2} \cdot \omega\right)} \right) \tag{5.73}$$

auf. Abbildung 5.17 verdeutlicht dies: Dargestellt sind die mittels Geradenfit korrigierten Spektren von Lade- und Entladepulsmessungen für unterschiedliche Anregungsstromstärken. Die selbstentladungsinduzierte Spreizung zwischen Lade- und Entladepulsmessung besteht weiterhin, jedoch nimmt die Spreizung für höhere Stromstärken ab, wie durch Gleichung 5.73 vorhergesagt. Eine potentiell mögliche, echte physikalische Asymmetrie im Ein- und Ausbauverhalten des Materials erscheint daher als Ursache für die bleibende Spreizung unwahrscheinlich.

Ein alternativer Ansatz um den Einfluss der Selbstentladung zu kompensieren, wird im Folgenden vorgeschlagen: Unter der Annahme, dass die Selbstentladung unabhängig von der vorangegangenen Anregung die Spannungsantwort der Elektrode stets gleich überlagert, kann diese durch Mittelwertbildung der Spannungsantworten aus Lade- und Entladepulsmessung kompensiert werden. Es lässt sich für den Lade- und Entladepuls schreiben

$$\hat{u}_{\text{Ladepuls}}(t) = u(t) - u_{\text{SE}}(t) \tag{5.74}$$

$$\hat{u}_{\text{Entladepuls}}(t) = u(t) + u_{\text{SE}}(t) \tag{5.75}$$

Eine Mittelwertbildung beider Spannungsantworten nach

$$\bar{u}_{\text{Puls}}(t) = \frac{1}{2} \cdot \left[\hat{u}_{\text{Ladepuls}}(t) + \hat{u}_{\text{Entladepuls}}(t)\right] = u(t) \tag{5.76}$$

ergibt eine exakte Kompensation der Selbstentladung. Eine Mittelwertbildung nach

$$\bar{u}_{\text{Puls,2}}(t) = -\frac{1}{2} \cdot \left[\hat{u}_{\text{Ladepuls}}(t) - \hat{u}_{\text{Entladepuls}}(t)\right] = u_{\text{SE}}(t) \tag{5.77}$$

ergibt eine exakte Rekonstruktion des Selbstentladungsverlaufs. Für eine ideale Kompensation der Selbstentladung müssen somit eine Lade- und eine Entladepulsmessung an einem Arbeitspunkt durchgeführt werden. Aus beiden Messungen wird dann der Mittelwert gebildet und aus diesem selbstentladungsfreien Mittelwert wird schließlich die Impedanz ermittelt.

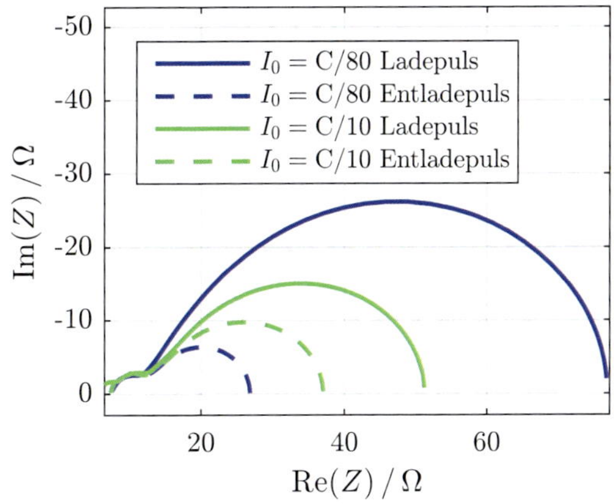

Abbildung 5.17: Polarisationsspektren einer NMC-Kathode im Frequenzbereich von 0,6 μHz - 100 mHz. Dargestellt sind Spektren aus Lade- und Entladepulsen mit unterschiedlichen Anregungsstromstärken. Die Selbstentladung wurde jeweils mittels Geradenfit kompensiert. Die sichtbare Spreizung indiziert eine fehlerhafte Kompensation. Wie nach Gleichung 5.73 erwartet, verringert sich dieser Fehler bei größeren Anregungsstromstärken.

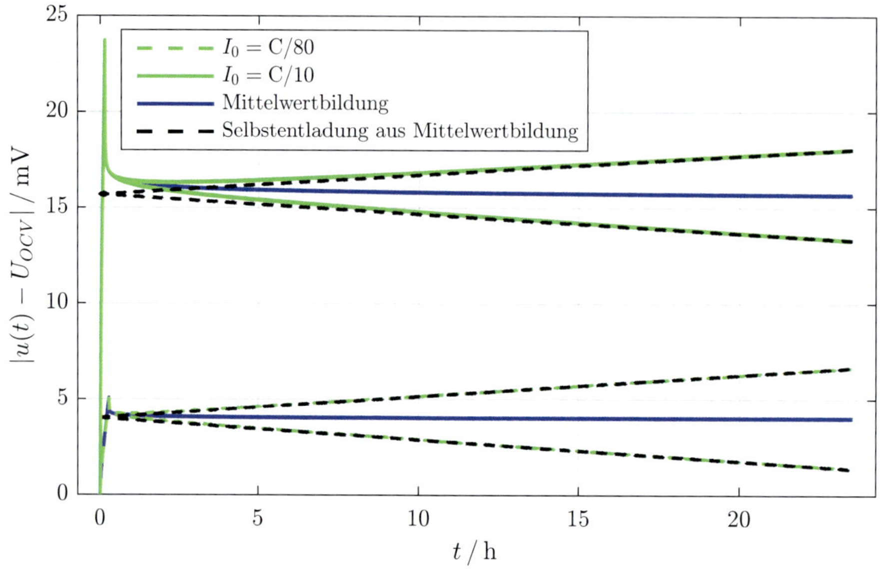

Abbildung 5.18: Spannungsverläufe einer Lade- und Entladepulsmessung an NMC, des gebildeten Mittelwerts und der nach Gleichung 5.77 rekonstruierten Selbstentladung.

Diese Methode wird im Folgenden als Doppelpulsmessung bezeichnet. Abbildung 5.18 zeigt beispielhaft die entsprechenden Spannungsverläufe aus einer Lade- und Entladepulsmessung an NMC, die zugehörige, durch Mittelwertbildung erzielte Rekonstruktion des selbstentladungsfreien Spannungssignals sowie den nach Gleichung 5.77 rekonstruierten Verlauf der Selbstentladung. Dieser ist tatsächlich in sehr guter Näherung linear, die initial zur Herleitung von Formel 5.72 getroffene Annahme war also gerechtfertigt. Ein in Abbildung 5.19 gezeigter Vergleich zwischen den mittels Geradenfit und den aus Doppelpulsmessung berechneten Spektren zeigt, dass die Impedanz aus der Doppelpulsmessung genau mittig zwischen ersteren liegt und zudem nahezu unabhängig von der verwendeten Stromstärke ist. Dies ist ein starkes Indiz für die Korrektheit der vorgeschlagenen Kompensationsmethode. Ein weiterer Vorteil der Methode der Doppelpulsmessung besteht in der Möglichkeit, eine Verletzung der Linearitätsbedingung aufgrund zu großer Anregung ohne weitere Messungen oder Auswertemethoden detektieren zu können: Ein solcher Fehler äußert sich als leicht erkennbare Asymmetrie zwischen Lade- und Entladepulsmessung.

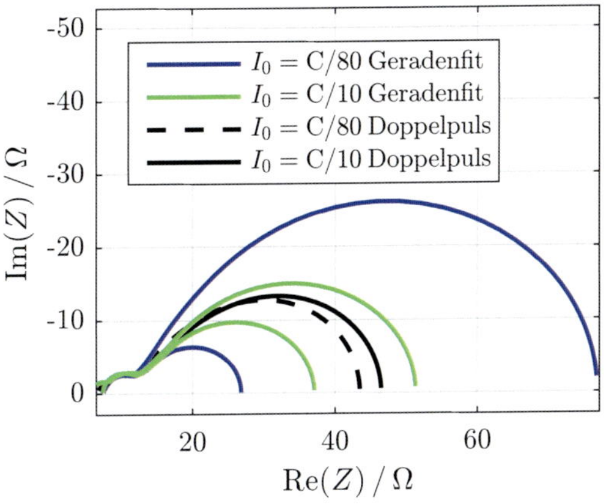

Abbildung 5.19: Polarisationsspektren einer NMC-Kathode im Frequenzbereich von 0,6 μHz - 100 mHz. Dargestellt sind Spektren aus Lade- und Entladepulsen mit unterschiedlichen Anregungsstromstärken. Die Selbstentladung wurde mittels Geradenfit sowie Doppelpulsmessung kompensiert. Die Polarisationsspektren aus Doppelpulsmessungen zeigen nahezu keine Stromstärkenabhängigkeit und indizieren somit eine gute Kompensation der Selbstentladung.

Wartezeit

Bei den verwendeten kleinen Anregungen in Verbindung mit den nur sehr langsam abklingenden niederfrequenten Prozessen kommt der Wartezeit vor Durchführung einer Zeitbereichsmessung eine entscheidende Rolle zu. Wird diese nicht eingehalten, so ist die Zeitbereichsmessung von der Restrelaxation vorangegangener Anregungen, beispielsweise durch Zyklierungen oder das Anfahren des Arbeitspunkts überlagert. Wird in diesem Überlagerungsbereich eine Zeitbereichsmessung durchgeführt, so sind deren Ergebnisse unbrauchbar: Eine Unterschreitung der notwendigen Wartezeit vor der Messung führt zu scheinbar verkleinerten bzw. vergrößerten Polarisationsprozessen, entsprechend des Vorzeichens des relaxierenden Restspannungsanteils. Gezeigt ist dies in Abbildung 5.20. Bei den dargestellten Polarisationsspektren einer NMC-Kathode wurde nach Anfahren des Arbeitspunkts nur 24 h gewartet bevor eine erste Doppelpulsmessung durchgeführt wurde. Das ermittelte Impedanzspektrum ist gegenüber zwei weiteren Impedanzspektren, die nach einer zusätzlichen Wartezeit von jeweils weiteren 48 h bestimmt wurde, deutlich vergrößert.

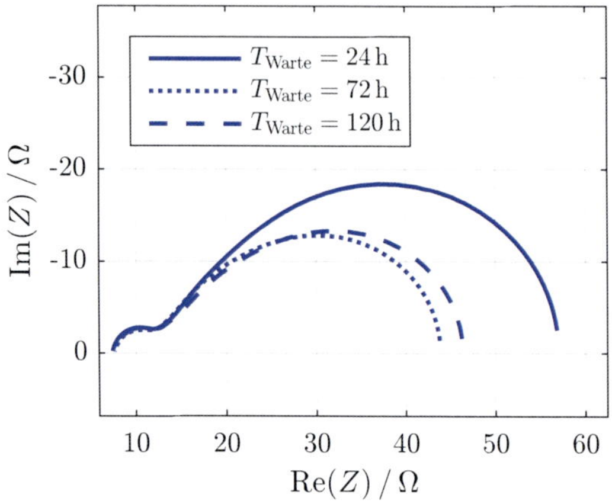

Abbildung 5.20: Impedanzspektrum einer NMC-Kathode im Frequenzbereich von 0,6 μHz - 100 mHz, ermittelt aus Doppelpulsmessungen. Dargestellt sind die Spektren nach einer Wartezeit von 24 h bzw. 72 h und 120 h nach Anfahren des Arbeitspunktes von 4,11 V.

Der Verlauf der Restrelaxation vor Durchführung der Pulsmessungen ist in Abbildung 5.21 dargestellt. Sichtbar ist ein typisches Überschwingen der Spannung, aufgrund der noch nicht vollständig abgeklungenen Spannungsantwort auf die vorangegangene Ladung der Zelle. In Abbildung 5.21 mit dargestellt ist die Nachbildung dieses Verhaltens durch ein einfaches Modell aus einer Reihenschaltung von RC-Gliedern. Die Möglichkeit dieser Nachbildung zeigt, dass die notwendige Wartezeit zum Abklingen aller Restrelaxationen durch die Zeitkonstanten der im System enthaltenen äquivalenten RC-Glieder abgeschätzt werden kann. Bei einer größten im System enthaltenen Zeitkonstante τ_{max} entspricht die notwendige Wartezeit somit

$$T_{Warte} = 5 \cdot \tau_{max} \tag{5.78}$$

Bei in Kathodenmaterialien typischerweise auftretenden Zeitkonstanten von $\tau_{max} = 6\,h$ ergibt sich damit eine notwendige Wartezeit von mindestens 30 h. Die im Einzelfall benötigte Wartezeit muss in der Praxis durch mehrmalige Durchführung eines Experiments bei Variation der Wartezeit und möglichst gleichem Anfahren des Arbeitspunkts ermittelt werden. Ein im Rahmen dieser Dissertation ermittelter Richtwert für die benötigte Wartezeit bei der Messung von NMC-Kathoden liegt bei 36 h.

(a)

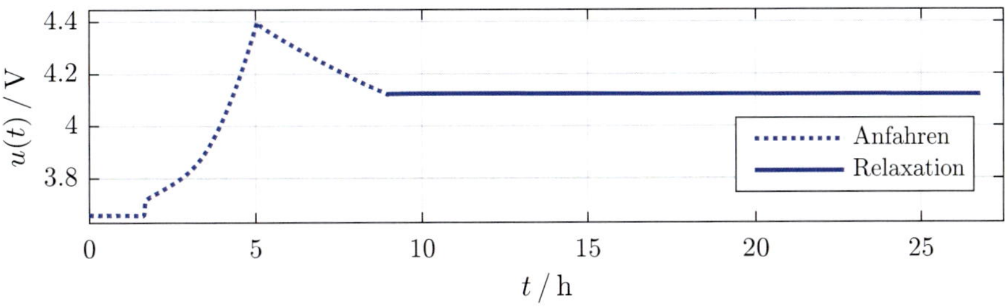

(b)

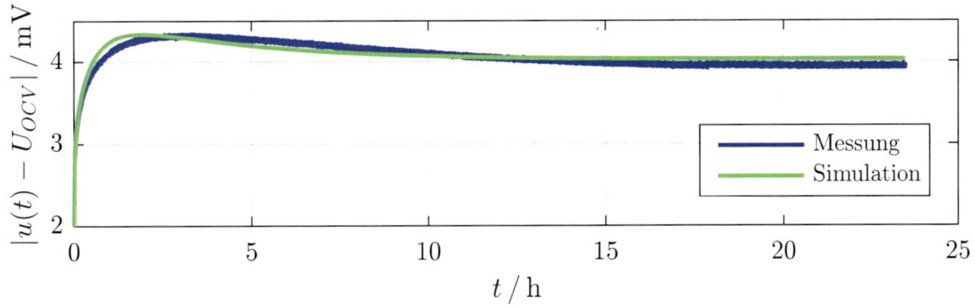

Abbildung 5.21: (a) Spannungsverlauf einer NMC-Kathode nach Anfahren des Arbeitspunkts bei 4,12 V. Die Kathode wurde mit einer Stromstärke von C/3 von 3,66 V auf 4,4 V geladen und nach einer Wartezeit von 200 s mit einer Stromstärke von C/20 auf 4,12 V entladen. (b) Spannung während der Relaxationsphase mit charakteristischem Überschwingen. Eine Simulation durch eine Reihenschaltung von RC-Gliedern und unter Berücksichtigung der Signalhistorie bildet die Charakteristik dieses Überschwingens gut nach.

5.3. Zusammenfassung

Die Ergebnisse der vorangegangenen Kapitel können als Durchführungsempfehlung für Zeitbereichsmessungen wie folgt zusammengefasst werden:

Anregungssignal
Relaxationsmessungen haben den großen Vorteil, dass die eigentliche Messphase stromlos erfolgt. Sie können daher vorteilhaft zur Charakterisierung von Flüssigelektrolyten unter Verwendung metallischer Lithium-Elektroden eingesetzt werden (siehe Kapitel 7.1). Eine Anwendung bei der Charakterisierung von Batterieelektroden, die ihre Charakteristik, anders als metallische Lithium-Elektroden, während der Anregephase der Polarisationsmessung

ändern ist hingegen nur unter größtem Aufwand möglich: Polarisationsdauer und Stromstärke muss in mehreren Vorexperimenten genau eingestellt werden, um korrekte Ergebnisse zu erzielen. Günstiger sind hierfür Pulsmessungen, die zur Kompensation der Selbstentladung als Doppelpulsmessung ausgeführt werden. Dabei muss auf eine ausreichende Wartezeit vor der Pulsmessung, sowie auf eine günstig gewählte Anregung geachtet werden. Bei zu geringer Anregung fallen Signalstörungen stark ins Gewicht, bei zu hoher Anregung wird der lineare Betriebsbereich der Elektrode verlassen. Als Richtwert dient eine Wartezeit entsprechend der fünffachen größten im System vorhandenen Zeitkonstante. In der Praxis erweist sich eine Wartezeit von 36 h vor der Doppelpulsmessung und zwischen den Lade- und Entladepulsen als guter Richtwert. Bezüglich Stärke der Anregung liefern 500 s dauernde Strompulse mit einer Stärke von C/20 gute Ergebnisse.

Auswertemethode

Die Methode der Fourier-Transformation erlaubt eine direkte Bewertung der Qualität des ermittelten Spektrums: Gestörte Messdaten münden stets in gestörten Spektren, die visuell leicht erkannt werden können. Ursächlich hierfür ist die frequenzweise Ermittlung von Impedanzen. Der Nachteil der Fourier-Transformation liegt in der Beschränkung der minimal auswertbaren Frequenz entsprechend der Inversen der vierfachen Messdauer. So kann, obwohl die Dynamik eines Systems in einer Messung vollständig erfasst ist, die Impedanz nicht hin zu beliebig kleinen Frequenzen ermittelt werden. Diesen Vorteil bietet die Auswertung mittels Modellfit. Im Resultat ergibt sich somit, dass beide Methoden parallel verwendet werden sollten: Nur bei Übereinstimmung der Ergebnisse aus Fourier-Transformation und Modellfit im überlappenden Frequenzbereich kann dem Modellfit genug Vertrauen geschenkt werden, um die Auswertung des Impedanzspektrums hin zu niedrigeren Frequenzen durchzuführen.

6. Nicht-parametrische Analyseverfahren

Als nicht-parametrische Analyseverfahren werden diejenigen Verfahren bezeichnet, die eine tiefer gehende Analyse der Impedanz erlauben, ohne dass hierfür die Kenntnis eines physikalischen Impedanzmodells des Systems notwendig ist. Sie dienen der Überprüfung der Validität gemessener Impedanzspektren, sowie der Analyse eines Systems bezüglich Größe und Geschwindigkeit von ablaufenden physikalischen Prozessen. Die nicht-parametrische Voridentifikation eines Systems unterstützt somit die Ableitung bzw. Anpassung eines physikalischen Impedanzmodells. Ein mittlerweile sehr bekanntes Verfahren hierzu ist die Analyse der Verteilungsfunktion der Relaxationszeiten (DRT). Mit ihr existiert ein mächtiges Instrument, um die Anteile des Polarisationswiderstands eines elektrochemischen Systems bezüglich Größe und Auftrittsgeschwindigkeit aufzuschlüsseln. Die DRT wird erfolgreich auf den hochfrequenten Teil der Impedanz angewandt, um beispielsweise die Beiträge des Ladungstransfers und von Kontaktwiderständen zu quantifizieren [Ill12, Ill14]. Eine systematische Anwendung auf den niederfrequenten Teil der Impedanz findet bislang aus Gründen der messtechnischen Zugänglichkeit und der Überlagerung dieses Teils durch die differentielle Kapazität nicht statt. Im Rahmen der vorliegenden Dissertationsschrift wird eine solche Analyse des niederfrequenten Impedanzbereichs erstmals durchgeführt. In den folgenden Unterkapiteln werden hierzu zunächst die theoretischen Grundlagen der DRT beleuchtet. Anschließend wird die DRT selbst eingeführt und in Hinblick auf ihre Aussagekraft bei der Untersuchung des niederfrequenten Impedanzbereichs bewertet. Schließlich wird mit der Verteilungsfunktion der differentiellen Kapazität (DDC) eine neue Analysemethode vorgeschlagen, die die Vorteile der DRT um eine Betrachtung der Zusammensetzung der differentiellen Kapazität und somit um eine kapazitive Sichtweise auf das zu untersuchende System ergänzt.

6.1. Approximierbarkeit durch RC-Glieder

Eine zentrale Annahme der DRT und anderer, nicht-parametrischer Analyseverfahren wie dem LIN-KK Test [Bou95, Sch14b], ist die beliebig gute Approximierbarkeit jeder Impedanz durch eine Reihenschaltung von RC-Gliedern und optional einem Widerstand bzw. einer Kapazität. Das hierdurch definierte, allgemeine Ersatzschaltbild ist in Abbildung 6.1 dargestellt.

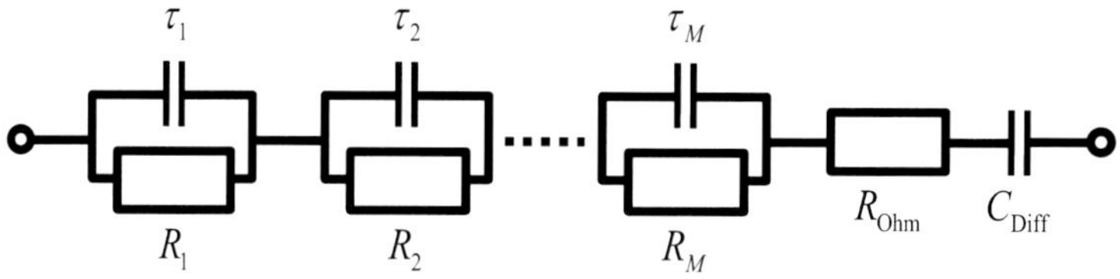

Abbildung 6.1: Allgemeines Ersatzschaltbild eines kapazitätsbehafteten elektrochemischen Systems.

Für eine Reihenschaltung aus M RC-Gliedern mit Widerständen R_k und Zeitkonstanten τ_k, sowie einem ohmschen Widerstand R_{Ohm} und, optional für kapazitive Systeme, einer Kapazität C_{Diff} folgt der approximierende Impedanzausdruck

$$Z(\omega) \approx \sum_{k=1}^{M} \frac{R_k}{1 + j\omega\tau_k} + R_{\text{Ohm}} + \frac{1}{j\omega C_{\text{Diff}}} \tag{6.1}$$

Bedenkt man die komplexen, innerhalb eines elektrochemischen Systems ablaufenden Prozesse, so ist diese Annahme keinesfalls trivial und Bedarf einer theoretischen Untermauerung. Der Versuch einer solchen wurde im Rahmen dieser Promotion unternommen [Sch15b]: Es konnte gezeigt werden, dass eine Approximierbarkeit nur für nicht-schwingfähige Systeme gegeben ist, die zudem keine mehrfachen Polstellen im Ursprung besitzen dürfen. Diese Kriterien können in der Praxis leicht überprüft werden: Eine Approximierbarkeit ist genau dann gegeben, wenn das System nach Anlegen eines sprungförmigen Stromsignals nicht mit Spannungsschwingungen reagiert und dessen Spannung nicht stärker als linear mit der Zeit divergiert. Dies ist für eine Vielzahl elektrochemischer Systeme und insbesondere für die in dieser Dissertation behandelten Batteriesysteme der Fall.
Der Nachweis erfolgt in [Sch15b] nach dem Ausschlussprinzip und kann wie folgt skizziert werden: Nach Gleichung 2.23 können sämtliche linearen und zeitinvarianten Systeme als gebrochen rationale Übertragungsfunktion mit ganzzahligen Exponenten dargestellt werden. Impedanzausdrücke, die eine andere Gestalt bzw. fraktionale Exponenten aufweisen,

beispielsweise die Finite-Length Warburg Impedanz nach Gleichung 4.63, können durch Reihenentwicklung bzw. spezielle Approximationsverfahren [Ous00] stets in eine solche Form überführt werden. Nach Durchführung einer Partialbruchzerlegung kann die allgemeine Übertragungsfunktion dann wie folgt dargestellt werden:

$$\begin{aligned} G(s) = & \underbrace{\sum_k \frac{A_{k,1}}{s+a_{k,1}}}_{(1)} + \underbrace{B}_{(2)} + \underbrace{\frac{C_1}{s}}_{(3)} + \underbrace{\sum_l \sum_k \frac{D_{k,l} + E_{k,l} \cdot s}{\left[(s+b_{k,l}) \cdot (s+b^*_{k,l})\right]^l}}_{(4)} \\ & + \underbrace{\sum_{k \geq 2} \frac{C_k}{s^k}}_{(5)} + \underbrace{\sum_{l \geq 2} \sum_k \frac{A_{k,l}}{\left(s+a_{k,l}\right)^l}}_{(6)} \end{aligned} \tag{6.2}$$

Erkennbar sind Übertragungsfunktionen von (1) RC-Gliedern, (2) einem ohmschen Widerstand, (3) einer Kapazität, (4) Schwingkreisen, sowie Übertragungsfunktionen, die (5) zeitlich quadratische, kubische usw. Anstiege der Spannung bzw. (6) gedämpfte quadratische, kubische usw. Anstieg der Spannungen nach einem Stromsprung beschreiben. Diese Teilübertragungsfunktionen beschreiben die möglichen Anteile jeder denkbaren Systemantwort. Die Anteile (1), (2) und (3) entsprechen dabei direkt dem Ersatzschaltbild aus Abbildung 6.1 und können daher mit der Ersatzimpedanz nach Gleichung 6.1 approximiert werden. Anteile der Form (6) können ebenfalls approximiert werden, sofern RC-Glieder mit negativen Widerstandsbeiträgen (bei weiterhin positiver Zeitkonstante) zugelassen werden. Es gilt mit $\frac{1}{N}$ dem Abstand der Pole benachbarter RC-Glieder [Sch15b]:

$$\begin{aligned} \frac{A}{(s+a)^n} \approx & (-1)^{n-1} \cdot \frac{1}{(n-1)!} \cdot \left(\frac{N}{2}\right)^{n-1} \\ & \cdot \sum_{k=0}^{n-1} (-1)^k \cdot \binom{n-1}{k} \cdot \frac{A}{s+a+\frac{n-1}{N} - 2\frac{l}{N}} \end{aligned} \tag{6.3}$$

Einzig die oszillierenden Anteile (4), sowie die quadratischen, kubischen usw. Anstiege der Spannungsantwort nach Stromsprung (5) können nicht durch das in Abbildung 6.1 gezeigte Ersatzschaltbild approximiert werden. Positiv formuliert ist also eine Approximation von Systemen, die diese letzten beiden Anteile nicht enthalten, stets möglich.

Diese Approximierbarkeit einer großen Klasse von Systemen legt eine mathematisch interessante Deutung nahe: Interpretiert man diese in Hinblick auf das mathematische Konzept der Basisfunktionen, das letztlich auch der Fourier-Transformation zugrunde liegt, so können RC-Glieder unterschiedlicher Zeitkonstante als Basisfunktionen interpretiert werden, deren Linearkombination den Raum der Impedanzen elektrochemischer Systeme aufspannt. Dies löst den Widerspruch, dass das approximierende Ersatzschaltbild aus Abbildung 6.1 zwar im Hinblick auf die reale Impedanzstruktur elektrochemischer Systeme (siehe Kapitel 4) physikalisch falsch, mathematisch jedoch dennoch korrekt ist: So wenig wie ein Signal physikalisch aus Schwingungen bestehen muss, nur weil eine Fourier-Transformierte berechnet werden kann, so wenig muss eine Impedanz physikalisch aus RC-Gliedern bestehen, um sie dennoch dergestalt denken zu dürfen.
Die gedankliche Vorstellung, dass physikalisch beliebig komplexe Systeme nichts weiter als eine Anhäufung verschiedener Zeitkonstanten sind ist ungemein mächtig und bildet einen zentralen Gedanken der vorliegenden Dissertationsschrift: Sie rechtfertigt nicht nur die Berechnung einer DRT, sondern ermöglicht ein intuitives Verständnis über das Zeitverhalten eines durch seine Impedanz beschriebenen Systems. Theoretische Betrachtungen können zudem statt an physikalisch motivierten Impedanzmodellen nun stets an einfachen, aus RC-Gliedern bestehenden Testmodellen durchgeführt werden. Das Ergebnis ist dann direkt auf beliebig komplexe Impedanzen mit ähnlichen Zeitkonstanten übertragbar (siehe Kapitel 5.2.3). Weiter kann die Dynamik des Auf- und Abklingens der Überspannung nun getrennt von der Ruhespannungsänderung durch Änderung des Ladezustands betrachtet werden. Dies rechtfertigt die Darstellung und Interpretation eines Polarisationspektrums sowie die Berechnung einer DRT (siehe Kapitel 6.2). Zuletzt erhält auch die Impedanzermittlung durch Modellfitverfahren (siehe Kapitel 5.2.2.2) durch diese Erkenntnis eine theoretisch fundierte Basis.

6.2. Verteilungsfunktion der Relaxationszeiten (DRT)

6.2.1. Definition

Die Verteilungsfunktion der Relaxationszeiten (DRT) ist ein mächtiges Werkzeug zu Analyse der Impedanz elektrochemischer Systeme [Sch02, Son08, Ill12, Ill14]. Sie basiert auf der Idee, die Widerstände der das System nach Gleichung 6.1 beschreibenden RC-Glieder über die zugehörigen Zeitkonstanten der RC-Glieder aufzutragen. Unter der Annahme einer kontinuierlichen Verteilung der Zeitkonstanten entsteht aus Gleichung 6.1 die Definitionsgleichung der DRT γ_{DRT}[1]:

$$Z(\omega) \approx R_{\mathrm{Ohm}} + \frac{1}{j\omega C_{\mathrm{Diff}}} + \int_0^{\infty} \frac{\gamma(\tau)}{1 + j\omega\tau} \mathrm{d}\tau \tag{6.4}$$

Die Einheit der DRT ist aufgrund dieser Definition $[\frac{\Omega}{\mathrm{s}}]$. Da die DRT aufgrund der unterschiedlichen Größenordnungen von Zeitkonstanten in realen Systemen üblicherweise über logarithmierten Zeitkonstanten aufgetragen wird und folglich das Integral der DRT über die logarithmierten Zeitkonstanten dem Polarisationsspektrum entsprechen soll, wird Gleichung 6.4 mittels der Definition

$$\tau_{\log} = \log(\tau) \tag{6.5}$$

in

$$Z(\omega) \approx R_{\mathrm{Ohm}} + \frac{1}{j\omega C_{\mathrm{Diff}}} + \int_{-\infty}^{\infty} \frac{\gamma_{\mathrm{DRT}}(\tau)}{1 + j\omega\tau} \mathrm{d}\tau_{\log} \tag{6.6}$$

transformiert. Für die transformierte Verteilungsfunktion $\gamma_{\mathrm{DRT}}(\tau)$ gilt dabei

$$\gamma_{\mathrm{DRT}}(\tau) = \tau \cdot \gamma(\tau) \tag{6.7}$$

Die Berechnung der DRT erfolgt entweder über eine Fourier-Transformation [Sch02], oder über Lösung eines Tikhonov-regularisierten Gleichungssystems [Son08, Tik13]. Hierbei kommt ein frei wählbarer Regularisierungsparameter λ zum Einsatz, der eine Glättung der errechneten Verteilungsfunktion γ_{DRT} bewirkt und das Auftreten von Artefakten verhindert [Sch13a]. Dieser Regularisierungsparameter sollte in der Praxis so groß wie nötig gewählt werden, um Artefakte zu unterdrücken, jedoch so klein wie möglich, um noch eine aussagekräftige DRT zu erhalten.

Trägt man γ_{DRT} über der Zeitkonstante τ, oder gebräuchlicher, über einer äquivalenten Frequenz

$$f = \frac{1}{2\pi\tau} \tag{6.8}$$

[1] In der Literatur wird die DRT oft dergestalt normiert, dass der Polarisationswiderstand als Faktor vor das Integral gezogen wird [Sch02]. Da jedoch in der Praxis keine normierten DRT's dargestellt werden, sondern ein Wachstum des Polarisationswiderstand in der DRT enthalten sein soll, wird in Gleichung 6.4 die praxisrelevante Definition der DRT gewählt.

auf[2], so ergibt sich wie in Abbildung 6.2 gezeigt eine anschauliche Darstellung des Systemverhaltens: Die Werte von γ_{DRT} sind proportional zur Höhe verschiedener Überspannungen nach Anlegen eines Stromsprungs, die jeweilig zugehörige Zeitkonstante bzw. Frequenz beschreibt, wie schnell der entsprechende Überspannungsanteil entsteht. Zusammenhängende Bereiche hoher Überspannung werden dabei als Polarisationsprozess bezeichnet. Da verschiedene polarisationsbildende Vorgänge oft unterschiedlich schnell ablaufen, können diese Polarisationsprozesse oft direkt spezifischen physikalischen Ursachen zugeordnet werden [Ill14].

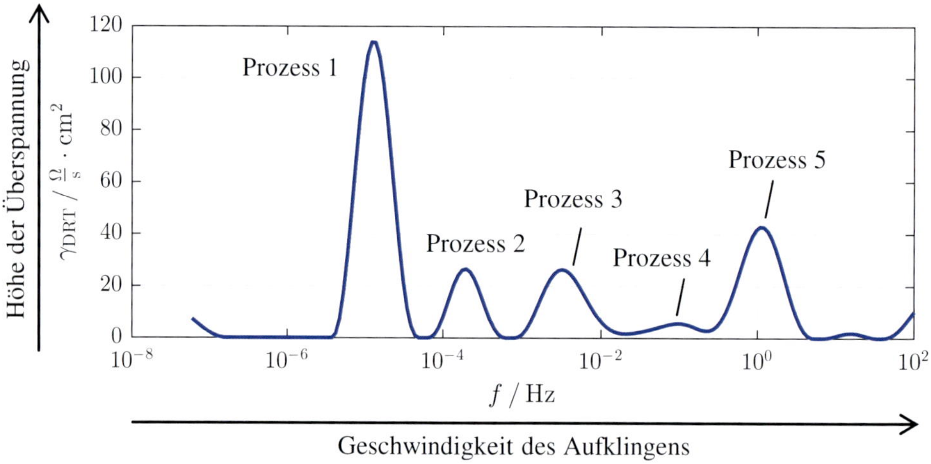

Abbildung 6.2: DRT eines elektrochemischen Systems.

6.2.2. DRT im niederfrequenten Bereich

Bei der Berechnung der DRT einer Batterieelektrode im niederfrequenten Bereich der Impedanz besteht das Problem, dass die Kapazität in Gleichung 6.4 dem Polarisationsanteil des Spektrums überlagert ist und Gleichung 6.4 somit nicht nach γ_{DRT} aufgelöst werden kann. Diese Kapazität beschreibt den dauerhaften Anstieg der offenen Zellspannung um $\mathrm{d}U_{\mathrm{OCV}}$ nach Einbringen einer Ladungsmenge $\mathrm{d}Q$ und entspricht somit der differentiellen Kapazität der Elektrode. Sie kann daher zum einen durch eine zusätzliche Pulsmessung ermittelt

[2] Die Einheit der DRT ändert sich durch die geänderte Auftragung nicht.

und vor Berechnung der DRT subtrahiert werden. Zum anderen kann die DRT ermittelt werden, indem nicht die gesamte Impedanz $Z(\omega)$ sondern lediglich der Realteil $\mathrm{Re}(Z(\omega))$ zur Berechnung verwendet wird. Es gilt dann die alternative Definition der DRT

$$\mathrm{Re}\left(Z(\omega)\right) \approx R_{\mathrm{Ohm}} + \int_0^\infty \frac{\gamma_{\mathrm{DRT}}(\tau)}{1+\omega^2\tau^2}\,\mathrm{d}\tau \tag{6.9}$$

In beiden Fällen ist die differentielle Kapazität der Elektrode nicht in der DRT enthalten. Die DRT repräsentiert somit nicht die vollständige Spannungsantwort der Elektrode, sondern nur den nicht-kapazitiven Polarisationsanteil.

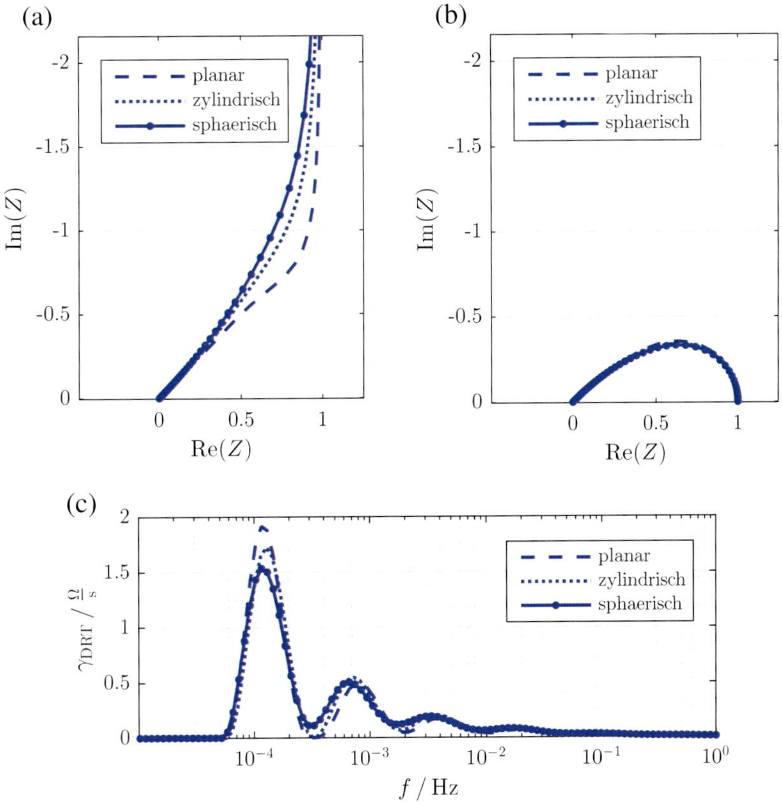

Abbildung 6.3: (a) Impedanzen der Festkörperdiffusion unter planaren, zylindrischen und sphärischen Randbedingungen nach Gleichung 4.69, 4.80 und 4.81. Die Impedanzen wurden so parametriert, dass sie den gleichen Polarisationswiderstand und die gleiche Zeitkonstante aufweisen. (b) Polarisationsspektren der Impedanzen aus (a). (c) DRT der Polarisationsspektren aus (b).

Dieser beschreibt lediglich die Spannungsrelaxation nach Abschalten eines Stromes bzw. den Spannungsverlauf unter Stromfluss abzüglich jeder rein kapazitiven Spannungsänderung. Dies mindert die Aussagekraft der DRT bezüglich des niederfrequenten Verhaltens der Elektrode: Gerade dort dominiert die Spannungsänderung durch die differentielle Kapazität die Spannungsantwort deutlich, was am typischerweise divergierenden kapazitiven Ast leicht zu sehen ist. Darüber hinaus geht bei einer Analyse der niederfrequenten Impedanz mittels DRT die physikalische Verknüpfung von Polarisationswiderstand und differentieller Kapazität in der Festkörperdiffusionsimpedanz verloren, die abhängig von der geometrischen Form der Aktivmaterialpartikel ist und in den Gleichungen 4.80 bis 4.89 Ausdruck findet. In Abbildung 6.3 ist gezeigt, dass sich Polarisationsspektren und DRT's der Festkörperdiffusionsimpedanzen aller drei Diffusionsgeometrien strukturell nicht unterscheiden, obwohl die Impedanzen selbst, aufgrund einer jeweils anderen differentiellen Kapazität, unterschiedlich sind. Zuletzt hat die DRT im niederfrequenten Bereich den Nachteil, dass Partikel unterschiedlichen Aktivmaterials bzw. unterschiedlicher Größe elektrisch als Parallelschaltung betrachtet werden müssen, die DRT jedoch auf einer Seriellschaltung von RC-Gliedern basiert. Die Beiträge derlei unterschiedlicher Spezies erscheinen daher in der DRT nicht als additive Prozesse und sind somit nicht trennbar.
Eine neue Verteilungsfunktion, die die DRT um eine Betrachtung der kapazitiven Eigenschaften der Elektrode ergänzt und zudem additiv bezüglich der Beiträge unterschiedlicher, parallelgeschalteter Spezies ist, wird im folgenden Kapitel eingeführt.

6.3. Verteilungsfunktion der differentiellen Kapazität (DDC)

6.3.1. Definition

Die Verteilungsfunktion der differentiellen Kapazität (DDC) [Sch15c] ergänzt die Aussagen der DRT über Polarisationsanteile um Aussagen über die differentielle Kapazität des Systems. Sie beruht auf dem Gedanken, dass nicht nur der Polarisationswiderstand eines elektrochemischen Systems aus unterschiedlich schnell aufklingenden Anteilen bestehend gedacht werden kann, sondern auch die differentielle Kapazität. Während die DRT die Frage beantwortet, welche Anteile des Polarisationswiderstands bei Stromfluss wie schnell zu einer Erhöhung der Zellspannung führen, beantwortet die DDC die Frage, welche Anteile der differentiellen Kapazität bei Änderung der Zellspannung wie schnell mit Ladung befüllt werden. Die in diesem Fall zu betrachtende Übertragungsfunktion verknüpft Spannung und Ladung und wird als komplexe Kapazität

$$C(\omega) = \frac{Q(\omega)}{U(\omega)} \tag{6.10}$$

bezeichnet. Abbildung 6.4 motiviert diese komplexe Kapazität durch eine Analogie zur Impedanz eines nicht-kapazitätsbehafteten Systems: Während die Impedanz als Aufspaltung des Polarisationswiderstand eines Systems über der Frequenz interpretiert werden kann, beschreibt die komplexe Kapazität die Aufspaltung der differentiellen Kapazität über der Frequenz. Für sehr kleine Frequenzen gilt für die Impedanz eines nicht-kapazitätsbehafteten Systems entsprechend

$$\lim_{\omega \to 0} Z(\omega) = R_{\text{Pol}} \tag{6.11}$$

bzw. für die komplexe Kapazität

$$\lim_{\omega \to 0} C(\omega) = C_{\text{Diff}} \tag{6.12}$$

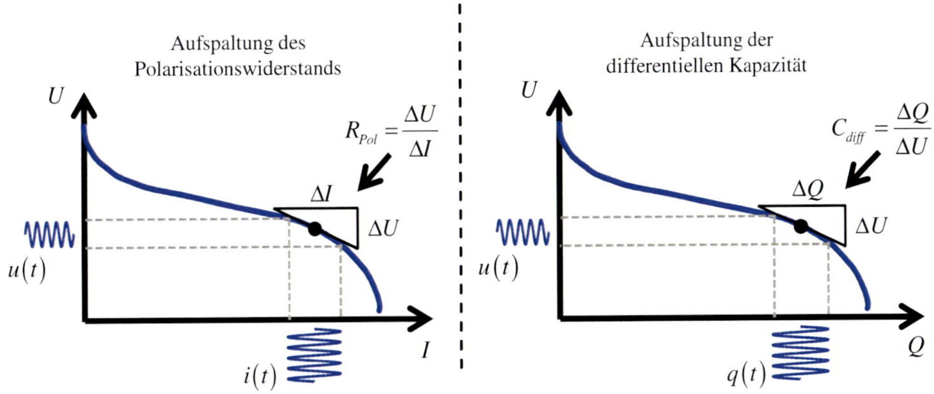

Abbildung 6.4: Analogie zwischen Impedanz und komplexer Kapazität. Die Impedanz eines nicht-kapazitätsbehafteten Systems kann interpretiert werden als frequenzabhängige Aufspaltung des Polarisationswiderstands. Die komplexe Kapazität eines kapazitätsbehafteten Systems kann interpretiert werden als frequenzabhängige Aufspaltung der differentiellen Kapazität.

Die komplexe Kapazität kann dabei direkt aus der Impedanz berechnet werden. Da die Ladung dem Integral über dem Strom entspricht gilt

$$C(\omega) = \frac{Q(\omega)}{U(\omega)} = \frac{\frac{I(\omega)}{j\omega}}{U(\omega)} = \frac{1}{j\omega Z(\omega)} \tag{6.13}$$

Die komplexe Kapazität kann nun gleich der Impedanz wieder als Reihenschaltung struktureller RC-Glieder aufgefasst und entsprechend mit

$$C(\omega) \approx \int_{-\infty}^{\infty} \frac{\gamma_{\mathrm{DDC}}(\tau)}{1 + j\omega\tau} \mathrm{d}\tau_{\log} \tag{6.14}$$

die Verteilungsfunktion der differentiellen Kapazität (DDC) definiert werden. Dies gilt, da $Z(\omega)$ ausgehend von Gleichung 6.1 mit Konstanten $b_k > 0$ als

$$Z(\omega) \approx \sum_{k=1}^{M} \frac{R_k}{1 + j\omega\tau_k} + R_{\mathrm{Ohm}} + \frac{1}{j\omega C_{\mathrm{Diff}}} = \frac{\prod_{k=1}^{M+1}(1 + j\omega b_k)}{j\omega C_{\mathrm{Diff}} \cdot \prod_{k=1}^{M}(1 + j\omega\tau_k)} \tag{6.15}$$

geschrieben werden kann. Einsetzen in die Definitionsgleichung 6.13 der komplexen Kapazität ergibt

$$C(\omega) \approx \frac{1}{j\omega \cdot \frac{\prod_{k=1}^{M+1}(1+j\omega b_k)}{j\omega C_{\mathrm{Diff}} \cdot \prod_{k=1}^{M}(1+j\omega\tau_k)}} = C_{\mathrm{Diff}} \cdot \frac{\prod_{k=1}^{M}(1 + j\omega\tau_k)}{\prod_{k=1}^{M+1}(1 + j\omega b_k)} \tag{6.16}$$

was strukturell als Summe von RC-Gliedern geschrieben werden kann. Die angenommenen RC-Glieder beziehen sich hierbei auf den Kapazitätsraum, jeder "Widerstand" steht für einen Kapazitätsanteil, der mit entsprechender Zeitkonstante verfügbar ist. Die Berechnung der DDC erfolgt äquivalent zur Berechnung der DRT.

6.3.2. Interpretation

Um die Eigenschaften der DDC zu veranschaulichen wird die im Kapazitätsraum definierte RC-Struktur zunächst in den gewohnteren Impedanzraum überführt. Die Transformation zwischen Impedanz- und Kapazitätsraum kann entweder analytisch durch explizite Berechnung von Gleichung 6.13, oder nach einem einfachen Dualitätsprinzip erfolgen:

1. Eine Reihenschaltung im Impedanzraum entspricht einer Parallelschaltung im Kapazitätsraum.
2. Ein Widerstand im Impedanzraum entspricht einer Kapazität im Kapazitätsraum.
3. Eine Kapazität im Impedanzraum entspricht einem Widerstand im Kapazitätsraum.

Es zeigt sich hierbei, dass die Reihenschaltung struktureller RC-Glieder im Kapazitätsraum im Impedanzraum einer parallelen Verschaltung serieller RC-Elemente entspricht (siehe auch Abbildung 6.5):

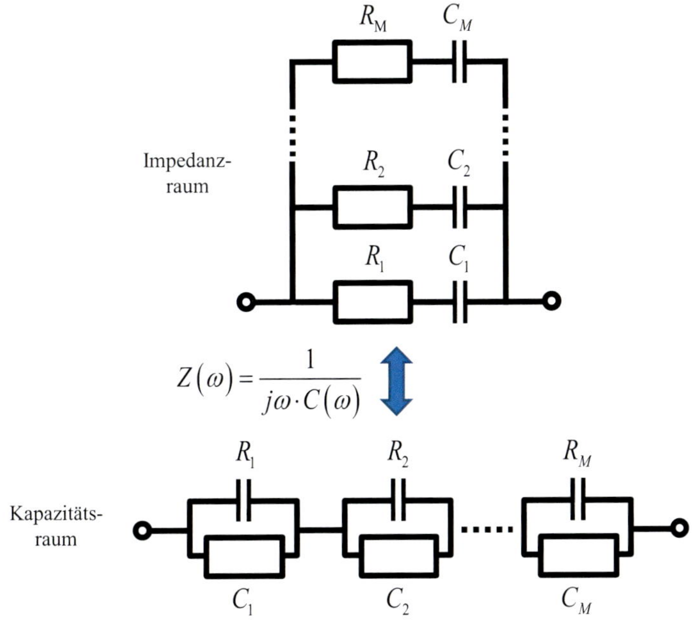

Abbildung 6.5: Ersatzschaltbilddarstellung der DDC in Kapazitäts- und Impedanzraum.

Die RC-Glieder im Kapazitätsraum repräsentieren also parallel geschaltete Zweige unterschiedlicher Teilkapazitäten, deren Einbau jeweils durch einen Polarisationswiderstand behindert wird. Diese Teilkapazitäten können unterschiedliche Materialien in einem Blend, oder auch unterschiedliche Partikelgrößen repräsentieren. Wie in Kapitel 4.2.4.2 erläutert, werden unterschiedlich große Partikel nach einem Spannungssprung unterschiedlich schnell ge- bzw. entladen. Charakteristisch für die Lade- bzw. Entladezeit ist die Interkalationszeitkonstante τ_{Int}, die dem Produkt aus Kapazität und Polarisationswiderstand eines Zweiges entspricht. Die DDC spaltet folglich die differentielle Kapazität in einem

Arbeitspunkt in eben diese, mit unterschiedlichen Interkalationszeitkonstanten ladenden bzw. entladenen Kapazitätsbeiträge auf. Ein Beispiel hierfür wird in Abbildung 6.6 gegeben. Dort sind in (a) Ensembles von drei unterschiedlich großen Partikeln schematisch dargestellt. Die Anzahl N_i der unterschiedlich großen Partikel ist so gewählt, dass alle Partikelarten die gleiche differentielle Kapazität entsprechend von jeweils 33 % der Gesamtkapazität von 12,7 $\frac{\mathrm{As}}{\mathrm{V}}$ tragen. Den Partikeln wird eine Festkörperdiffusionsimpedanz in zylindrischer Geometrie (2-dimensionale Einlagerung) nach Gleichung 4.81 zugewiesen. Alle weiteren Impedanzbeiträge, etwa durch Ladungstransfer oder Elektrolyt, werden vernachlässigt. Die Partikelradien betragen $r_1 = 0{,}5\,\mu\mathrm{m}$, $r_2 = 4\,\mu\mathrm{m}$ und $r_3 = 30\,\mu\mathrm{m}$, die Diffusionskonstante ist zu $D_{\mathrm{Festkörper}} = 1 \cdot 10^{-14} \frac{\mathrm{m}^2}{\mathrm{s}}$ gesetzt. Die Spannung über den drei Partikelarten wird sprungförmig um 10 mV erhöht und die Ladung in den Partikeln beobachtet. Der zeitliche Verlauf der Teilladungen ist in Abbildung 6.6 (b) dargestellt. Sichtbar ist die unterschiedlich schnelle Aufnahme von Ladung durch die Partikel: Je kleiner der entsprechende Partikel, desto schneller nach Gleichung 4.86 die Ladungsaufnahme. Abbildung 6.6 (c) schließlich zeigt die DDC dieses Systems: Die drei sichtbaren charakteristischen DDC-Verläufe beschreiben in ihrer Höhe die Teilkapazitäten der drei Partikel und in ihrer Lage die Interkalationszeitkonstante bzw. Frequenz des entsprechenden Zweiges. Wie durch Gleichung 4.86 prädiziert liegen diese bei Frequenzen

$$f_{\mathrm{Int,zylindrisch,i}} = \frac{1}{2\pi\tau_{\mathrm{Int,zylindrisch,i}}} = \frac{4 \cdot D_{\mathrm{Festkörper}}}{\pi r_i^2} \tag{6.17}$$

Die DDC der Gesamtanordnung entspricht also der Summe der Einzel-DDC's. Die dargestellte Form der DDC einer Partikelart gilt nur bei Betrachtung reiner, parallel geschalteter Festkörperdiffusionsimpedanzen. Bei Vorhandensein zusätzlicher serieller Polarisationsanteile durch Ladungstransfer oder Elektrolyt oder andere Beiträge zur Impedanz, kommt es zu einer Verformung der DDC sowie zu einer Verschiebung der Zeitkonstanten. Die DDC beschreibt in diesem Fall immer noch korrekt die nun durch andere Beiträge beeinflusste kapazitive Charakteristik, jedoch kann die Zeitkonstante eines Kapazitätsprozesses in der Regel nicht mehr direkt der Interkalationszeitkonstanten der Festkörperdiffusionsimpedanz zugeordnet werden. Ein direkter Rückschluss von Zeitkonstante der DDC auf Diffusionskoeffizient oder Partikelgröße einer Spezies ist daher in der Regel nicht möglich. Jenes kann nur durch Fit eines Modells geschehen und nur dann, wenn das Modell DRT **und** DDC der Messung korrekt wiedergibt. Eine beispielhafte Auswertung, bei der die Partikelgrößenverteilung einer Elektrode mit Unterstützung der DDC ermittelt wird, ist in Kapitel 7.2.5 gegeben.

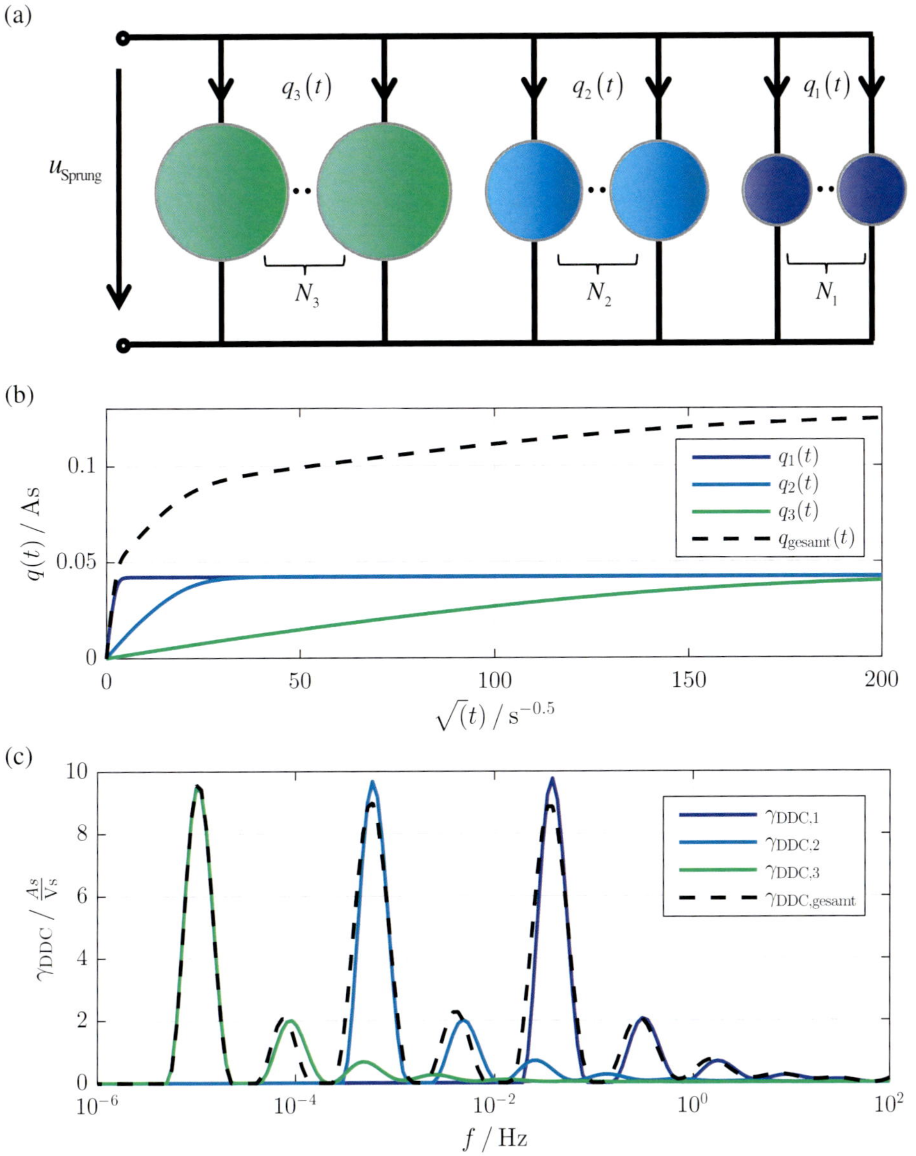

Abbildung 6.6: (a) Drei unterschiedlich große Partikelarten, die mit einem Spannungssprung beaufschlagt und aufgrund ihrer Größe unterschiedlich schnell geladen werden. (b) Zeitlicher Verlauf der Ladung der einzelnen Partikelarten nach Anlagen des Spannungssprungs bei $t = 0$. (c) DDC des Systems. Dargestellt sind die Teil-DDC's der einzelnen Partikelgrößen, sowie die additive Gesamt-DDC. Die Fläche unter den DDC's entspricht der Teilkapazität der entsprechenden Partikelgröße, ihre Lage der Interkalationszeitkonstanten.

7. Charakterisierung

Die in den vorherigen Kapiteln vorgestellten Modelle und Verfahren werden im Folgenden auf konkrete elektrochemische Systeme angewendet. In Kapitel 7.1 wird zunächst eine Charakterisierung gängiger Elektrolyte bezüglich Leitfähigkeit, Diffusionskoeffizient und Überführungszahl durchgeführt. Die Ergebnisse dieser Elektrolytcharakterisierung werden anschließend bei der Charakterisierung einer NMC-Kathode in Kapitel 7.2 dazu verwendet, den Anteil der Elektrolytdiffusion an der Elektrodenimpedanz zu identifizieren. Aus den niederfrequent verbleibenden Impedanzanteilen der Festkörperdiffusion wird schließlich die Partikelgrößenverteilung der Elektrode abgeschätzt.

7.1. Elektrolyt

Wie in Kapitel 4.1 hergeleitet beeinflusst der Elektrolyt das Impedanzspektrum eine Batterieelektrode auf dreierlei Weise: Als ohmscher Beitrag aufgrund seiner begrenzten Leitfähigkeit, als Konzentrationsimpedanz im Bulk des Elektrolyten aufgrund des bei einem Konzentrationsgradienten herrschenden elektrischen Feldes zwischen Anionen und Kationen und schließlich als Elektrolytdiffusionsimpedanz an der Elektrode-Elektrolyt-Grenzfläche aufgrund der Beeinflussung des Ladungstransfers durch Konzentrationsänderung. Der Elektrolyt kann dabei vollständig mit den drei Parametern Leitfähigkeit, Diffusionskoeffizient und Überführungszahl beschrieben werden. Um abschätzen zu können, wie groß der Einfluss des Elektrolyten auf das Impedanzspektrum tatsächlich ist bzw. bei welcher charakteristischen Frequenz dieser zu erwarten ist, müssen diese Parameter bestimmt werden. Hierzu wird im Folgenden ein Verfahren vorgestellt, mit dem alle Parameter aus Impedanzmessungen ermittelt werden können. Die hierfür notwendige Theorie wurde in Kapitel 4 entwickelt und wird in Kapitel 7.1.1 konkret in Hinblick auf die Extraktion der Elektrolytparameter aus Impedanzmessungen präzisiert. Die sich hieraus ergebenden notwendigen Experimente und deren Durchführung werden in Kapitel 7.1.2 beschrieben. Kapitel 7.1.3 zeigt schließlich die Ergebnisse der Elektrolytcharakterisierung. Dort gezeigt sind die ermittelten Parameter für drei Elektrolyte in Abhängigkeit der Temperatur. Ebenfalls gezeigt wird die Abhängigkeit der Elektrolytimpedanz vom Elektrodenabstand, mit der die Zeitkonstante der Elektrolytdiffusion in Experimentalzellgehäusen mit dicken Separatoren abgeschätzt werden kann.

7.1.1. Theorie

Messungen an Flüssigelektrolyten werden günstigerweise mit metallischen Elektroden durchgeführt, die durch elektrolytgetränkte Glasfaserseparatoren voneinander getrennt sind. Ersteres ermöglicht die Messung der Elektrolytimpedanz ohne Überlagerung durch die Eigenimpedanzen regulärer Elektrodenmaterialien. Zweiteres vermindert die Bildung von Dendriten sowie die Ausbildung von Konvektion im Elektrolyten. Der Nachteil von metallischen Elektroden, die permanente Änderung der Oberfläche durch Anlagerung bzw. Abbau von Lithium während einer EIS, kann durch Relaxationsmessungen vermieden werden (siehe auch Kapitel 5.2.1.3).

Für die Messung von Flüssigelektrolyten mit metallischen Elektroden gilt das Ersatzschaltbild nach Abbildung 4.19 aus Kapitel 4.3.2. Der zugehörige Impedanzausdruck ist durch

$$\begin{aligned} Z(\omega) = Z_{\mathrm{CT,Li,1}}(\omega) + Z_{\mathrm{CT,Li,2}}(\omega) + 2 \cdot Z_{\mathrm{Diff,Elektrolyt}}(\omega) \\ + R_{\mathrm{Elektrolyt}} + Z_{\mathrm{Konz,Elektrolyt}}(\omega) \end{aligned} \tag{7.1}$$

gegeben. Einsetzen der hergeleiteten Ausdrücke aus Tabelle 4.2 ergibt die Impedanz des Messaufbaus. Um die Mikrostruktur des Separators zu berücksichtigen, werden hierbei die effektiven Elektrolytparameter D_{eff} und σ_{eff} nach Gleichung 2.9 und 2.10 verwendet:

$$\begin{aligned} Z(\omega) = Z_{\mathrm{CT,Li,1}}(\omega) + Z_{\mathrm{CT,Li,2}}(\omega) + \underbrace{\frac{L_{\mathrm{Elektrolyt}}}{\sigma_{\mathrm{eff}}}}_{R_{\mathrm{Ohm}}} \\ + \underbrace{\frac{2 \cdot RT}{F^2 c^*_{\mathrm{Li^+}}(0)} \cdot \frac{L_{\mathrm{Elektrolyt}}}{D_{\mathrm{eff}}} \cdot (1 - t_{\mathrm{Li^+}})^2}_{R_{\mathrm{Pol,Warburg}}} \cdot \frac{\tanh\left(\sqrt{\frac{j\omega}{D_{\mathrm{eff}}}} \cdot \frac{L_{\mathrm{Elektrolyt}}}{2}\right)}{\sqrt{\frac{j\omega}{D_{\mathrm{eff}}}} \cdot \frac{L_{\mathrm{Elektrolyt}}}{2}} \end{aligned} \tag{7.2}$$

Das zu diesem Ausdruck gehörige Impedanzspektrum ist in Abbildung 7.1 dargestellt.

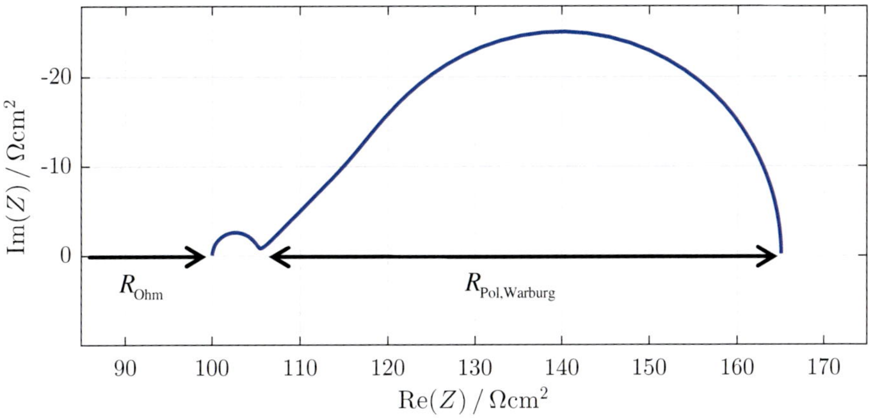

Abbildung 7.1: Simuliertes Impedanzspektrum nach Gleichung 7.2.

Dort bereits implizit angenommen ist eine gute Trennung der Zeitkonstanten von Ladungstransferimpedanz und Elektrolytimpedanz, sichtbar in der scharfen Trennung beider Impedanzanteile. In der Praxis kann dies durch einen ausreichend großen Elektrodenabstand sichergestellt werden: Die Zeitkonstante des Warburg-Elements aus Gleichung 7.2 ist proportional zu

$$\tau \propto \frac{\left(\frac{L_{\text{Elektrolyt}}}{2}\right)^2}{D_{\text{eff}}} \tag{7.3}$$

und wächst somit quadratisch mit dem Elektrodenabstand.
Aus dem Impedanzausdruck Gleichung 7.2 wird deutlich, dass aus einer Impedanzmessung alle Elektrolytparameter extrahiert werden können. Die Leitfähigkeit manifestiert sich im ohmschen Anteil der flächennormierten Impedanz:

$$\sigma_{\text{eff}} = \frac{L_{\text{Elektrolyt}}}{R_{\text{Ohm}}} \tag{7.4}$$

Der effektive Diffusionskoeffizient ergibt sich aus der Zeitkonstante des Warburg-Anteils der Impedanz. Für die Lage der Hauptzeitkonstante der Warburg-Impedanz in der DRT gilt nach [Bar05]

$$\tau = \frac{1}{2{,}53} \cdot \frac{\left(\frac{L_{\text{Elektrolyt}}}{2}\right)^2}{D_{\text{eff}}} \tag{7.5}$$

Entsprechend folgt für den Diffusionskoeffizienten

$$D_{\text{eff}} = \frac{1}{2{,}53} \cdot \frac{\left(\frac{L_{\text{Elektrolyt}}}{2}\right)^2}{\tau} \tag{7.6}$$

Die Überführungszahl schließlich ergibt sich aus dem Quotienten aus ohmschem Widerstand der Impedanz und der Summe aus ohmschem Widerstand und Polarisationswiderstand des Warburg-Anteils der Impedanz (siehe Abbildung 7.1):

$$t_{\text{Li}^+} = \frac{R_{\text{Ohm}}}{R_{\text{Ohm}} + R_{\text{Pol,Warburg}}} \tag{7.7}$$

Eine ausführliche Herleitung dieser Beziehung ist in Appendix C dargestellt.
Die so ermittelbaren Parameter gelten zunächst für den Elektrolyten unter Separatoreinfluss. Sie unterscheiden sich von den freien Elektrolytparametern durch die MacMullin-Zahl des Separators (siehe Kapitel 2.1.4). Diese kann durch Vergleich der Leitfähigkeit unter Separatoreinfluss mit der Leitfähigkeit des freien Elektrolyten nach

$$N_{\text{M}} = \frac{\sigma_{\text{eff}}}{\sigma} \tag{7.8}$$

abgeschätzt und alle Parameter somit korrigiert werden. Eine Messung des Elektrolyten ohne Separator ist im hochfrequenten Bereich möglich, da sich dort aufgrund der schnell wechselnden Stromrichtung keine Konvektion ausbildet und keine Dendriten wachsen.

7.1.2. Experimentelles

Vermessene Elektrolyte Auswahlkriterium für die untersuchten Elektrolyte war die Vermessung von Standardelektrolyten bzw. der Vergleich eines neuwertigen mit einem kalendarisch gealterten Elektrolyten gleichen Typs. Die vermessenen Elektrolyte und ihre Charakteristika sind in Tabelle 7.1 aufgeführt.

Messung der Elektrolytleitfähigkeit ohne Separatoreinfluss Die Bestimmung der Elektrolytleitfähigkeit ohne Separatoreinfluss (zur späteren Bestimmung der MacMullin-Zahl) findet in einer eigens entwickelten Elektrolytmesszelle statt, die in Abbildung 7.2 schematisch dargestellt ist. Das Gehäuse besteht aus einem mit Elektrolyt zu füllenden Kanal, in dem zwei mit Lithiumtitanat (LTO) beschichtete Netze positioniert sind [Cos17]. An den

Tabelle 7.1: Charakterisierte Elektrolyte und deren Bezeichnung.

Bezeichnung	Markenname	Leitsalz	Lösungsmittel	Alter
E001-V1	LP50 (BASF)	1 mol $LiPF_6$	EC:EMC (1:1)	-
E002-V3	LP30 (BASF)	1 mol $LiPF_6$	EC:DMC (1:1)	02/2013
E002-V4	LP30 (BASF)	1 mol $LiPF_6$	EC:DMC (1:1)	10/2016

Enden des Kanals werden Elektroden eingebracht, die einen Stromfluss durch den Elektrolytkanal ermöglichen. Der Netzabstand ist mit 1 mm und der Kanaldurchmesser mit 13 mm klar definiert. Die Messung der Elektrolytleitfähigkeit erfolgt durch reguläre EIS, bei der ein Wechselstrom über die äußeren Elektroden eingebracht und der Elektrolytspannungsabfall über den Referenzelektroden gemessen wird. Als Messgerät wurde in dieser Arbeit das System *1470E* des Herstellers *Solartron* verwendet. Die verwendete Anregungsstromstärke betrug 0,1 mA, gemessen wurde der Frequenzbereich von 10 kHz bis 1 MHz. Entsprechend der Herstellerempfehlung wurde ein Strommessbereich von 5 mA gewählt.

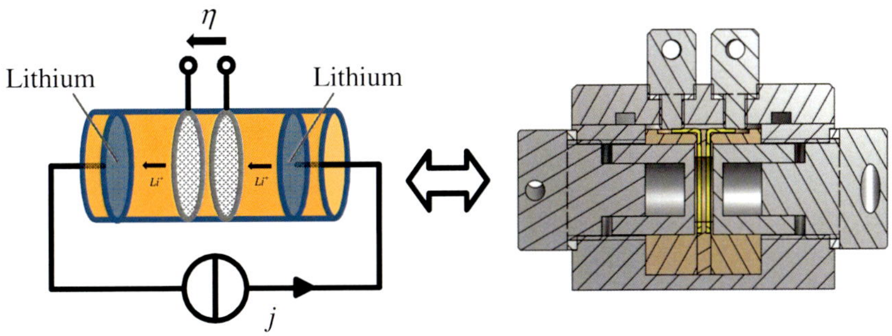

Abbildung 7.2: Doppelreferenzgehäuse für Flüssigelektrolytmessungen. Die Referenzelektroden bestehen aus einem mit Lithiumtitanat (LTO) beschichteten Aluminiumnetz.

Messung der Elektrolytparameter unter Separatoreinfluss Das verwendete Zellsetup ist in in Abbildung 7.3 schematisch dargestellt. Die Impedanzmessungen erfolgten in kommerziellen Zellgehäusen des Typs *ECC-Ref* des Herstellers *EL-CELL*. Als Elektroden wurden metallische Lithium-Plättchen mit einem Durchmesser von jeweils 17,5 mm verwendet. Die Elektroden wurden durch vier Separatorscheiben mit einem Durchmesser von je 18 mm voneinander getrennt. Die verwendeten Separatoren des Herstellers *VWR* bestehen aus einem Glasfasergeflecht und haben die Typbezeichnung *516-0878(696)*. Ihre

Dicke wurde im trockenen Zustand durch eine Reihe von Messungen mit einer Mikrometerschraube ermittelt. Der Mittelwert der bestimmten Separatordicken liegt bei 235 μm bei einer Standardabweichung von 14 μm. Pro verwendetem Separator wurde 120 μl Elektrolyt mit Hilfe einer Pipette auf das Separatorgeflecht aufgeträufelt. Der Zellstapel befindet sich im *ECC-Ref* Gehäuse in eine Ummantelung aus PEEK mit einem Durchmesser von ebenfalls 18 mm, was Diffusionspfade außerhalb der definierten Kanalgeometrie verhindert. Der Zusammenbau der Experimentalzellen erfolgte unter Argonatmosphäre in einer Glovebox. Die elektrische Anregung bei den Relaxationsmessungen erfolgte galvanostatisch durch das Messsystem *Solartron 1470E*. Die Messung der Spannungsantwort erfolgte aufgrund der besseren Auflösung mit Hilfe eines Datenloggers *34970A* des Herstellers *Agilent*. Die verwendete Stromstärke betrug 500 μA (entsprechend einer Stromdichte von 196 $\frac{\mu A}{cm^2}$). Diese wurde im Rahmen von Testmessungen voridentifiziert (siehe Kapitel 7.1.3.3).

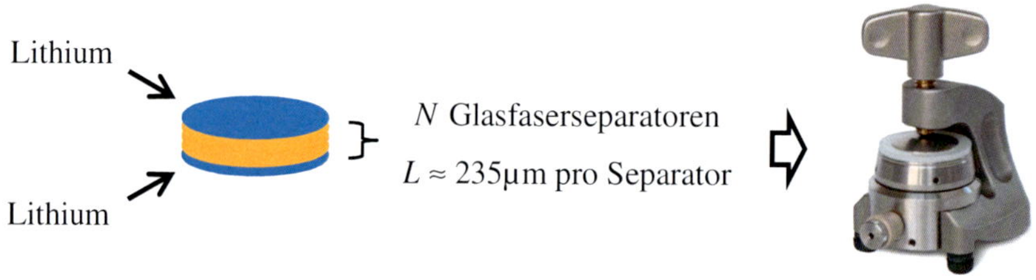

Abbildung 7.3: Schematisch dargestellter Messaufbau zur Charakterisierung von Elektrolyten.

Die Charakterisierung der Elektrolyte erfolgte (in dieser Reihenfolge) nominell bei den Temperaturen [25 °C, 15 °C, 5 °C, −5 °C, −15 °C, 45 °C, 35 °C], was in etwa dem realen Temperaturbetriebsfenster von Elektrolyten in kommerziellen Anwendungen entspricht. Nach jedem Temperaturschritt wurde 5 h gewartet um thermisches Gleichgewicht sicherzustellen. Da die eingestellte Temperatur in der Regel leicht vom Nominalwert abweicht, wurde die tatsächliche Temperatur mit einem Thermoelement Typ K mitverfolgt. Die Dauer der Polarisationsphasen der Relaxationsmessungen bei den unterschiedlichen Temperaturen ist in Tabelle 7.2 dargestellt.
Die Charakterisierung der Elektrolyte erfolgte für eine Minimalstatistik immer an drei identisch aufgebauten Zellen, die gleichzeitig in einer gemeinsamen Klimakammer des Typs *Vötsch VT4002* charakterisiert wurden.

Tabelle 7.2: Polarisationsdauer der Relaxationsmessung bei unterschiedlichen Temperaturen.

Temperatur	Polarisationsdauer
−15 °C, −5 °C	7 h
5 °C, 15 °C	5 h
25 °C	3 h
35 °C, 45 °C	2 h

7.1.3. Ergebnisse

Im Folgenden werden die Ergebnisse der verschiedenen Messungen dargestellt. Kapitel 7.1.3.1 beschreibt zunächst die Bestimmung der MacMullin-Zahl des Separators. In Kapitel 7.1.3.2 wird dann die Bestimmung der niederfrequenten Elektrolytimpedanz aus Relaxationsmessungen dargestellt. Dieses Verfahren wird in Kapitel 7.1.3.3 für verschiedene Anregungsstromstärken durchgeführt und so der Bereich zulässiger Anregungsstromstärken identifiziert. In Kapitel 7.1.3.4 wird schließlich die Entwicklung der Elektrolytimpedanz mit dem Elektrodenabstand dargestellt, bevor in Kapitel 7.1.3.5 mit der temperaturabhängigen Charakterisierung der drei in Tabelle 7.1 gegebenen Elektrolyte das Ergebniskapitel abgeschlossen wird.

7.1.3.1. Bestimmung der MacMullin-Zahl

Für den Elektrolyten E002-V4 wurde im Zellsetup nach Abbildung 7.2 ein Elektrolytwiderstand $R_{\text{Elektrolyt}}$ ohne Separatoreinfluss von 6,77 Ω bei 150 kHz bestimmt. Bei einem Referenznetzabstand $L = 1$ mm und einem Kanaldurchmesser $d = 13$ mm führt dies auf eine freie Elektrolytleitfähigkeit von

$$\sigma = \frac{1}{R_{\text{Elektrolyt}}} \cdot \frac{L}{\pi \left(\frac{d}{2}\right)^2} = 1{,}11\,\frac{\text{S}}{\text{m}} \tag{7.9}$$

Die Leitfähigkeit mit Separator σ_{eff} wurde in der in Abbildung 7.3 gezeigten Anordnung zu 0,58 $\frac{\text{S}}{\text{m}}$ bestimmt. Die MacMullin-Zahl ergibt sich somit nach Gleichung 7.8 zu

$$N_{\text{M}} = \frac{\sigma_{\text{eff}}}{\sigma} = 0{,}52 \tag{7.10}$$

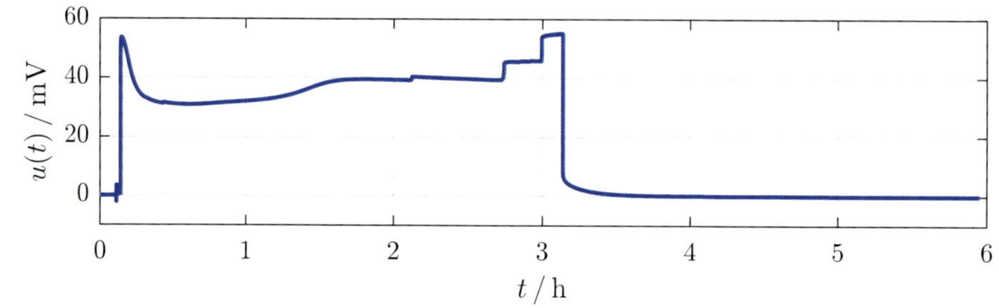

Abbildung 7.4: Spannungsverlauf während einer Relaxationsmessung. Aufgrund der Änderung der Lithiumoberfläche zeigt die Spannung während der Anregephase einen stark gestörten Verlauf. In der stromlosen Relaxationsphase (ab etwa 3,1 h) klingt die Spannung hingegen sauber ab und ein gültiges Impedanzspektrum kann berechnet werden.

In [End14] wurde für einen Glasfaserseparator anderen Typs eine MacMullin-Zahl von

$$N_{\mathrm{M}} = \frac{\varepsilon}{\tau} = \frac{0,8}{1,3} = 0,62 \tag{7.11}$$

abgeschätzt, der bestimmte Wert liegt also in einer plausiblen Größenordnung.

7.1.3.2. Bestimmung der Elektrolytimpedanz

Abbildung 7.4 zeigt einen typischen Spannungsverlauf während Anrege- und Relaxationsphase einer Messung des Elektrolyten LP30 (E002-V3). Dort deutlich sichtbar ist die instabile Spannung während der Anregephase und das saubere Abklingen in der Relaxationsphase. Wiederholt man diese Messungen, so zeigen sich an den ermittelten Impedanzspektren zwei Effekte: Zum einen sind aufeinanderfolgende Impedanzspektren wie in Abbildung 7.5 gezeigt zufällig auf der reellen Achse verschoben. Dies kann begründet werden durch die von Messung zu Messung veränderten Oberflächen der Lithiumelektroden, die bei jeder Einzelmessung unterschiedlich große Ladungstransferimpedanzen aufweisen. Da der Frequenzbereich bei Zeitbereichsmessungen entsprechend der Abtastzeit nach oben beschränkt ist (bei einer Abtastzeit von 1 s kann nach Abtasttheorem eine Frequenz von maximal 0,5 Hz ausgewertet werden), ist die Gestalt der Ladungstransferimpedanzen selbst nicht sichtbar und nur ihr veränderter Polarisationswiderstand äußert sich in einer scheinbaren Verschiebung der niederfrequenten Impedanzspektren.

In Abbildung 7.5 ebenfalls sichtbar ist der zweite Effekt: Eine zunehmende Formänderung der Impedanzspektren mit fortschreitender Wiederholung der Messung. Die Form der

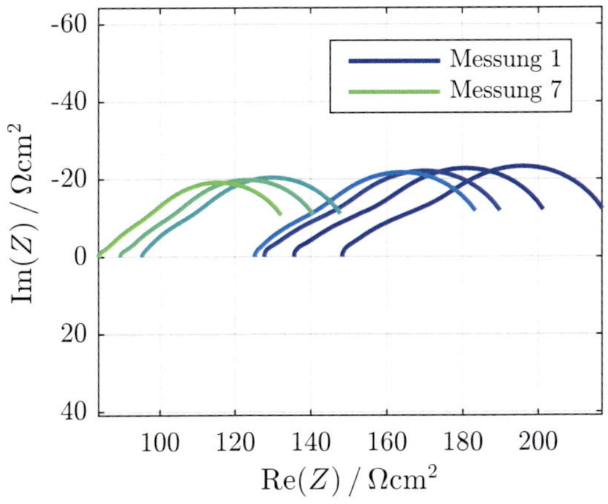

Abbildung 7.5: Impedanzspektren aus wiederholten Relaxationsmessungen an einem Messaufbau mit 6 Glasfaserseparatoren und dem Elektrolyten LP30 (E002-V3). Dargestellt ist ein Frequenzbereich von 0,5 Hz-46 μHz.

Spektren nähert sich dabei immer besser einer idealen Warburg-Impedanz und somit der theoretischen Erwartung an. Eine Analyse der Spektren mittels DRT in Abbildung 7.6 zeigt, dass sich dabei hauptsächlich hochfrequente Anteile des Spektrums verändern. Der die Elektrolytimpedanz charakterisierende niederfrequente Anteil bleibt nahezu unverändert. Die exakte Herkunft dieser störenden und mit der Zeit verschwindenden hochfrequenten Prozesse ist nicht geklärt.

Aus diesen Beobachtungen ergibt sich zweierlei: Zum einen ist die konvergierende Form der Impedanzspektren hin zur theoretischen Erwartung bei gleichzeitigem starken Springen der Impedanzspektren auf der reellen Achse ein guter Hinweis darauf, dass das gemessene niederfrequente Impedanzspektrum tatsächlich elektrodenoberflächenunabhängig die Impedanz des Elektrolyten beschreibt und sich die Beschaffenheit der Oberfläche nur in der absoluten Lage des Spektrums äußert. Zum anderen kann aus der Beobachtung, dass sich der niederfrequente Hauptprozess bei wiederholten Messungen nicht ändert darauf geschlossen werden, dass er von einer Störung durch die höherfrequenten, mit der Zeit verschwindenden Prozesse nicht betroffen ist. Es ist somit in guter Näherung erlaubt, statt Konvergenz der Spektren durch wiederholte Messung abzuwarten, schon frühzeitig den Elektrolytdiffusionsanteil des Spektrums durch Fit des entsprechenden Warburg-Elements auf den niederfrequentesten Prozess der DRT zu ermitteln. Dieses Vorgehen minimiert das mit zunehmender Anzahl von Messungen beobachtete Zusetzen des Separators mit Dendriten, verringert die Wahrscheinlichkeit des Zelltods während einer längeren Messreihe (beispielsweise bei Temperaturvariation) und reduziert die benötigte Messzeit.

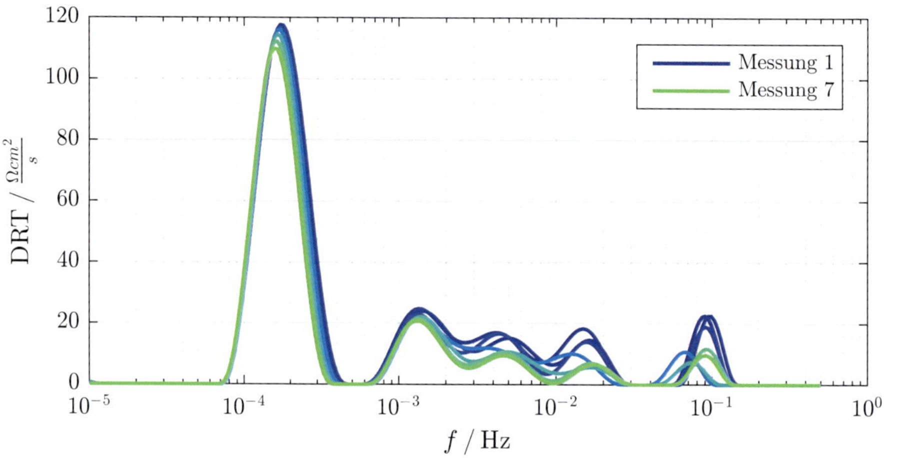

Abbildung 7.6: DRT der Spektren aus Abbildung 7.5. Während sich im hochfrequenten Bereich der DRT konvergente Veränderungen zeigen, bleibt der niederfrequente Hauptpeak nahezu unverändert.

7.1.3.3. Bestimmung der zulässigen Anregungsstromstärke

In der Herleitung des Elektrolytimpedanzmodells in Kapitel 4.1.3 wird an mehreren Stellen vorausgesetzt, dass die Stromdichte im Elektrolyten bzw. die resultierenden Konzentrationsänderungen hinreichend klein sind. Die zulässige Anregungsstromstärke kann durch Relaxationsmessungen mit unterschiedlichen Stromstärken ermittelt werden. Abbildung 7.7 zeigt die aus der Zeitkonstante der Elektrolytimpedanz ermittelten Diffusionskoeffizienten unter Separatoreinfluss. Es zeigt sich, dass bei Stromstärken von 78 $\frac{\mu A}{cm^2}$ bis 393 $\frac{\mu A}{cm^2}$ stabil der selbe Diffusionskoeffizient ermittelt wird. Eine Erhöhung der Stromstärke auf Werte größer als 393 $\frac{\mu A}{cm^2}$ führt zu einem zunehmenden Absinken des ermittelten Diffusionskoeffizienten. Die Linearitätsbedingung wird für Ströme dieser Größe also zunehmend verletzt.

7.1.3.4. Abhängigkeit der Elektrolytimpedanz vom Elektrodenabstand

Um die Abhängigkeit der Elektrolytimpedanz vom Elektrodenabstand zu untersuchen erfolgte die Vermessung des Elektrolyten LP30 (E002-V3) unter Variation der Anzahl verwendeter Separatoren. Es wurden dabei drei, vier und sechs Glasfaserseparatoren zwischen die Lithium-Elektroden eingebracht und die Elektrolytimpedanz mittels Relaxationsmessung bestimmt. Abbildung 7.8 zeigt die bestimmten Impedanzspektren, sowie die aus Fit des niederfrequenten Prozesses der DRT bestimmten Modellspektren. Bei den Messungen mit drei

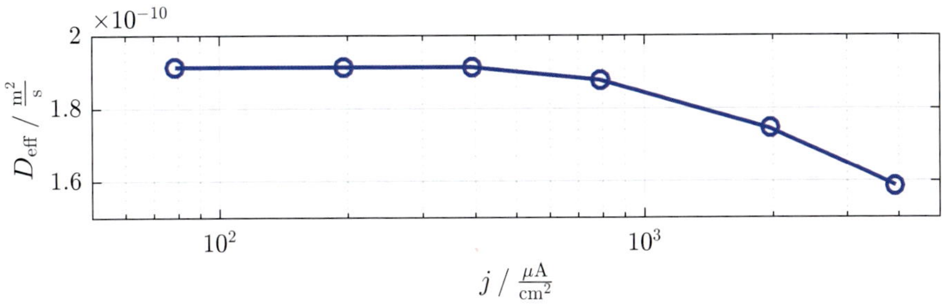

Abbildung 7.7: Abhängigkeit des ermittelten Diffusionskoeffizienten von der verwendeten Anregungsstromstärke. Bei Stromstärken größer als 393 $\frac{\mu A}{cm^2}$ wird der lineare Anregungsbereich verlassen. Die mit diesen Stromstärken ermittelten Werte sind somit ungültig.

bzw. vier Separatoren sind die Störprozesse bereits klein und das auf die Hauptzeitkonstante gefittete Modellspektrum reproduziert die Messung im kompletten Frequenzbereich. Bei der Messung mit sechs Separatoren sind noch hochfrequente Störprozesse enthalten (und somit Abweichungen sichtbar), der niederfrequente Teil des Spektrums wird jedoch dennoch gut nachgebildet. Die aus diesen Messungen ermittelten Modellparameter sind in Abbildung 7.9 dargestellt. Wie nach Gleichung 7.2 theoretisch erwartet steigt der Polarisationswiderstand der Elektrolytimpedanz linear und die Hauptzeitkonstante quadratisch mit dem Elektrodenabstand und somit mit der Anzahl der Separatoren. Die gute Übereinstimmung der ermittelten Impedanzspektren mit der Modellvorstellung sowohl in Form als auch in Abhängigkeit von der Anzahl verwendeter Separatoren erlaubt den Schluss, dass das vorgeschlagene Messverfahren valide ist. Die in Abbildung 7.9 dargestellten analytischen Funktionen werden durch die folgenden Ausdrücke beschrieben:

$$R_{\mathrm{Pol,Warburg}} = 3{,}4673 \cdot 10^4 \cdot L_{\mathrm{Elektrolyt}} \qquad \left[\Omega \cdot \mathrm{cm}^2\right] \tag{7.12}$$

$$\tau_{\mathrm{Pol,Warburg}} = 5{,}1428 \cdot 10^8 \cdot L_{\mathrm{Elektrolyt}}^2 \qquad [\mathrm{s}] \tag{7.13}$$

Diese Gleichungen können verwendet werden, um für beliebige Separatordicken Polarisationswiderstand und Zeitkonstante der Elektrolytdiffusion abschätzen zu können.

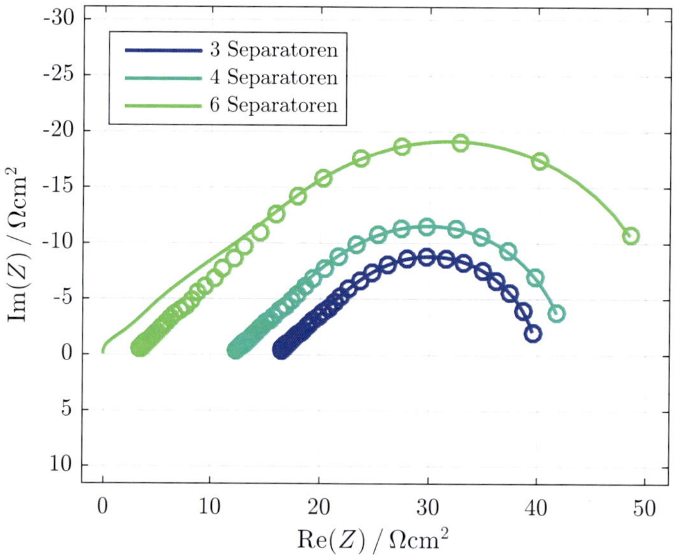

Abbildung 7.8: Gemessene Impedanzspektren und angefittetes Impedanzmodell bei Zellen mit 3, 4 und 6 Separatoren und verwendetem Elektrolyten LP30 (E002-V3). Bei 3 und 4 Separatoren stimmt das Modell sehr gut mit der Messung überein. Bei 6 Separatoren sind noch leichte hochfrequente Störungen in der Messung enthalten, der niederfrequente Teil des Spektrums kann jedoch ebenfalls sehr gut reproduziert werden. Die Lage der Impedanzspektren auf der Realachse wurde aus Darstellungsgründen angepasst und ist ohne Bedeutung. Dargestellt ist ein Frequenzbereich von 0,5 Hz-46 μHz.

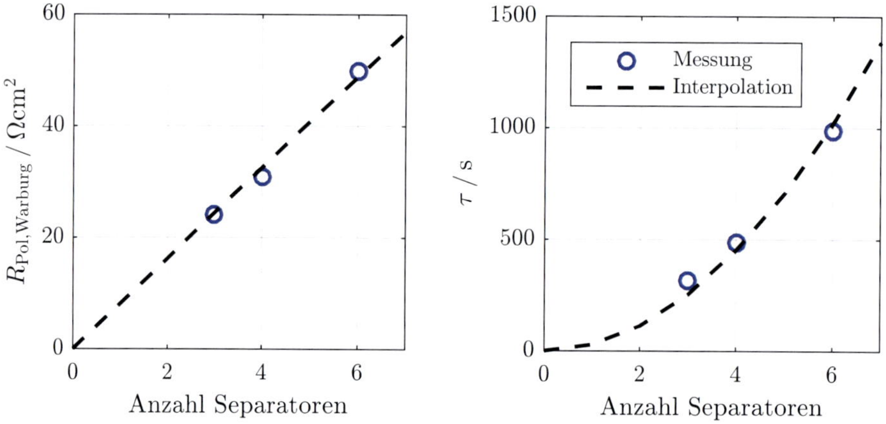

Abbildung 7.9: (Links) Der Polarisationswiderstands der Elektrolytimpedanz steigt wie erwartet linear mit der Separatoranzahl. (Rechts) Die Zeitkonstante des DRT Hauptpeaks der Elektrolytimpedanz steigt wie erwartet quadratisch mit der Separatoranzahl.

7.1.3.5. Ermittlung physikalischer Elektrolytparameter

In Abbildung 7.10 sind die aus EIS (R_0) bzw. Relaxationsmessung (τ, $R_{\mathrm{Pol,Warburg}}$) extrahierten charakteristischen Größen der Elektrolytimpedanz für die nach Tabelle 7.1 untersuchten Elektrolyte bei unterschiedlichen Temperaturen dargestellt.

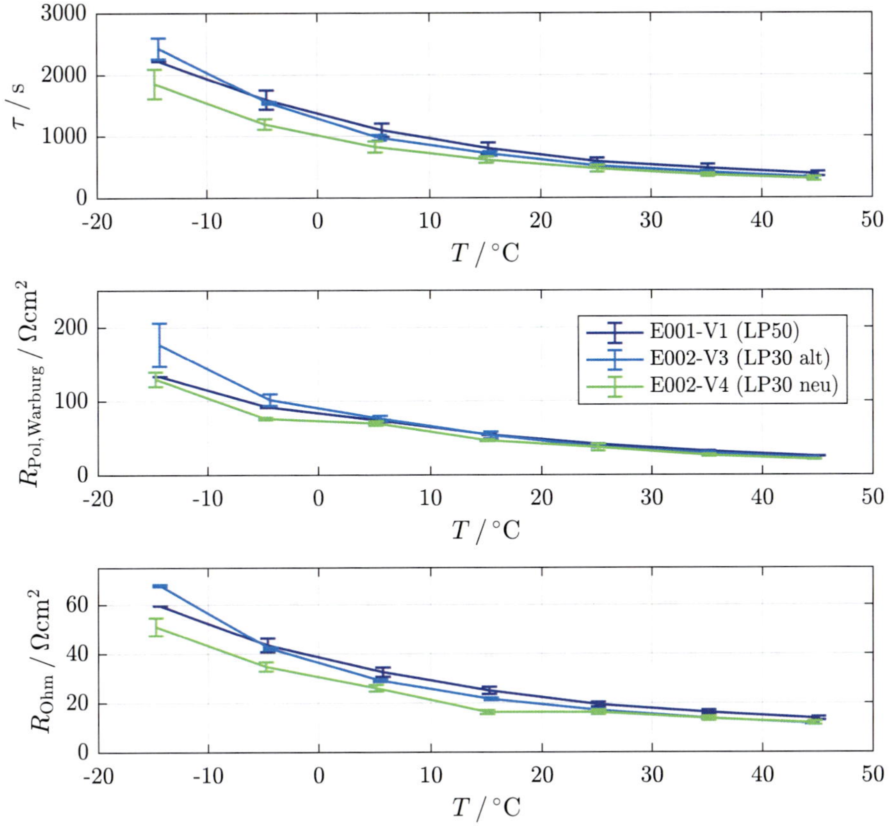

Abbildung 7.10: Charakteristische Größen der Elektrolytimpedanz.

Gezeigt sind jeweils der Mittelwert sowie die Standardabweichung aus drei identisch aufgebauten und simultan vermessenen Zellen. Aus diesen Parametern können mit Hilfe der Gleichungen 7.4 bis 7.7 zunächst die aufgrund des Separatoreinflusses effektiven physikalischen Parameter σ_{eff}, D_{eff} sowie t_{Li^+} des Elektrolyten bestimmt werden. Diese sind in Abbildung 7.11 dargestellt. Unter Verwendung der in den Kapitel 7.1.3.1 bestimmten MacMullin-Zahl können aus den effektiven Größen die separatorlosen Größen σ und $D_{\mathrm{Elektrolyt}}$ abge-

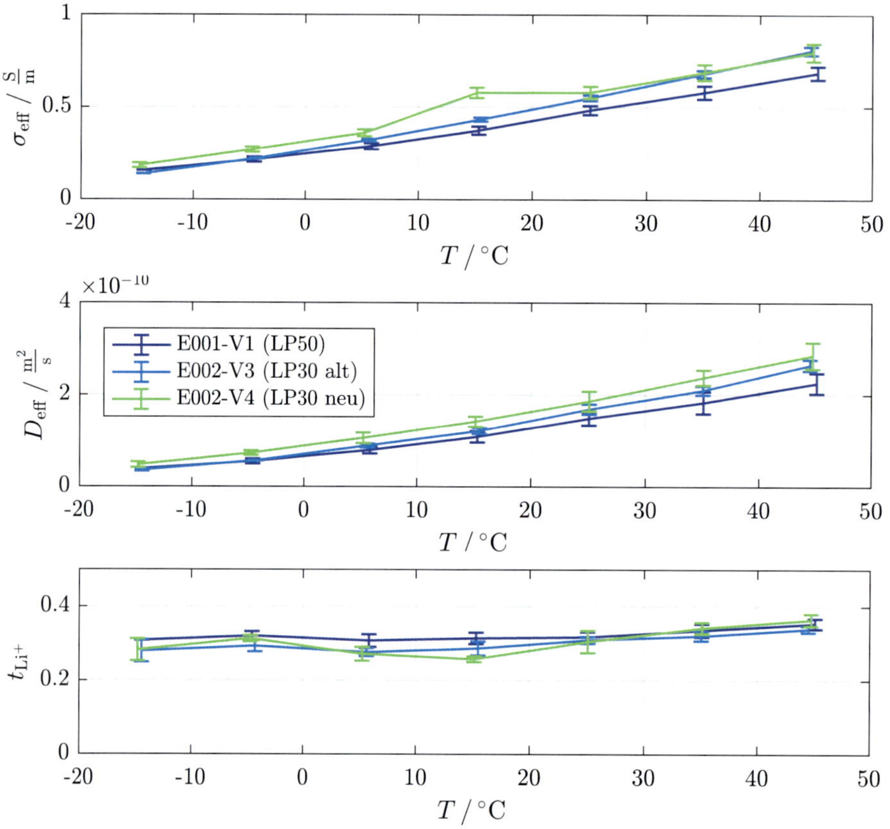

Abbildung 7.11: Effektive Parameter der charakterisierten Elektrolyte unter Separatoreinfluss.

schätzt werden. Diese sind, wiederum für verschiedene Temperaturen, in Abbildung 7.12 dargestellt. Wie physikalisch erwartet vergrößern sich Diffusionskoeffizient und Leitfähigkeit bei erhöhten Temperaturen. Die Überführungszahl ist im Rahmen der Messgenauigkeit nahezu temperaturunabhängig. Dies deckt sich mit Aussagen in [Val05], wonach die Überführungszahl als intrinsische Eigenschaft des Elektrolyten vermutet wird. Die bestimmten Parameter liegen bei allen vermessenen Elektrolyten in der gleichen Größenordnung, man erkennt jedoch eine leichte systematische Verschlechterung der Diffusions- und Leitfähigkeitseigenschaften vom neuen hin zum alten Elektrolyten. In Abbildung 7.12 ebenfalls eingetragen sind Diffusionskoeffizienten, Leitfähigkeiten und Überführungszahlen vergleichbarer Elektrolyte aus der Literatur. Obwohl diese mit unterschiedlichen Methoden bestimmt wurden, stimmen die hier ermittelten Ergebnisse gut mit den Literaturwerten überein.

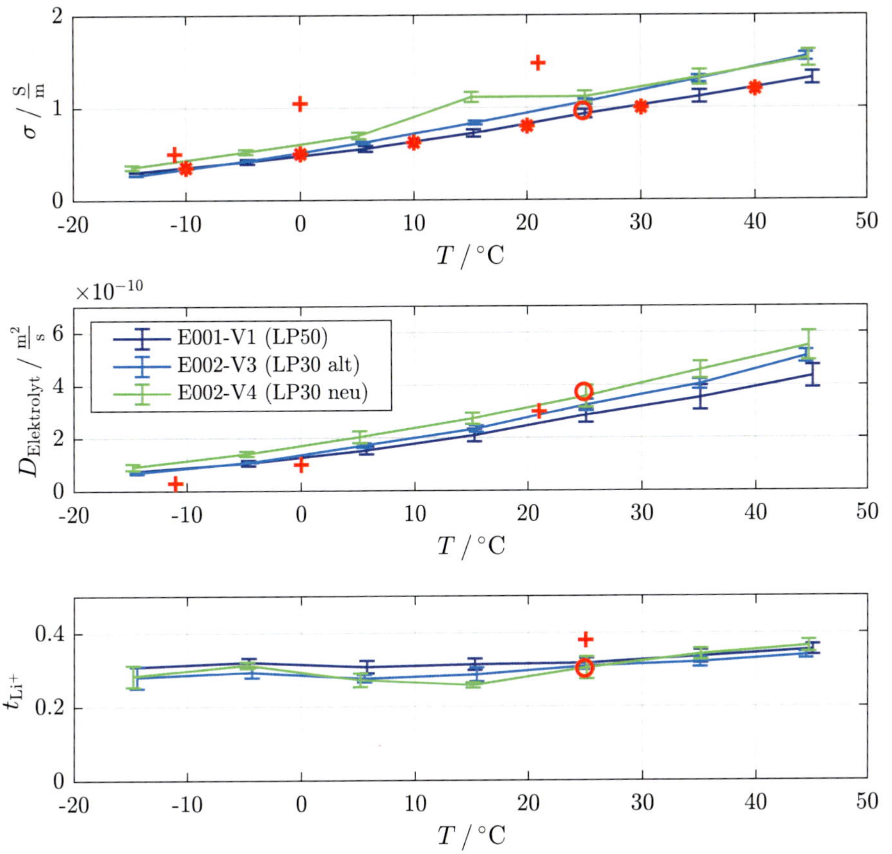

Abbildung 7.12: Physikalische Parameter der charakterisierten Elektrolyte. Zusätzlich eingezeichnet sind Parameter für Elektrolyte mit gleichem Leitsalz ($LiPF_6$) aber anderen Lösungsmittelzusammensetzungen aus der Literatur: (+) PC:EC:DMC (10:27:63) [Val05] (○) EC:EMC (3:7) [Nym08] (∗) EC:EMC (5:5) [Din01].

7.1.4. Diskussion der Ergebnisse

Trotz guter Reproduzierbarkeit und physikalischer Plausibilität der ermittelten Parameter sind diese aufgrund des gewählten experimentellen Aufbaus mit einer gewissen Unsicherheit behaftet: Die dem Abstand der Elektroden entsprechende Diffusionsstrecke des Elektrolyten wird durch die Anzahl verwendeter Separatoren definiert. Deren Dicke entspricht aufgrund der unbekannten Federkraft im Gehäuse nicht notwendigerweise der gemessenen Dicke der Separatoren außerhalb des Aufbaus.

Der Elektrodenabstand geht in die bestimmten Parameter wie folgt ein: Die Überführungszahl ist unabhängig vom Elektrodenabstand, da sich dieser bei der Berechnung nach Gleichung 7.7 implizit kürzt. Auch die Leitfähigkeit des Elektrolyten ist bei der durchgeführten Methodik unabhängig vom Elektrodenabstand: Die MacMullin-Zahl wurde so bestimmt, dass die unter Separatoreinfluss gemessene Leitfähigkeit genau in die echte Leitfähigkeit des Elektrolyten aus der Elektrolytmesszelle (mit definiertem Referenzelektrodenabstand) überführt wird. Der Fehler im Elektrodenabstand wurde diesbezüglich also in die MacMullin-Zahl verschoben. Einzig fehlerbehaftet verbleibt der Elektrolytdiffusionskoeffizient, der aufgrund der MacMullin-Zahl linear vom Elektrodenabstand abhängt. Es ist mit den Gleichungen 2.10, 7.4, 7.6 und 7.8:

$$D_{\text{Elektrolyt}} = \frac{D_{\text{eff}}}{N_M} = \frac{\frac{1}{2{,}53} \cdot \frac{\left(\frac{L_{\text{Elektrolyt}}}{2}\right)^2}{\tau}}{\frac{1}{R_{\text{Elektrolyt}}} \cdot \frac{L_{\text{Elektrolyt}}}{A}} \cdot \sigma \propto L_{\text{Elektrolyt}} \tag{7.14}$$

Ein entsprechend fehlerhaft bestimmter Elektrodenabstand geht somit linear in den ermittelten Diffusionskoeffizienten ein.

Eine sinnvolle Erweiterung des hier verwendeten Aufbaus in zukünftigen Arbeiten stellt daher die Verwendung von inkompressiblen Abstandsringen (z.B. aus Polyetheretherketon PEEK) zwischen den Elektroden dar. Die Abstandsringe erzwingen einen sauber definierten Elektrodenabstand. Separatoren müssen zur Unterdrückung von Konvektion und zur Verminderung von Dendritenbildung jedoch weiterhin verwendet und in das Innere des Ringes eingelegt werden.

7.2. Elektrode

Die in den vorhergehenden Kapiteln vorgestellten Modelle und Verfahren werden im folgenden Kapitel beispielhaft zur Charakterisierung einer NMC-Kathode verwendet. Hierbei wird zunächst die Impedanz der NMC-Kathode im Niederfrequenzbereich ermittelt. Diese wird zunächst nur mittels DRT analysiert und ein daraus motiviertes Modell wird angefittet. Es zeigt sich, dass dieses Modell zwar die Polarisationseigenschaften der Elektrode nachbilden kann, bei der Nachbildung des kapazitiven Verhaltens jedoch versagt. Im Anschluss wird die neu vorgestellte Methode der DDC verwendet, um eine Modellerweiterung um verschiedene Partikelgrößen zu motivieren. Das erweiterte Modell wird ebenfalls angefittet und zeigt nun eine gute Reproduktion des Polarisationsverhaltens und des kapazitiven Verhaltens der Elektrode. Es ist auf diese Weise erstmals möglich, das Zustandekommen der niederfrequenten Elektrodenimpedanz zu verstehen und einzelne Beiträge zu quantifizieren.

7.2.1. Experimentelles

Zur Charakterisierung der Elektrode wurden Messungen der Impedanz, der differentiellen Kapazität sowie der OCV-Kennlinie durchgeführt. Das experimentelle Vorgehen wird in den folgenden Abschnitten beschrieben.

Elektrode Die charakterisierte Kathode besteht aus $LiNi_xMn_yCo_zO_2$ (NMC), das in einer 50 μm dicken, porösen Schicht auf einen Aluminiumableiter aufgebracht ist. Der Zahlenwert der Schichtdicke wurde im Rahmen von [The17] durch Messungen mit Hilfe einer Mikrometerschraube ermittelt. Die vermessenen Elektroden wurden mit Hilfe einer Stanzvorrichtung kreisförmig aus größeren Elektrodensheets ausgestanzt. Der Elektrodendurchmesser beträgt 18 mm, was in einer Zellfläche von 2,54 cm^2 resultiert. Die nominelle Kapazität der Elektroden beträgt 5 mAh.

Zellsetup Alle Messungen erfolgten in einem kommerziell erhältlichen Zellsetup *ECC-PAT-Core* des Herstellers *EL-CELL*, welches sich durch die Langlebigkeit der so aufgebauten Experimentalzellen auszeichnet und Zeitbereichsmessreihen von mehreren Wochen an einer einzigen Zelle erst ermöglicht. Der Aufbau des Zellgehäuses ist in Abbildung 7.13 schematisch dargestellt: In dieses wird (von unten nach oben) die zu vermessende Elektrode, eine von je einem 25 μm dicken Glasfaserseparator pro Seite umhüllte Lithium-Ringreferenz, ein zusätzlicher etwa 235 μm dicker Glasfaserseparator des Typs *516-0878(696)* des Herstellers *VWR*, sowie eine Gegenelektrode aus metallischem Lithium eingelegt. Beim Aufbau wird ein flüssiger Elektrolyt des Typs E002-V3 (siehe Tabelle 7.1) eingebracht, die verwendete Menge beträgt 240 μl. Der Aufbau aller Experimentalzellen erfolgte unter Argonatmosphäre in einer Glovebox.

Formierung Alle aufgebauten Zellen durchliefen einen Formierungsschritt, bestehend aus fünf Lade- und Entladezyklen der Stärke 1,66 mA (C/3).

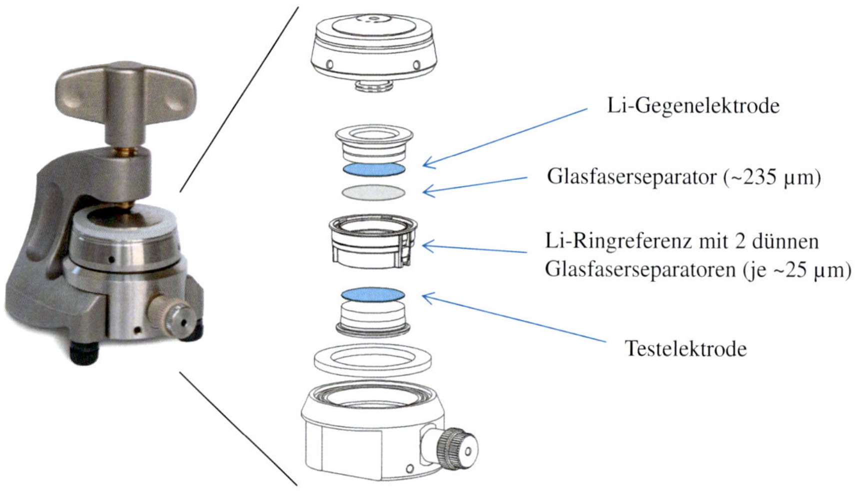

Abbildung 7.13: Verwendetes Testsetup zur Charakterisierung einzelner Elektroden. Die Graphik wurde aus [Wil16] entnommen und leicht modifiziert.

Messung der Impedanz Die Messung der niederfrequenten Impedanz wurde an drei Arbeitspunkten durchgeführt. Die drei Arbeitspunktspannungen wurden zu 4,29 V, 3,91 V und 3,75 V gegen Lithium gewählt. Die Arbeitspunkte wurden mit einer Stromstärke von 0,0625 mA angefahren, was einer Rate von C/80 entspricht. Nach einer Wartezeit von 36 h wurde an jedem Arbeitspunkt eine Doppelpulsmessung mit einer Stromstärke von 0,25 mA (C/20) und einer Pulsdauer von 500 s durchgeführt. Die Wartezeit zwischen beiden Pulsen betrug 36 h. Die Zeitbereichsmessdaten wurden mit einer Abtastrate von 1 Hz gemessen. Um aus den Zeitbereichsmessdaten eine Impedanz zu ermitteln wurde, wie in Kapitel 5.2.3.3 geschildert, das Modellfitverfahren in Kombination mit der Fourier-Transformation verwendet und die Impedanz von 0,5 μHz bis 0,1 Hz ausgewertet.
Zur Abdeckung des hohen Frequenzbereichs wurden im Anschluss an jede Doppelpulsmessung ein Impedanzspektrum mittels EIS gemessen. Der gewählte Frequenzbereich betrug 0,1 mHz - 0,1 kHz. Höhere Frequenzen können im verwendeten Gehäusetyp mit ringförmiger Lithium-Referenzelektrode nicht zuverlässig gemessen werden. Die Anregung erfolgte galvanostatisch mit einer Anregungsamplitude von 0,5 mA (C/10). Die hoch- und niederfrequenten Teilimpedanzspektren wurden anschließend zu einem, den gesamten Frequenzbereich abdeckenden Ergebnisspektrum zusammengesetzt.

Messung der OCV-Kennlinie Die Messung der OCV-Kennlinie des Materials erfolgte quasistationär als Messung der C/40-Entladekennlinie mit einer Stromstärke von 0,125 mA.

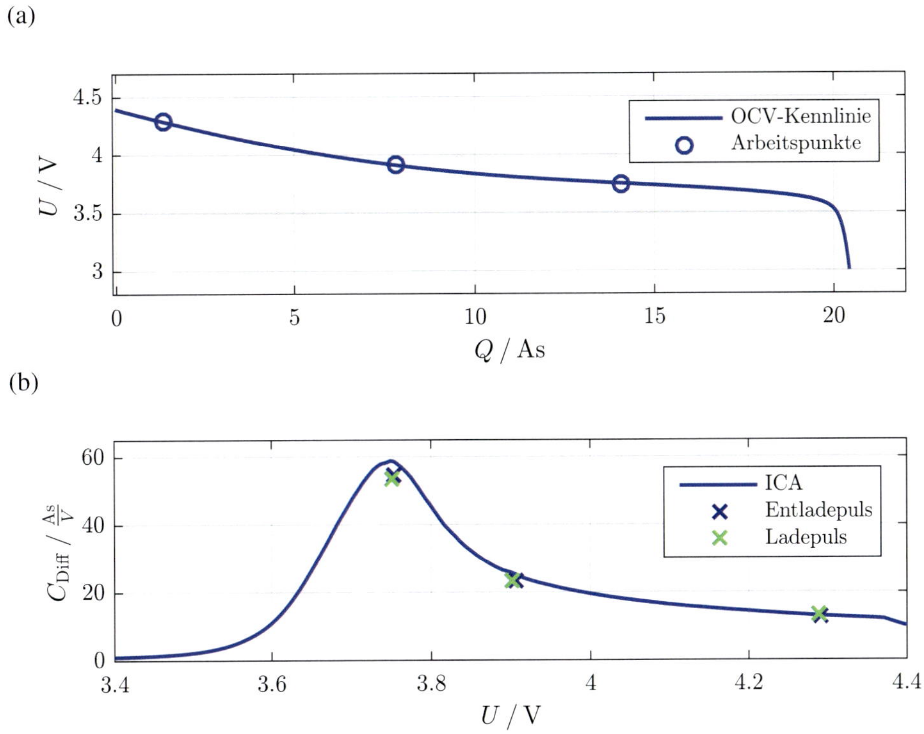

Abbildung 7.14: (a) OCV-Kennlinie der NMC-Kathode und Arbeitspunkte der Impedanzmessungen. (b) Vergleich der differentiellen Kapazität aus Pulsmessung und ICA-Kennlinie.

Messtechnik Alle Messungen fanden in einer Klimakammer des Typs *Vötsch VT4002* bei einer Temperatur von 25 °C statt. Die elektrische Anregung der Zellen sowie die Durchführung der EIS erfolgte durch das Messsystem *Solartron 1470E*. Zur Messung der Spannungsantwort wurde aufgrund der hohen Auflösung ein Datenlogger *34970A* des Herstellers *Agilent* verwendet.

7.2.2. Messergebnisse

7.2.2.1. OCV-Kennlinie und differentielle Kapazität

Die OCV- und ICA-Kennlinie der NMC-Kathode sind in Abbildung 7.14 dargestellt. Ebenfalls eingezeichnet sind die Werte der differentiellen Kapazität, die nach Gleichung 2.39 aus den Pulsmessungen an den Arbeitspunkten der Impedanzmessungen ermittelt wurden. Die

Werte der differentiellen Kapazität aus Lade- und Entladepulsmessung stimmen gut überein. Auch eine Übereinstimmung mit den Werten der ICA-Kennlinie kann in guter Näherung beobachtet werden.

7.2.2.2. Impedanzspektren

Die Polarisationsspektren der durch EIS und Pulsmessung ermittelten Impedanzen sind in Abbildung 7.15 dargestellt. EIS und Pulsmessung stimmen im Überlappungsbereich gut überein. Erkennbar ist eine starke Variation der Impedanz im niederfrequenten Bereich. Die Teilimpedanzen aus EIS und Pulsmessung werden im Folgenden konkateniert, wobei im Überlappungsbereich die Werte der EIS verwendet werden.

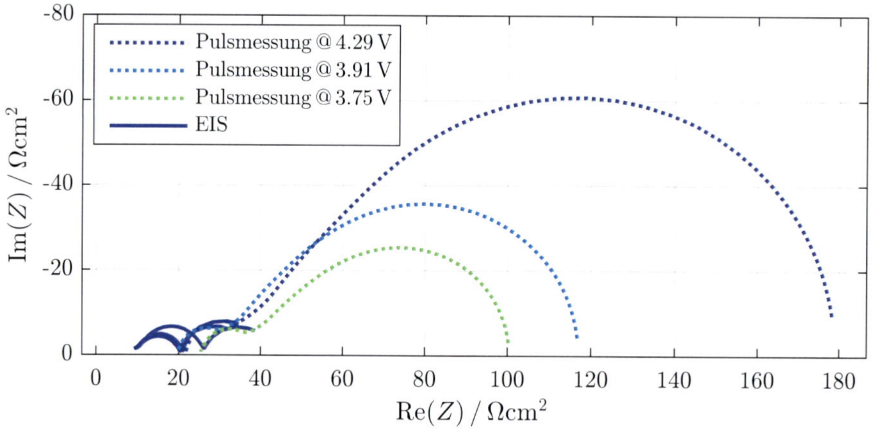

Abbildung 7.15: Polarisationsspektren einer NMC-Kathode aus Doppelpulsmessungen und EIS bei unterschiedlichen Ladezuständen. Im Überlappungsbereich stimmen die Impedanzen aus EIS und Doppelpulsmessung gut überein.

7.2.3. Analyse der DRT

Die in Abbildung 7.16 dargestellt DRT lässt vier charakteristische Polarisationsprozesse erkennen. Diese werden im Folgenden von kleinen hin zu großen Frequenzen als P1, P2, P3 und P4 bezeichnet. Den Polarisationsprozessen werden die dargestellten physikalischen Ursachen Ladungstransfer, Elektrolytdiffusion und Festkörperdiffusion zugeordnet. Die Zuordnung wird in den folgenden Abschnitten begründet.

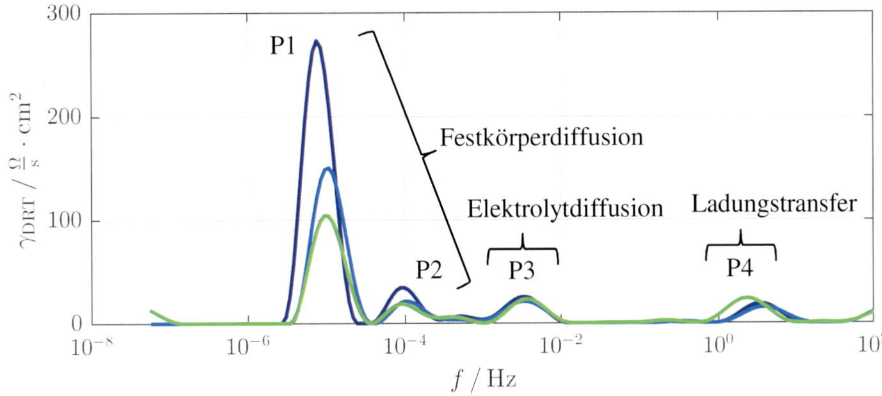

Abbildung 7.16: DRT der Impedanzmessungen. Zusätzlich eingetragen sind die den Polarisationsprozessen zugeordneten physikalischen Ursachen.

Ladungstransfer Prozess P4 wird als hochfrequentester dargestellter Prozess dem Ladungstransfer zugeordnet. Charakteristisch hierfür ist das beobachtbare Anwachsen des Prozesses für geringe Kathodenpotentiale. Um diese Zuordnung zu erhärten wurden zusätzlich zu den beschriebenen Messungen weitere EIS-Messungen des hochfrequenten Bereichs in geringem Abstand der Ladezustände durchgeführt. Die Entwicklung des durch Prozess P4 beschriebenen Polarisationswiderstand ist in Abbildung 7.17 dargestellt. Dort ist zusätzlich zum charakteristischen Anstieg für geringe Kathodenpotentiale der nach Gleichung 4.95 erwartete Anstieg des Ladungstransferwiderstands für hohe Kathodenpotentiale sichtbar.

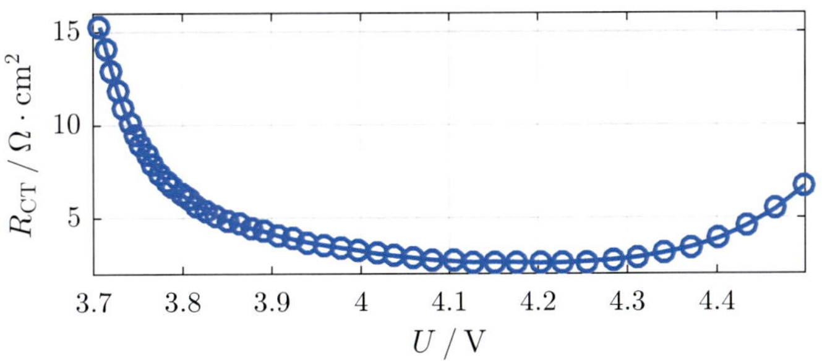

Abbildung 7.17: Verlauf des Ladungstransferprozesses P4 über dem Kathodenpotential.

Elektrolytdiffusion Prozess P3 bleibt über den gesamten Potentialbereich nahezu unverändert. Da sowohl der Ladungstransferwiderstand als auch die Festkörperdiffusionsimpedanz nach Gleichung 4.95 und 4.96 eine Ladezustandsabhängigkeit erwarten lassen, wird der Prozess der ladezustandsunabhängigen Elektrolytdiffusion zugeordnet. Diese Zuordnung kann durch die in Kapitel 7.1 durchgeführten Elektrolytmessungen zusätzlich plausibilisiert werden: Aus den Gleichungen 7.12 und 7.13 erhält man für Polarisationswiderstand und Zeitkonstante der Elektrolytdiffusion bei Verwendung eines 235 μm dicken Glasfaserseparators einen Polarisationswiderstand von 8 Ωcm^2 und eine Zeitkonstante von 28 s. Letztere entspricht einer charakteristischen Frequenz von etwa 5 mHz. Der Prozess P3 liegt bei charakteristischen Frequenzen von 3 mHz-4 mHz, was dem sehr gut entspricht. Die Größe von Prozess P3 liegt etwa bei 15 Ωcm^2, was ebenfalls in einer korrekten Größenordnung liegt. Eine leichte Erhöhung gegenüber dem unter idealisierten Bedingungen gemessenen Wert kann durch die nun poröse Elektrodenstruktur mit entsprechend verschlechterter Diffusion in den Elektrolytkanälen erklärt werden.

Festkörperdiffusion Die Prozesse P1 und P2 werden nach dem Ausschlussprinzip der Festkörperdiffusion zugeordnet. Beide zeigen eine qualitative Abhängigkeit vom Ladezustand, wie nach Gleichung 4.96 erwartet. In Kapitel 7.2.5 wird gezeigt, dass sich beide Prozesse aus einer Parallelschaltung der Festkörperdiffusionsimpedanzen verschieden großer bzw. verschieden gut angebundener Partikel ergeben. Aufgrund dieser Parallelschaltung ist eine Interpretation dieser Prozesse allein unter Betrachtung der DRT nicht möglich.

7.2.4. Modellbildung ohne Berücksichtigung der DDC

Findet die DDC der Messung keine Beachtung, so kann versucht werden, den Polarisationsanteil der Impedanz mit dem Ersatzschaltbild einer porösen Elektrode in einem Aufbau mit Referenzelektrode nach Kapitel 4.3.4 bzw. Abbildung 4.21 zu beschreiben. Dieses Ersatzschaltbild enthält alle in der Prozesszuordnung der DRT identifizierten Polarisationsmechanismen. Mit Hilfe der Erkenntnisse aus der Elektrolytcharakterisierung in Kapitel 7.1 kann das Modell zudem vereinfacht werden: Nach Abbildung 4.6 ist die Konzentrationsimpedanz des Elektrolyten klein gegenüber dem ohmschen Beitrag der Elektrolytleitfähigkeit und kann daher vernachlässigt werden. Die Festkörperdiffusionsimpedanz wird aufgrund der 2-dimensionalen Einlagerung in die Schichtstruktur von NMC zylindrisch angesetzt.

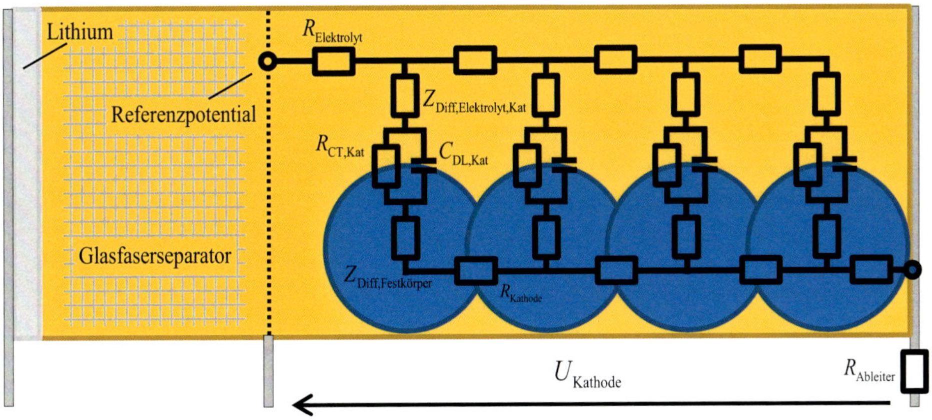

Abbildung 7.18: Aus der DRT motivierte Ersatzschaltbildstruktur der NMC-Kathode im verwendeten Zellsetup ohne Berücksichtigung der DDC.

Da NMC Partikel im Allgemeinen eher rund als stäbchenförmig sind, wird die Höhe der zylinderförmigen Partikel gleich ihrem Radius angenommen:

$$h = r \tag{7.15}$$

Zur Modellierung weiterer Widerstandsbeiträge unterschiedlichen Ursprungs (beispielsweise Ableiter- und Kontaktwiderstände) wird dem Modell ein zusätzlicher ohmscher Widerstand seriell geschaltet. Eine Induktivität zur Modellierung induktiver Effekte durch Verkabelung und Aufbau muss aufgrund des gewählten Frequenzbereichs der gemessenen Impedanzspektren von $f < 100\,\text{Hz}$ nicht berücksichtigt werden. Das so motivierte, modifizierte Ersatzschaltbild ist in Abbildung 7.18 graphisch dargestellt. Der mit diesem Modell erzielte Fit des Polarisationsspektrums ist in Abbildung 7.19 (a) dargestellt. Die Charakteristik der Messung scheint im gesamten Frequenzbereich grob wiedergegeben zu werden. Bei Betrachtung des vollständigen Impedanzspektrums in Abbildung 7.19 (b) offenbart sich jedoch, dass die kapazitive Charakteristik der Impedanz durch das Modell nicht korrekt reproduziert werden kann. Die gewählte Modellvorstellung liefert nicht das korrekte Verhältnis von Polarisationsanteil zu kapazitivem Anteil und ist somit unzureichend.

(a)

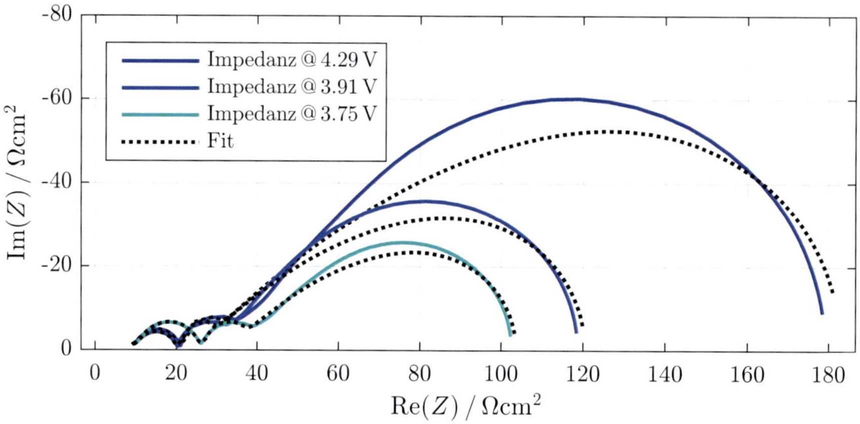

(b)

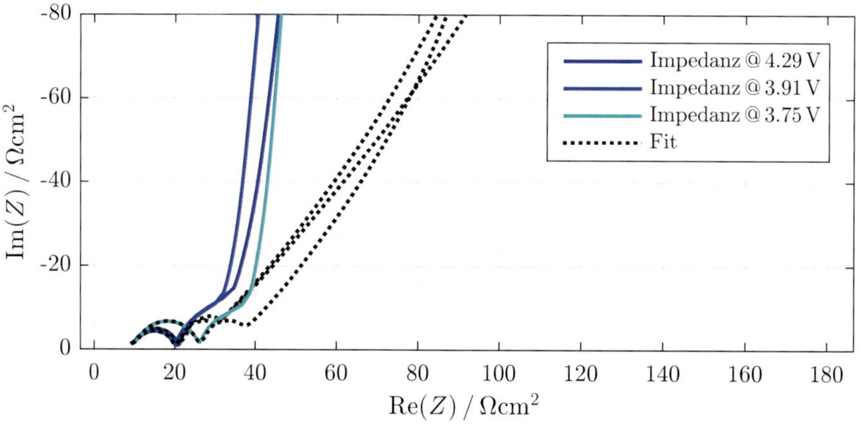

Abbildung 7.19: Messung und Fit der NMC-Kathode. (a) Bei alleiniger Betrachtung des Polarisationsspektrums erscheint der Fitfehler klein. (b) Betrachtung des kompletten Impedanzspektrums offenbart die Nicht-Validität des angenommenen Modells.

7.2.5. Modellbildung unter Berücksichtigung der DDC

Im vorherigen Kapitel wurde gezeigt, dass das Modell aus Abbildung 7.18 zwar den Polarisationsanteil der Impedanz qualitativ beschreibt, eine gleichzeitige Nachbildung der kapazitiven Charakteristik jedoch nicht möglich ist. Ursächlich hierfür ist die Annahme einer

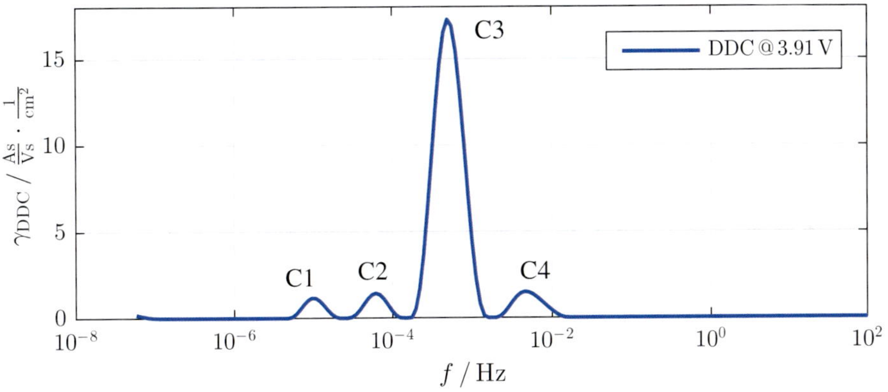

Abbildung 7.20: DDC der Impedanz von NMC. Es sind vier Interkalationsprozesse sichtbar.

einzelnen Partikelgröße, sichtbar in nur einem Einbauzweig des Modells. Die Betrachtung der DDC in Abbildung 7.20 offenbart, dass vier kapazitive Prozesse, gleichbedeutend mit vier unterschiedlichen Interkalationszeitkonstanten, existieren. Da die betrachtete Kathode aus reinem NMC besteht, können unterschiedliche Interkalationszeitkonstanten nur mit unterschiedlich gut zugänglichen Aktivmaterialpartikeln oder mit unterschiedlichen Partikelgrößen erklärt werden. Im ersten Fall bewirkt ein zusätzlicher Widerstand im Einbauzweig der schlecht angebundenen Partikel eine künstliche Erhöhung der Interkalationszeitkonstante über den durch die Festkörperdiffusionsimpedanz definierten Wert hinaus. Im zweiten Fall werden die unterschiedlichen Zeitkonstanten aufgrund unterschiedlicher Partikelgrößen und der damit nach Gleichung 4.86 unterschiedlichen Interkalationszeitkonstante induziert. Demnach wächst die Interkalationszeitkonstante für zylindrische Diffusion quadratisch mit dem Radius eines Partikels. Beide Fälle können allein aus Betrachtung der Impedanz nicht unterschieden werden, da sie sich in ihrer Wirkung auf die Beziehung zwischen Strom und Spannung nicht ausreichend gut unterscheiden. Da eine Partikelgrößenverteilung in einer realen Elektrode definitiv existiert ist es zweckmäßig, zunächst eine Partikelgrößenverteilung als alleinige Ursache unterschiedlicher Interkalationszeitkonstanten anzunehmen und anhand der physikalischen Sinnhaftigkeit der so erhaltenen Partikelgrößen schlecht angebundene Partikel als zusätzlichen Effekt in Betracht zu ziehen. Dementsprechend wird im Folgenden das Impedanzmodell aus Abbildung 7.19 wie in Kapitel 4.3.5 geschildert um eine Partikelgrößenverteilung mit $M = 4$ Partikelgrößen erweitert. Das modifizierte Modell ist in Abbildung 7.21 dargestellt. Die jeweiligen aktiven Oberflächen der Einbauzweige entsprechen den Mantelflächen der angenommenen Zylinder und sind somit eine Funktion der zu fittenden Partikelradien. Es gilt wegen Gleichung 7.15:

$$A_{\text{akt,i}} = 2\pi r_i \cdot r_i \tag{7.16}$$

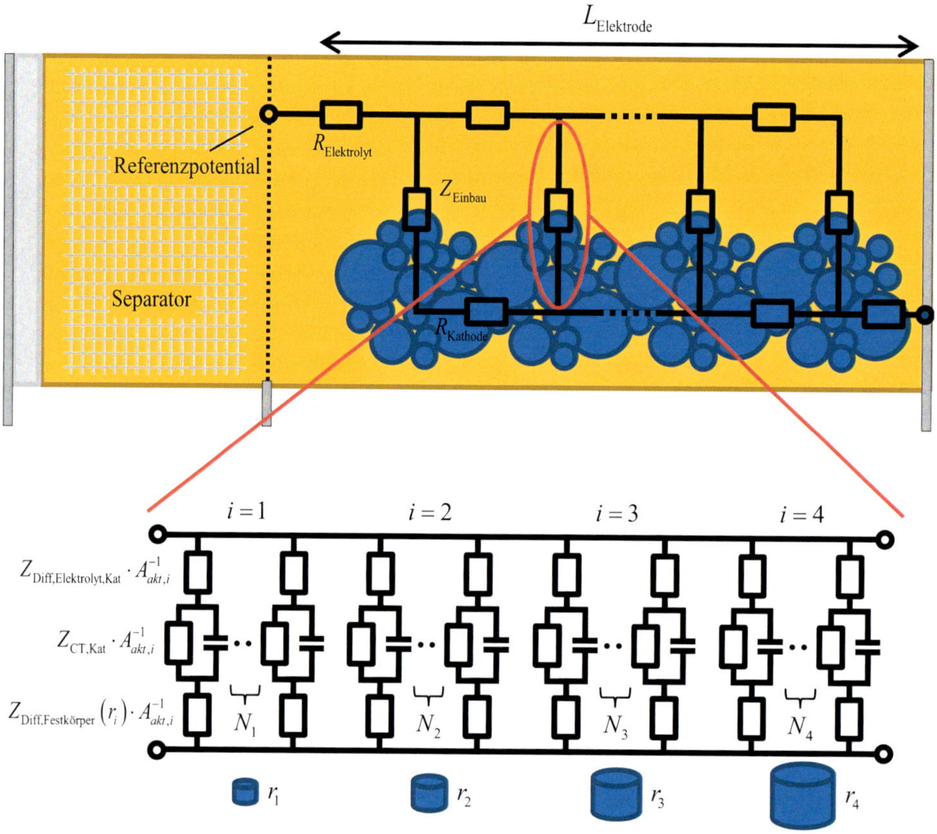

Abbildung 7.21: Aus der DRT motivierte Ersatzschaltbildstruktur der NMC-Kathode im verwendeten Zellsetup mit einer durch die DDC motivierte Erweiterung um mehrere Partikelgrößen.

Der Fit eines solchen Modells kann grundsätzlich auf zwei Arten durchgeführt werden: Da die Interkalationszeitkonstante nach Gleichung 4.86 proportional zu $\frac{r^2}{D_{\text{Festkörper}}}$ ist, kann entweder die Partikelgrößenverteilung vorgegeben und daraus die Diffusionskonstante im

Fit ermittelt werden, oder die Diffusionskonstante wird vorgegeben und die Partikelgrößenverteilung wird ermittelt. Die gleichzeitige Ermittlung beider Größen ist nicht möglich. Da die Partikelgrößenverteilung der betrachteten Elektrode unbekannt ist, für den Festkörperdiffusionskoeffizienten in NMC jedoch Literaturwerte existieren [Wu12], wird im Folgenden die Diffusionskonstante zu

$$D_{\text{Festkörper}} = 10^{-14}\,\frac{\text{m}^2}{\text{s}} \tag{7.17}$$

angenommen [Wu12] und unter dieser Voraussetzung aus dem angefitteten Impedanzmodell die Partikelgrößenverteilung abgeschätzt[1]. Die im Fit zu bestimmenden Parameter sind damit die Werte der normierten Impedanzelemente, sowie jeweils vier Partikelradien r_i und vier Partikelanzahlen N_i. Um eine realistische Größenordnung der Parameter zu erhalten wird als zusätzliche Bedingung gefordert, dass die Summe der durch N_i und r_i definierten Partikelvolumina dem Volumen des Aktivmaterials der Elektrode entspricht. Diese Bedingung entscheidet nicht über die Qualität des Fits, sondert legt lediglich die Größenordnung der erhaltenen Partikelanzahlen sinnvoll fest. Das Volumen der Aktivmasse wird durch das Elektrodenvolumen mit einer angenommenen Porosität von $\varepsilon_{\text{Por}} = 0.25$ abgeschätzt. Es gilt damit für die Zusatzbedingung:

$$\pi r_{\text{Elektrode}}^2 \cdot L_{\text{Elektrode}} \cdot (1 - \varepsilon_{\text{Por}}) = \sum_i \pi r_i^2 \cdot r_i \cdot N_i \tag{7.18}$$

Abbildung 7.22 zeigt das Ergebnis des Fits bezüglich DRT und DDC. Beide Verteilungen werden nun gut nachgebildet und somit Polarisations- sowie kapazitive Charakteristik der Elektrode korrekt erfasst. Abbildung 7.23 (a) zeigt die zugehörigen Polarisationsspektren, die vollständigen Spektren sind in Abbildung 7.23 (b) dargestellt.

7.2.6. Diskussion der Ergebnisse

7.2.6.1. Plausibilität der ermittelten Partikelgrößen

In Abbildung 7.24 sind die durch Fit des partikelgrößenbehafteten Impedanzmodells ermittelten Partikelradien und Partikelanzahlen dargestellt. Diese sind wie physikalisch erwartet nahezu unabhängig vom betrachteten Arbeitspunkt, was für die Validität des Ansatzes spricht.

[1] Bei bekannter Partikelgrößenverteilung, beispielsweise aus einer Mikrostrukturrekonstruktion, kann der umgekehrte Weg beschritten und aus der Partikelgrößenverteilung die Diffusionskonstante des Festkörpers ermittelt werden.

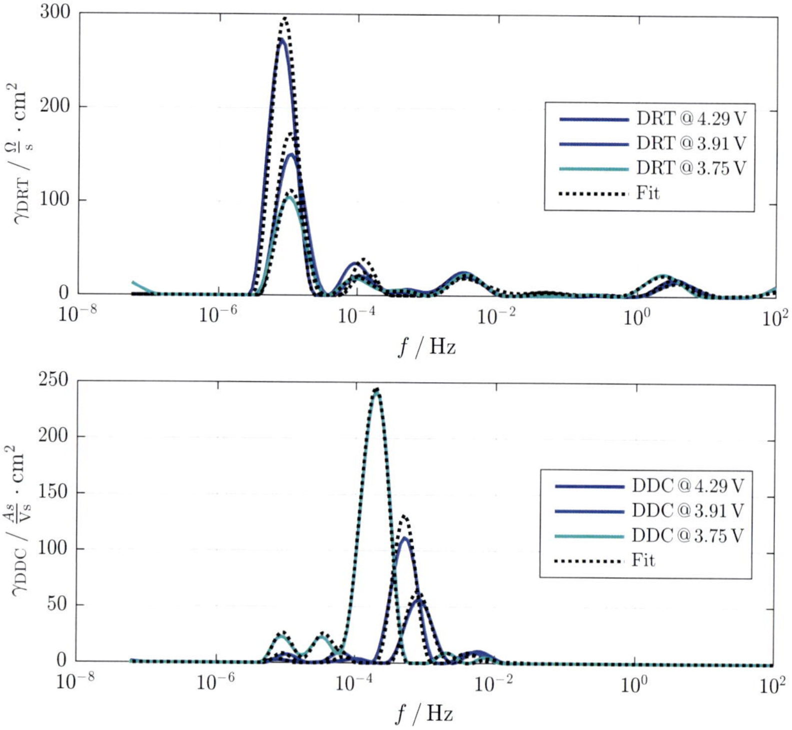

Abbildung 7.22: DRT und DDC der Messung und des gefitteten Modells. In beiden Verteilungsfunktionen kann eine gute Übereinstimmung erzielt werden.

Die Größenordnung der ermittelten Partikelgrößen erscheint ebenfalls physikalisch sinnvoll. Einzige Ausnahme bildet Partikelradius r_4: Die Radien von Partikelradius r_4 sind mit 28 μm sehr groß und bei einer 50 μm dicken Elektrode nicht mehr im Bereich des physikalisch möglichen. Gleichzeitig tragen Sie aufgrund ihrer geringen Anzahl nur wenig Kapazität. Als mögliche Erklärung für den sehr großen Partikelradius kommt in Betracht, dass es sich bei den entsprechenden Kapazitätsbeiträgen nicht um tatsächlich große Partikel handelt, sondern um schlecht angebundene normal große Partikel, die phänomenologisch auf die gleiche Weise erscheinen. Eine Validierung dieser Hypothese könnte durch Vergleich neuer und gealterter NMC-Kathoden erfolgen: Wie in [Lan16b] gezeigt, zerbrechen NMC-Partikel im Rahmen der Alterung. Der Anteil schlecht zugänglicher Kapazität sollte sich somit bei gealterten Kathoden erhöhen.

(a)

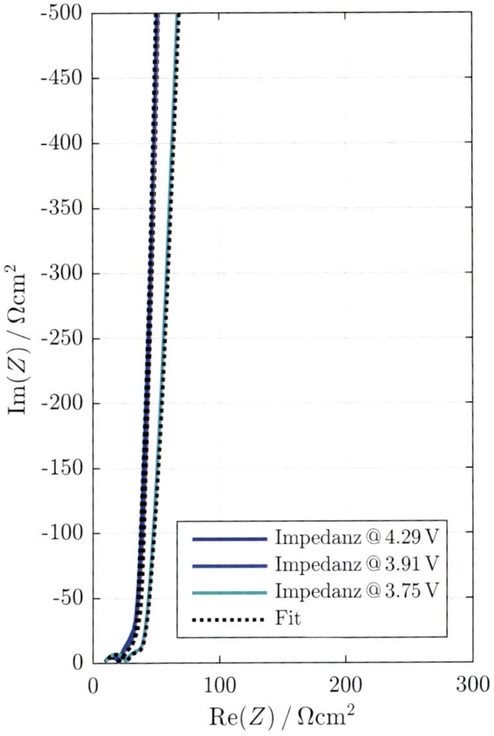

(b)

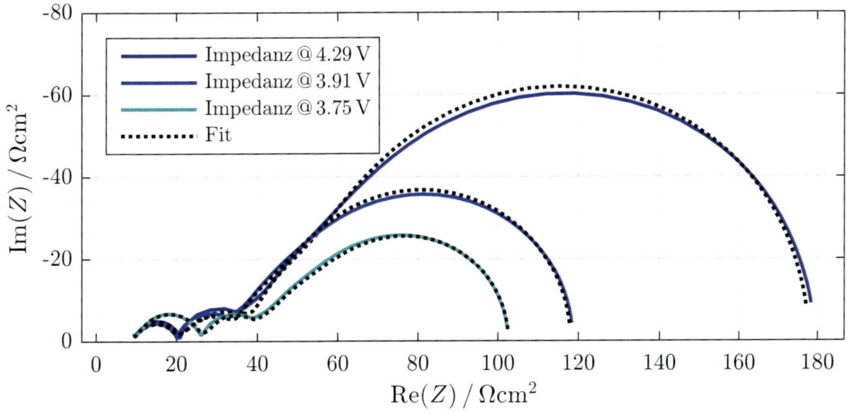

Abbildung 7.23: Impedanzspektren und Fit der untersuchten NMC-Kathode bei Berücksichtigung der Partikelgrößenverteilung. (a) Nyquistplot bis 15 μHz. (b) Polarisationsspektrum.

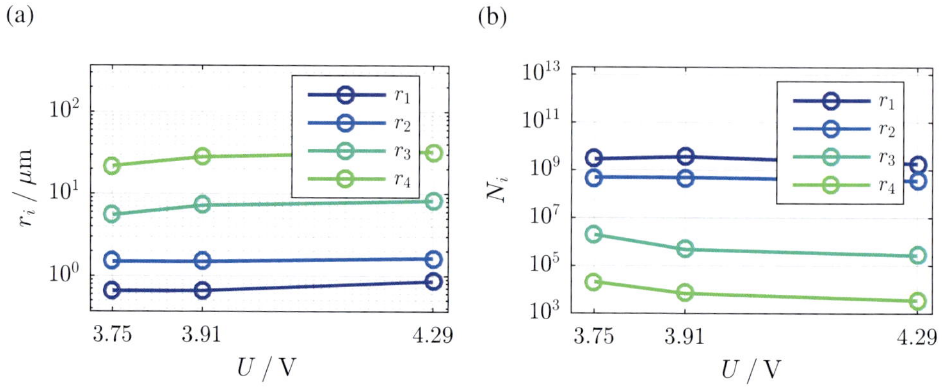

Abbildung 7.24: Ermittelte Partikelradien und Partikelanzahlen für verschiedene Arbeitspunkte.

7.2.6.2. Anteil unterschiedlicher Partikelgrößen an der Gesamtkapazität

Aus den ermittelten Partikelanzahlen und Partikelgrößen können die Anteile der unterschiedlichen Partikelgrößen an der Gesamtkapazität der Elektrode berechnet werden. Die Aufschlüsselung der Kapazitätsanteile ist in Abbildung 7.25 exemplarisch für die ermittelten Partikelgrößen bei 3,91 V dargestellt. Demnach wird ein Großteil der Kapazität von kleinen Partikeln getragen.

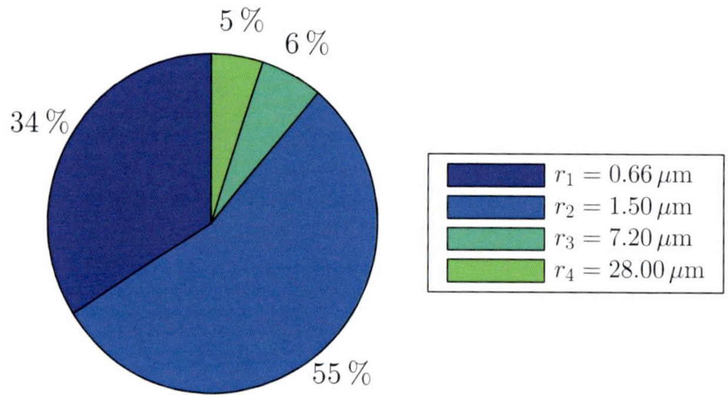

Abbildung 7.25: Anteil der unterschiedlichen Partikelgrößen an der Gesamtkapazität.

7.2.6.3. Aktive Oberfläche

Aus den ermittelten Partikelanzahlen und Partikelgrößen kann die aktive Oberfläche der Elektrode abgeschätzt werden. Diese wird in der Regel bezogen auf das Elektrodenvolumen angegeben und ist somit für die angenommene Partikelform durch

$$a_{\text{akt}} = \frac{A_{\text{akt}}}{V_{\text{Elektrode}}} = \frac{\sum_i N_i \cdot 2\pi r_i \cdot r_i}{\pi r_{\text{Elektrode}}^2 \cdot L_{\text{Elektrode}}} \tag{7.19}$$

definiert. Mittelwertbildung der ermittelten Werte an den verschiedenen Arbeitspunkten liefert eine aktive Oberfläche von

$$a_{\text{akt}} \approx 1{,}23\,\mu\text{m}^{-1} \tag{7.20}$$

bei einer Standardabweichung von

$$\sigma_{a_{\text{akt}}} = 0{,}0953\,\mu\text{m}^{-1} \tag{7.21}$$

Dieser Wert liegt in einer realistischen Größenordnung, wie ein Vergleich mit den aktiven Oberflächen anderer Kathoden in [End14] zeigt, die mit Hilfe einer Mikrostrukturrekonstruktion ermittelt wurden.

7.2.6.4. Polarisationswiderstände

Das Impedanzmodell nach Abbildung 7.21 enthält nicht nur Informationen über die Partikelgrößen, sondern auch über die Polarisationswiderstände von Elektrolytdiffusion und Ladungstransfer. Diese gehen als flächenspezifische Größen in den Fit ein und werden für die unterschiedlich großen Partikel entsprechend entnormiert. Die auf diese Weise ermittelten spezifischen Widerstandswerte sind in Abbildung 7.26 dargestellt. Wie auch aus der DRT ersichtlich haben die Polarisationswiderstände von Elektrolytdiffusion und Ladungstransfer etwa den gleichen Wert. Die Elektrolytdiffusionspolarisation ist wie physikalisch erwartet konstant für die verschiedenen Arbeitspunkte, der Ladungstransferwiderstand zeigt die nach Gleichung 4.95 erwartete Erhöhung hin zu kleinen Arbeitspunktspannungen.

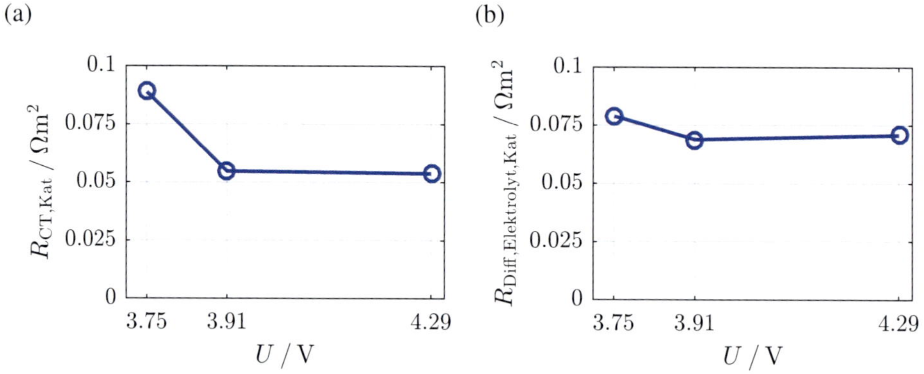

Abbildung 7.26: Polarisationswiderstände von (a) Ladungstransfer und (b) Elektrolytdiffusion.

7.2.6.5. Bahnwiderstände des Kettenleiters

Für den ionischen Pfad wurde für alle Arbeitspunkte ein Wert von

$$R_{\text{Elektrolyt}} = 3\,\Omega \tag{7.22}$$

ermittelt. Der Widerstand des elektronischen Pfads zeigte keinen Einfluss auf die Qualität des erzielten Fits. Er wurde daher zu

$$R_{\text{Kathode}} = 1 \cdot 10^{-6}\Omega \tag{7.23}$$

angenommen. Diese Annahme ist gleichbedeutend mit einer sehr guten elektronischen Leitfähigkeit der Elektrode, beispielsweise durch einen hohen Leitrußanteil.
Mit Hilfe der angenommenen Porosität der Elektrode kann aus dem bestimmten effektiven Elektrolytwiderstand und der in Kapitel 7.1 ermittelten Leitfähigkeit des reinen Elektrolyten die Tortuosität der Elektrode abgeschätzt werden. Es gilt nach Gleichung 2.9:

$$\tau_{\text{Por}} = \frac{\sigma}{\sigma_{\text{eff}}} \varepsilon_{\text{Por}} \tag{7.24}$$

Die Leitfähigkeit des verwendeten Elektrolyten bei 25 °C wurde in Kapitel 7.1 zu 1,06 $\frac{\mathrm{S}}{\mathrm{m}}$ bestimmt. Es ergibt sich somit

$$\tau_{\mathrm{Por}} = \frac{\sigma}{\frac{L_{\mathrm{Elektrode}}}{R_{\mathrm{Elektrolyt}} \cdot \pi r_{\mathrm{Elektrode}}^2}} \cdot \varepsilon_{\mathrm{Por}} = 4{,}05 \tag{7.25}$$

Dieser Wert entspricht in seiner Größenordnung den in [End14] durch Mikrostrukturrekonstruktion bestimmten Tortuositäten und erscheint somit plausibel.

7.2.6.6. Interpretation der Polarisationsimpedanz

Die Polarisationsimpedanz zeigt einen charakteristischen, sehr großen Polarisationsprozess für kleine Frequenzen. Dieser kann nach den gewonnen Erkenntnissen sehr großen oder schlecht angebundenen Partikeln zugeordnet werden. Entfernt man die Partikel mit Radius r_4 aus dem Modell, so verschwindet dieser Prozess[2]. Dies ist in Abbildung 7.27 beispielhaft für den Arbeitspunkt 3,75 V dargestellt.

7.2.6.7. Abhängigkeit von angenommenen Parametern

Im Zuge der Bestimmung der Partikelgrößen wurden Diffusionskoeffizient, Partikelhöhe sowie Porosität der Elektrode als bekannt vorausgesetzt. Werden diese Größen fehlerhaft angenommen, so pflanzt sich der Fehler in die ermittelten Parameter Partikelgröße, Partikelanzahl sowie daraus abgeleitete Parameter wie die aktive Oberfläche fort. Die Abhängigkeit der ermittelten Partikelgrößenverteilung von den angenommenen Parametern kann dabei wie folgt abgeschätzt werden: Aus Gleichung 4.84 und 4.85 folgt für Kapazität und Widerstand eines Ensembles von N Partikeln einer Partikelgröße r

$$C_{\mathrm{Diff,zylindrisch}} = C_0 \cdot \pi r^2 h \cdot N \tag{7.26}$$

und

$$R_{\mathrm{Pol,zylindrisch}} = \frac{1}{C_0} \cdot \frac{1}{8\pi h \cdot D_{\mathrm{Festkörper}}} \cdot \frac{1}{N} \tag{7.27}$$

[2] Da hierdurch auch die durch diese Partikelart getragene Kapazität entfernt wird, verbessert sich die Elektrode nur scheinbar.

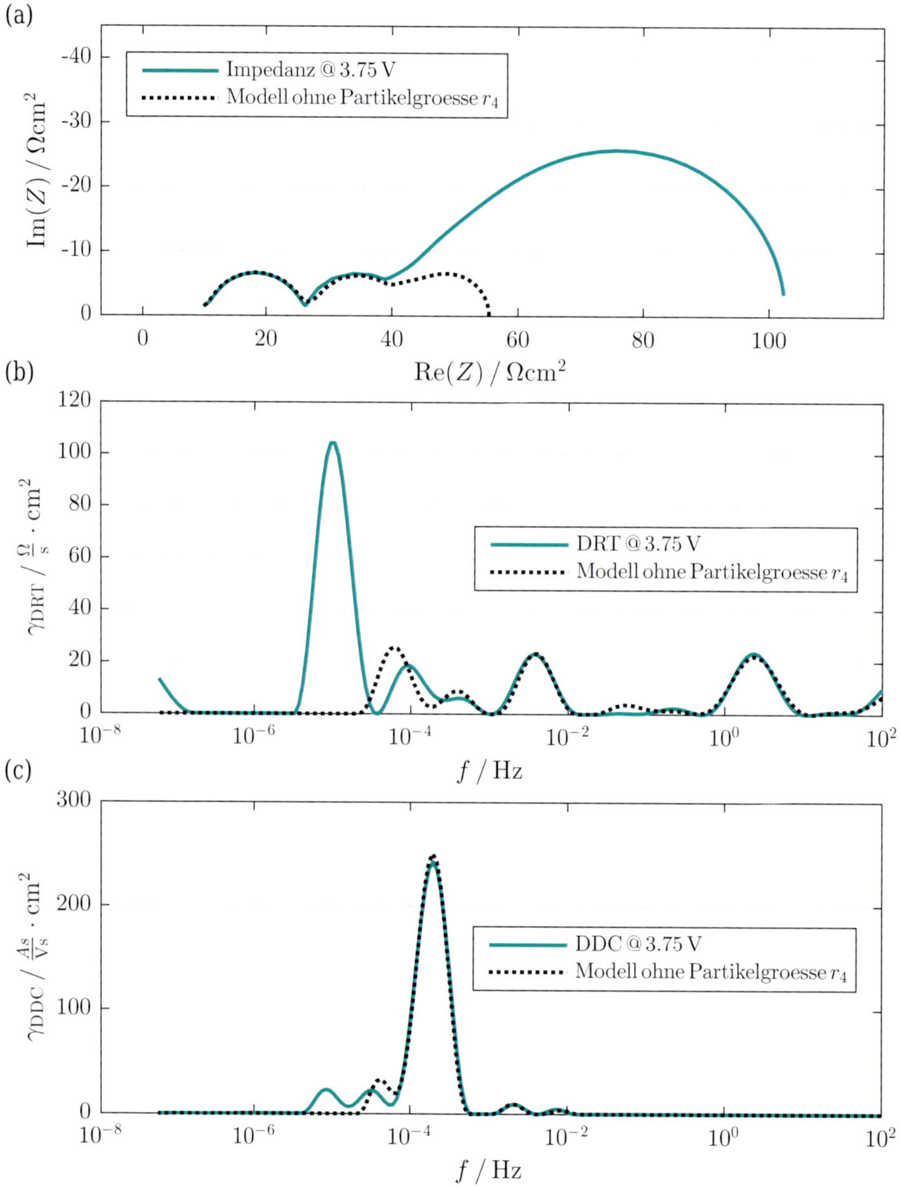

Abbildung 7.27: Vergleich von Messung und Modell bei entfernter Partikelgröße r_4. (a) Polarisationsspektrum. (b) DRT. (c) DDC.

Auflösen nach r und N liefert zunächst

$$r = \sqrt{8 \cdot R_{\mathrm{Pol,zylindrisch}} \cdot C_{\mathrm{Diff,zylindrisch}} \cdot D_{\mathrm{Festkörper}}} \tag{7.28}$$

beziehungsweise

$$N = \frac{C_{\mathrm{Diff,zylindrisch}}}{C_0} \cdot \frac{1}{\pi h \cdot 8 \cdot R_{\mathrm{Pol,zylindrisch}} \cdot C_{\mathrm{Diff,zylindrisch}} \cdot D_{\mathrm{Festkörper}}} \tag{7.29}$$

Der Parameter C_0 wird durch die angenommene Porosität determiniert. Es gilt

$$C_0 = \frac{C_{\mathrm{Diff,zylindrisch}}}{V_{\mathrm{akt}}} = \frac{C_{\mathrm{Diff,zylindrisch}}}{(1-\varepsilon_{\mathrm{Por}}) \cdot V_{\mathrm{Elektrode}}} \tag{7.30}$$

Einsetzen dieser Beziehung in Gleichung 7.29 liefert schließlich

$$N = \frac{(1-\varepsilon_{\mathrm{Por}}) \cdot V_{\mathrm{Elektrode}}}{\pi h \cdot 8 \cdot R_{\mathrm{Pol,zylindrisch}} \cdot C_{\mathrm{Diff,zylindrisch}} \cdot D_{\mathrm{Festkörper}}} \tag{7.31}$$

Mit den hergeleiteten Beziehungen für N und r ergibt sich die aktive Oberfläche zu

$$a_{\mathrm{akt}} = \frac{A_{\mathrm{akt}}}{V_{\mathrm{Elektrode}}} = \frac{2 \cdot (1-\varepsilon_{\mathrm{Por}})}{\sqrt{8 \cdot R_{\mathrm{Pol,zylindrisch}} \cdot C_{\mathrm{Diff,zylindrisch}} \cdot D_{\mathrm{Festkörper}}}} \tag{7.32}$$

Aus Gleichung 7.28, 7.31 und 7.32 ergeben sich die folgenden Proportionalitäten bezüglich der angenommenen Parameter:

$$r \propto \sqrt{D_{\mathrm{Festkörper}}} \tag{7.33}$$

$$N \propto \frac{(1-\varepsilon_{\mathrm{Por}})}{h \cdot D_{\mathrm{Festkörper}}} \tag{7.34}$$

$$a_{\mathrm{akt}} \propto \frac{(1-\varepsilon_{\mathrm{Por}})}{\sqrt{D_{\mathrm{Festkörper}}}} \tag{7.35}$$

Eine Vervierfachung des angenommenen Diffusionskoeffizienten führt also zu einer Verdoppelung des ermittelten Partikelradius, einer Viertelung der ermittelten Partikelanzahl und einer Halbierung der berechneten aktiven Oberfläche. Die ermittelten Parameter dürfen also stets nur unter Berücksichtigung dieser Unsicherheit interpretiert werden.

7.3. Zusammenfassung

Die in den vorhergehenden Kapiteln entwickelte Theorie zur Durchführung von Impedanzmessungen im Niederfrequenzbereich wurde beispielhaft zur Ermittlung der charakteristischen Parameter typischer Elektrolyte, sowie zur Charakterisierung einer Kathode, bestehend aus NMC, angewandt.
Es konnte gezeigt werden, dass in einem Aufbau mit metallischen Elektroden speziell Relaxationsmessungen vorteilhaft zur Ermittlung der Elektrolytimpedanz eingesetzt werden können. Aus der ermittelten Impedanz konnten Überführungszahl, Diffusionskoeffizient und Leitfähigkeit verschiedener Elektrolyte bei unterschiedlichen Temperaturen zunächst unter Separatoreinfluss bestimmt werden. Die zusätzliche Messung der reinen Elektrolytleitfähigkeit in einem eigens hierfür konstruierten Zellsetup mittels EIS ermöglicht die Bestimmung der MacMullin-Zahl des Separators und so eine Umrechnung der ermittelten Größen auf die erwarteten Parameter in freiem Elektrolytvolumen.
Zur Messung der niederfrequenten Impedanz der NMC-Kathode wurden Doppelpulsmessungen durchgeführt. Diese kompensieren den Einfluss der Selbstentladung, so dass die Impedanz bis in den Bereich weniger μHz ermittelt werden kann. Anhand der ermittelten Impedanzen wurde zunächst gezeigt, dass ein Modell bestehend aus nur einer Partikelgröße nicht geeignet ist, den Niederfrequenzbereich der Impedanz der Kathode korrekt nachzubilden. Mit Hilfe der zuvor eingeführten, neuen Verteilungsfunktion der differentiellen Kapazität (DDC) konnte als Ursache hierfür das Vorhandensein mehrerer Interkalationszeitkonstanten identifiziert werden. Diese wurden auf das Vorhandensein verschiedener Partikelgrößen zurückgeführt und das Impedanzmodell entsprechend erweitert. Das erweiterte Modell bildet die Impedanz im gesamten Frequenzbereich, sowie DRT und DDC der Messung gut nach. Die im Fit ermittelten Parameter bzw. daraus abgeleitete Größen befinden sich in plausiblen Größenordnungen, was die physikalische Validität des gewählten Ansatzes indiziert.

8. Zusammenfassung

Ziel der vorliegenden Arbeit war die Entwicklung von Verfahren zur Charakterisierung, sowie die Modellierung des Niederfrequenzverhaltens von Lithium-Ionen-Batterien. Nach der Einführung notwendiger Grundlagen und Begriffe in Kapitel 2 wurde zunächst in Kapitel 3 der Stand der Technik dargelegt. Darauf aufbauend wurde in Kapitel 4 das Impedanzmodell einer Lithium-Ionen-Batterieelektrode aus einfachen Grundprinzipien der Reaktionskinetik und des Massentransports konsistent hergeleitet. Kapitel 5 behandelte die Messung von Impedanzspektren im Niederfrequenzbereich und die hierfür nutzbaren Anrege- und Auswerteverfahren, sowie mögliche Fehlerquellen. Die mit diesen Verfahren ermittelbaren Impedanzen können mit den in Kapitel 6 vorgestellten, nicht-parametrischen Analyseverfahren untersucht und grundlegende Eigenschaften der Elektrode so voridentifiziert werden. Neben der Darstellung des bekannten Verfahrens der DRT zur Analyse des resistiven Verhaltens einer Elektrode, wurde mit der DDC ein neues Analyseverfahren vorgeschlagen, das eine Analyse des kapazitiven Verhaltens der Elektrode ermöglicht. In Kapitel 7 werden die zuvor hergeleiteten Modelle und Verfahren schließlich genutzt, um sowohl typische Flüssigelektrolyte als auch eine NMC-Kathode im gesamten Frequenzbereich zu charakterisieren und zu modellieren. Im Einzelnen wurden in der vorliegenden Dissertation die folgenden Ergebnisse erzielt:

1. Konsistente Herleitung des vollständigen Impedanzmodells des Elektrolyten und der Elektrode aus fundamentalen Prinzipien der Reaktionskinetik und des Massentransports.
2. Durchführung einer analytischen Fehlerbetrachtung bei Impedanzmessungen im Niederfrequenzbereich sowie die Entwicklung des Verfahrens der Doppelpulsmessung zur Kompensation der Selbstentladung.
3. Beweis der Nachbildbarkeit elektrochemischer Systeme durch RC-Glied basierte Impedanzmodelle.
4. Einführung der DDC zur Analyse des kapazitiven Verhaltens einer Batterieelektrode.

5. Vorschlag und Durchführung eines Verfahrens zur vollständigen Bestimmung der charakteristischen Parameter von Flüssigelektrolyten aus Hoch- und Niederfrequenzimpedanzmessungen.
6. Charakterisierung und Modellierung einer NMC-Kathode im gesamten Frequenzbereich durch Messung der Impedanz und Entwicklung eines die Partikelgrößenverteilung berücksichtigenden Impedanzmodells.

Die Ergebnisse der einzelnen Kapitel sind im Folgenden vertieft dargestellt.

Modellbildung Ausgehend von den bekannten Nernst-Planck Gleichungen für den Transport von Ionen in einem Flüssigelektrolyten wurde zunächst ein Ausdruck für die Bulkimpedanz des Elektrolyten hergeleitet, die den räumlichen Spannungsabfall über dem Elektrolytvolumen bei Stromfluss beschreibt. Sie besteht aus einem ohmschen Anteil, hervorgerufen durch die endliche Leitfähigkeit des Elektrolyten, sowie aus einer Konzentrationsimpedanz. Diese beschreibt den Spannungsabfall aufgrund eines Konzentrationsgradienten im Elektrolyten in Verbindung mit unterschiedlichen Beweglichkeiten von Anionen und Kationen: Die unterschiedlichen Beweglichkeiten führen dazu, dass die unterschiedlich geladenen Ionen in einem Konzentrationsgradienten unterschiedlich schnell diffundieren und sich daher ein elektrisches Feld zwischen beiden Ionenarten ausbildet, das als Konzentrationsspannung gemessen werden kann. Die Konzentrationsimpedanz hat die Form eines Finite-Length Warburg Elements und verschwindet für gleiche Beweglichkeiten beider Ionenarten, sowie für den Fall von Festelektrolyten, wo eine Ionensorte ortsfest ist und sich somit aus Gründen der Elektroneutralität kein Konzentrationsgradient ausbilden kann.
Die Impedanz der Elektrode-Elektrolyt-Grenzfläche wurde aus der Ein-/Ausbaureaktion von Lithium-Ionen in einen Festkörper, sowie deren Abhängigkeit von den Konzentrationen der beteiligten Reaktanden hergeleitet: Aus den Geschwindigkeitskonstanten der Ein- und Ausbaureaktion ergibt sich zunächst die offene Zellspannung der Elektrode, sowie die Verknüpfung zwischen Strom und Überspannung durch die Butler-Volmer-Gleichung. Eine Linearisierung der Butler-Volmer-Gleichung ergibt, dass sich die Impedanz der Grenzfläche aus drei Teilimpedanzen zusammensetzt: Dem Ladungstransferwiderstand, sowie Beiträgen durch einen nicht beliebig schnellen Zu- bzw. Abtransport von Spezies an die Grenzfläche durch Diffusion im Festkörper und im Elektrolyten. Die Form der Teilimpedanzen wurde anschließend analytisch hergeleitet und so in Kombination mit den vorherigen Ergebnissen das allgemeine Impedanzmodell einer Anordnung aus Elektrolyt und Aktivmaterialpartikel bestimmt. Es konnte gezeigt werden, dass dieses Modell den bekannten Anstieg von Ladungstransfer- und Festkörperdiffusionsimpedanz für sehr kleine und sehr große La-

dezustände qualitativ korrekt vorhersagt. Aus dem allgemeinen Impedanzmodell wurde schließlich das Impedanzmodell einer speziellen Anordnung zur Messung von Flüssigelektrolyten abgeleitet. Eine Erweiterung mittels eines Kettenleiteransatzes lieferte zuletzt ein Impedanzmodell zur Beschreibung poröser Elektroden mit einer sowie mehrerer Partikelgrößen. Die resultierenden Impedanzmodelle bildeten die Grundlage für die Charakterisierung von Elektrolyt und Elektrode in Kapitel 7.

Impedanzmessung Die EIS als Standardverfahren zur Messung der Impedanz im hochfrequenten Bereich wurde vorgestellt und ihre Nachteile in Bezug auf die Messung der Impedanz im niederfrequenten Bereich wurden diskutiert. Als Hauptnachteil wurden eine lange Messzeit sowie ein großer Ladungshub identifiziert. Als alternative Messmethode für diesen Frequenzbereich wurden Zeitbereichsmessungen vorgeschlagen, bei denen die Impedanz aus den Zeitverläufen nicht-sinusförmiger Signale ermittelt wird.
Als praxisrelevante Messmethoden wurden je nach Anwendung Pulsmessungen sowie Relaxationsmessungen identifiziert. Relaxationsmessung bieten Vorteile bei der Charakterisierung von Systemen mit metallischen Elektroden, Pulsmessungen bei der Charakterisierung von interkalierenden Elektroden. Störungen durch Selbstentladung können mittels Doppelpulsmessung kompensiert werden.
Die Berechnung von Impedanzen aus Zeitsignalen kann durch zwei Verfahren erfolgen: Mittels Fourier-Transformation sowie durch Modellfit. Bei ersterem werden die gemessenen Strom- und Spannungssignale einer Fourier-Transformation unterzogen und die Impedanz anschließend durch Division der Fourier-Transformierten ermittelt. Bei zweiterem wird ein allgemeines Modell an die Messdaten angepasst und aus den Modellparametern die zugehörige Impedanz berechnet. Die Vorteile der Fouriertransformation liegen in ihrer Voraussetzungsfreiheit sowie ihrer Sensitivität gegenüber gestörten Messdaten, die unweigerlich zu stark gestörten Impedanzspektren führen und so eine einfache Detektion ermöglicht. Ihr Nachteil ist die direkte Verknüpfung der minimal auswertbaren Frequenz mit der Messdauer und die daraus resultierende praktische Limitierung auf Frequenzen größer als 2 μHz (entsprechend 48 h Messzeit). Der Vorteil der Auswertung durch Modellfit liegt entsprechend in einer Verknüpfung der Messdauer mit der größten Modellzeitkonstante, deren Beitrag noch mit geringer Unsicherheit bestimmt werden kann. Es muss hier lediglich so lange gemessen werden, bis die Beiträge der größten Systemzeitkonstanten identifiziert werden können. Die Impedanz kann anschließend an beliebig kleinen Frequenzen berechnet werden. Der Nachteil des Modellfitverfahrens liegt darin, dass sich Messfehler nur über den Umweg fehlerhaft bestimmter Modellparameter auf die Impedanz auswirken. Auch eine stark fehlerbehaftete Impedanz erweckt so noch den Eindruck der Korrektheit. Als Lösung

wird vorgeschlagen, beide Methoden parallel zu verwenden und nur bei hinreichend guter Übereinstimmung der auf beiden Wegen ermittelten Impedanzen vom erweiterten Frequenzbereich bei Modellfit Gebrauch zu machen. Bei beiden Auswerteverfahren kann die Qualität der ermittelten Impedanz durch Erhöhung von Pulsdauer und Pulsstärke gleichermaßen verbessert werden.

Nicht-parametrische Analyseverfahren Die Grundlage nicht-parametrischer Analyseverfahren ist die Nachbildbarkeit von Impedanzen mit allgemeinen Modellstrukturen. Eine prominente Rolle nehmen dabei Modelle ein, die aus einer Reihenschaltung von RC-Gliedern und optional einer weiteren seriellen Kapazität und einem ohmschen Widerstand bestehen. Es konnte gezeigt werden, dass sich Impedanzen beliebiger Systeme genau dann mit einem solchen Modell nachbilden lassen, wenn die Übertragungsfunktion des Systems keine komplexen Polstellen aufweist und somit dessen Sprungantwort nicht oszilliert. Dies ist für die im Rahmen dieser Dissertationsschrift behandelten elektrochemischen Systeme der Fall. Dieser Beweis bildet die theoretische Grundlage des bekannten Verfahrens der DRT, dessen Anwendung auf den niederfrequenten Bereich der Impedanz von Batterieelektroden diskutiert wurde. Die DRT bildet das Polarisationsverhalten von Batterieelektroden korrekt ab und erlaubt somit eine Aussage darüber, mit welchen Zeitkonstanten verschiedene Anteile der Polarisationsspannung erscheinen. Sie gibt somit Aufschluss über das Abklingverhalten der Elektrodenspannung nach Abschaltung des Stroms, nicht jedoch über das Spannungsverhalten während des Stromflusses. Bei Stromfluss wirkt zusätzlich der kapazitive Anteil der Impedanz, der eine dauerhafte Spannungsänderung der Elektrode nach Einbringen von Ladung beschreibt.

Zur Analyse der Impedanz aus kapazitiver Sicht wurde analog zur DRT eine Verteilungsfunktion der differentiellen Kapazität DDC eingeführt. Diese beschreibt, wie groß die unterschiedlichen Anteile der differentiellen Kapazität sind und wie schnell diese ge- oder entladen werden können. Unterschiedlich schnelle Kapazitätsanteile können mit unterschiedlichen Materialien, unterschiedlich gut angebundenen Aktivmaterialpartikeln oder mit unterschiedlichen Partikelgrößen assoziiert werden. In letzterem Fall entscheidet die Partikelgröße, wie schnell ein Partikel geladen wird und somit bei welcher charakteristischen Frequenz die DDC einen kapazitiven Prozess zeigt. Die Anzahl gleich großer Partikel entscheidet, wie viel Kapazität mit der zugeordneten Zeitkonstante verfügbar ist und somit welche Größe der kapazitive Prozess hat. Die DDC impliziert somit die Erkenntnis, dass die Gestalt der niederfrequenten Impedanz auf eine Partikelgrößenverteilung zurückgeführt werden kann. Die Anzahl notwendiger Klassen von Partikelgrößen in einem Impedanzmodell korreliert mit der Anzahl kapazitiver Prozesse in der DDC und kann auf diese Weise bereits im Vorfeld der Modellerstellung identifiziert werden.

Charakterisierung Die hergeleiteten Modelle, Messverfahren und Auswertemethoden wurden zur Charakterisierung typischer Flüssigelektrolyte, sowie einer Kathode aus den Materialsystem NMC verwendet.
Die gewählten Flüssigelektrolyte waren ein neuwertiger Elektrolyt (LP30, EC:DMC), ein kalendarisch gealterter Elektrolyt (LP30, EC:DMC), sowie ein Elektrolyt (LP50, EC:EMC). Ihre Charakterisierung erfolgte in zwei unterschiedlichen Messaufbauten: In Messaufbau 1 wurde der Elektrolyt zur Unterdrückung von Konvektion in Glasfaserseparatoren eingebracht, die durch zwei metallische Lithium-Elektroden kontaktiert wurde. Um die Impedanzbeiträge des Elektrolyten von der Ladungstransferimpedanz zu separieren wurde der Elektrodenabstand und damit die Zeitkonstante der Impedanz durch Verwendung von vier 235 μm dicken Glasfaserseparatoren künstlich vergrößert. Die Messung der Impedanz dieses Aufbaus erfolgte im hochfrequenten Bereich mittels EIS. Im niederfrequenten Bereich wurden Relaxationsmessungen verwendet. Bei diesen ist die eigentliche Messphase stromlos, weswegen sich die Oberflächen der metallischen Elektroden während der Messung nicht ändern. Die Validität der Messmethodik wurde durch Variation der Separatoranzahl nachgewiesen. Die Einhaltung der Linearitätsbedingung wurde durch Wiederholung der Messung bei variierender Anregungsstromstärke überprüft. Für Stromstärken kleiner gleich 400 $\frac{\mu\text{A}}{\text{cm}^2}$ konnten stabile Ergebnisse erzielt werden. Unter Verwendung des zuvor hergeleiteten Ausdrucks der Elektrolytimpedanz wurden aus diesen Messungen Diffusionskonstante, Leitfähigkeit und Überführungszahl der Elektrolyte unter Separatoreinfluss für Temperaturen von $-15\,^\circ$C bis 45 °C extrahiert. Messaufbau 2 bestand aus einer im Rahmen dieser Dissertation entworfenen Elektrolytmesszelle mit zwei Referenzelektroden, mit denen die Elektrolytleitfähigkeit ohne Separatoreinfluss gemessen wurde. Durch einen Vergleich der Leitfähigkeiten mit und ohne Separator wurde die MacMullin-Zahl der Separatoren zu 0,52 bestimmt und damit eine Korrektur der Elektrolytparameter um den Separatoreinfluss durchgeführt. Die ermittelten Parameter für die freien Elektrolyte stimmen gut mit Literaturwerten und auch innerhalb der charakterisierten Elektrolyte gut überein: Die Leitfähigkeit steigt jeweils von etwa 0,3 $\frac{\text{S}}{\text{m}}$ bei $-15\,^\circ$C auf etwa 1,5 $\frac{\text{S}}{\text{m}}$ bei 45 °C an. Der Diffusionskoeffizient wächst im gleichen Temperaturbereich von etwa $1 \cdot 10^{-10}\,\frac{\text{m}^2}{\text{s}}$ auf etwa $5 \cdot 10^{-10}\,\frac{\text{m}^2}{\text{s}}$. Die Überführungszahl ist bei allen Temperaturen gleich und liegt im Bereich von 0,3. Trotz guter Übereinstimmung ist eine geringfügige systematische Verschlechterung des kalendarisch gealterten Elektrolyten zu erkennen. Eine Charakterisierung von Elektrolyten unter Variation der Leitsalzkonzentration wurde im Rahmen dieser Arbeit nicht durchgeführt, ist mit dem vorgeschlagenen

Verfahren jedoch problemlos möglich und stellt eine sinnvolle Erweiterung dar. Die Charakterisierung der NMC-Kathode erfolgte aus Gründen der Selbstentladungskompensation mittels Doppelpulsmessung in einem kommerziellen Zellgehäuse mit Referenzelektrode. Die Impedanzmessung erfolgte an drei über den Betriebsbereich der Elektrode verteilten Arbeitspunkten 4,29 V, 3,91 V und 3,75 V gegen Lithium. Die Polarisationsanteile der Impedanzen wurden mit Hilfe der DRT dem Ladungstransfer, der Elektrolytdiffusion sowie der Festkörperdiffusion zugeordnet. Ein hieraus abgeleitetes Modell mit nur einem Interkalationspfad konnte zwar die Polarisationsimpedanz, nicht jedoch die kapazitive Charakteristik der Impedanz reproduzieren. Mit Hilfe der DDC konnten vier Interkalationszeitkonstanten identifiziert werden, die den Kapazitätsbeiträgen von vier unterschiedlichen Partikelgrößen zugeordnet wurden. Das Modell wurde dementsprechend erweitert. Mit dem so erweiterten Modell konnte sowohl das kapazitive als auch das Polarisationsverhalten der Impedanz im gesamten Frequenzbereich reproduziert werden. Die ermittelten Klassen von Partikelgrößen liegen in physikalisch sinnvollen Größenordnungen. Die ermittelten Partikelradien betragen 0,66 μm, 1,5 μm und 7,2 μm. Sie tragen Kapazitätsanteile von 34 %, 55 %, 6 % der Gesamtkapazität. Ebenfalls identifizierte Partikel mit einem unphysikalisch großen Partikelradius von 28 μm und einem Kapazitätsanteil von 5 % werden als schlecht angebundene Elektrodenpartikel interpretiert, deren Charakteristik nicht von der sehr großer Partikel unterscheidbar ist. Die aktive Oberfläche der Elektrode wurde aus den ermittelten Parametern zu 1,23 μm^{-1} bestimmt, die Tortuosität zu 4,05. Auch diese Werte liegen beide im Bereich realistischer Größenordnungen.

Der gute Fit des vorgeschlagenen Modells sowie die daraus ermittelte Partikelgrößenverteilung, aktive Oberfläche und Tortuosität der Elektrode sind sehr starke Indizien für die physikalische Relevanz des Modellansatzes. Nichtsdestotrotz kann eine endgültige Validierung nur im Rahmen einer Mikrostrukturrekonstruktion der untersuchten Elektrode erfolgen. Eine Korrelation der Ergebnisse aus beiden Analyseverfahren stellt die unmittelbare Fortsetzung der vorgelegten Arbeit dar.

Eine gemeinsame Ermittlung von Festkörperdiffusionskoeffizient und Partikelgrößenverteilung ist im Rahmen einer Temperaturvariation, bei der sich der Diffusionskoeffizient, nicht aber die Partikelgrößenverteilung ändert, möglich. Eine solche Analyse liefert zudem die Temperaturabhängigkeit des Festkörperdiffusionskoeffizienten.

Darüber hinaus eröffnen die entwickelten Verfahren und Ansätze die Möglichkeit, weitere Aktivmaterialien bzw. Aktivmaterialmischungen (Blend) mit den vorgeschlagenen Ansätzen zu charakterisieren. Auch Untersuchungen des Einflusses der Alterung auf die Elektrodenmikrostruktur werden durch die Ergebnisse dieser Arbeit ermöglicht.

Anhang

A. Die Nernst-Planck Gleichung

Es muss hierbei bemerkt werden, dass in manchen Literaturstellen, so zum Beispiel in [New04, S. 271], eine leicht andere Definition dieser Gleichungen angegeben wird, die im Migrationsterm die Faraday-Konstante $F = 96485,3365\,\frac{\mathrm{C}}{\mathrm{mol}}$ als zusätzlichen Faktor enthalten:

$$J_{\mathrm{Li}^+} = -\tilde{u}_{\mathrm{Li}^+} \cdot F \cdot c_{\mathrm{Li}^+} \cdot \frac{\partial \Phi}{\partial x} - D_{\mathrm{Li}^+} \cdot \frac{\partial c_{\mathrm{Li}^+}}{\partial x} \qquad \left[\frac{\mathrm{mol}}{\mathrm{m^2 s}}\right] \tag{8.1}$$

$$J_{\mathrm{PF}_6^-} = +\tilde{u}_{\mathrm{PF}_6^-} \cdot F \cdot c_{\mathrm{PF}_6^-} \cdot \frac{\partial \Phi}{\partial x} - D_{\mathrm{PF}_6^-} \cdot \frac{\partial c_{\mathrm{PF}_6^-}}{\partial x} \qquad \left[\frac{\mathrm{mol}}{\mathrm{m^2 s}}\right] \tag{8.2}$$

Diese Definition gilt nur (man rechne die Einheiten nach) unter Verwendung einer "molaren Beweglichkeit" $\tilde{u}_x$, definiert mittels

$$\vec{v}_{\mathrm{drift}} = \tilde{u}_x \cdot F \cdot \vec{E} = \frac{u_x}{F} \cdot F \cdot \vec{E} = u_x \cdot \vec{E} \tag{8.3}$$

mit Einheit $\left[\frac{\mathrm{m^2 mol}}{\mathrm{VAs^2}}\right] = \left[\frac{\mathrm{m^2 mol}}{\mathrm{Js}}\right]$ (siehe [New04, S. 11]). Es wird also die Beziehung zwischen einer Kraft pro mol, $(F \cdot \vec{E})$ und der resultierenden Driftgeschwindigkeit der Ionen hergestellt (siehe [New04, S. 272]). Während allein dies schon unintuitiv erscheint, ergibt sich als weitere Schwierigkeit, dass in der Literatur angegebene Beweglichkeiten von Ionen üblicherweise in regulärer Definition mit der Einheit $u_x \left[\frac{\mathrm{m^2}}{\mathrm{Vs}}\right]$ angegeben werden. Auch die Einstein-Smoluchowski-Beziehung, die den Zusammenhang zwischen Beweglichkeit und Diffusionkoeffizient herstellt, beruht auf dieser regulären Definition der Leitfähigkeit:

$$D_x = \frac{u_x \cdot k_B \cdot T}{e} \neq \frac{\tilde{u}_x \cdot k_B \cdot T}{e} \tag{8.4}$$

Um entsprechende Verwirrung zu vermeiden wird daher in dieser Dissertation von einer Definition der Nernst-Planck Gleichung wie in [New04, S. 271]) Abstand genommen.

B. Einfluss eines Separators

Ein Separator wirkt zum einen durch seine effektive Querschnittverringerung aufgrund seiner Porosität auf die Diffusionsgleichung: Die Stromdichte im Elektrolyten wird mikroskopisch zwar nach wie vor durch den physikalisch gültigen Diffusionskoeffizienten beschrieben, jedoch findet Stromfluss nur noch im porösen Querschnitt des Separators statt. Da man üblicherweise den tatsächlich fließenden Strom weiterhin auf den geometrischen Gesamtquerschnitt bezieht, ergibt sich mit der Porosität ε:

$$\tilde{j} = \frac{j \cdot A_{\text{porös}}}{A_{\text{gesamt}}} = D_{\text{Elektrolyt}} \cdot \frac{A_{\text{porös}}}{A_{\text{gesamt}}} \cdot \frac{\partial c}{\partial x} = D_{\text{Elektrolyt}} \cdot \varepsilon_{\text{Por}} \cdot \frac{\partial c}{\partial x} \tag{8.5}$$

Der Separator bewirkt neben einer Querschnittverringerung zum anderen auch eine Wegverlängerung der Diffusionsstrecke: Wirkt die Ableitung der Konzentration mikroskopisch also zwar weiterhin auf eine Länge Δx, so entspricht dies durch die gewundene Wegstrecke makroskopisch betrachtet nur einer Strecke von $\Delta\tilde{x} = \frac{\Delta x}{\tau}$, mit der Tortuosität τ als Wegverlängerungsfaktor. Bezogen auf eine makroskopische Größenskala gilt daher

$$D_{\text{Elektrolyt}} \cdot \varepsilon_{\text{Por}} \cdot \frac{\partial c}{\partial x} = D_{\text{Elektrolyt}} \cdot \varepsilon_{\text{Por}} \cdot \frac{\partial c}{\tau_{\text{Por}} \cdot \partial \tilde{x}} = D_{\text{Elektrolyt}} \cdot \frac{\varepsilon_{\text{Por}}}{\tau_{\text{Por}}} \cdot \frac{\partial c}{\partial \tilde{x}} \tag{8.6}$$

In auf die makroskopische Geometrie bezogene Größen gilt daher

$$\tilde{j} = D_{\text{Elektrolyt}} \cdot \frac{\varepsilon_{\text{Por}}}{\tau_{\text{Por}}} \cdot \frac{\partial c}{\partial \tilde{x}} = D_{\text{Elektrolyt,eff}} \cdot \frac{\partial c}{\partial \tilde{x}} \tag{8.7}$$

und der Einfluss des Separators kann als Verkleinerung des effektiven Diffusionskoeffizienten betrachtet werden. Die gleiche Argumentation gilt für die Leitfähigkeit, die durch den Einfluss des Separators als effektive Leitfähigkeit

$$\sigma_{\text{eff}} = \sigma \cdot \frac{\varepsilon_{\text{Por}}}{\tau_{\text{Por}}} \tag{8.8}$$

betrachtet werden kann.

C. Bestimmung der Überführungszahl aus der Impedanz

Zur Bestimmung der Überführungszahl aus der Impedanz wird in Kapitel 7.1.1 der Ausdruck

$$t_{\mathrm{Li}^+} = \frac{R_{\mathrm{Ohm}}}{R_{\mathrm{Ohm}} + R_{\mathrm{Pol,Warburg}}} \tag{8.9}$$

verwendet. Diese Beziehung lässt sich wie folgt motivieren. Einsetzen der Ausdrücke des ohmschen und des Polarisationswiderstands nach Gleichung 7.2 liefert zunächst

$$t_{\mathrm{Li}^+} = \frac{1}{1 + \frac{2RT}{F^2 c^*_{\mathrm{Li}^+}(0)} \cdot \frac{\sigma}{D\mathrm{Elektrolyt}} \cdot (1 - t_{\mathrm{Li}^+})^2} \tag{8.10}$$

Durch Einsetzen der Definitionen des Diffusionskoeffizienten nach Gleichung 4.18 und der Leitfähigkeit nach Gleichung 4.15, sowie Auflösen der Diffusionskoeffizienten von Anion und Kation durch die Einstein-Beziehung Gleichung 4.22 ergibt sich

$$t_{\mathrm{Li}^+} = \frac{1}{1 + \frac{\left(u_{\mathrm{Li}^+} + u_{\mathrm{PF}_6^-}\right)^2}{u_{\mathrm{Li}^+} \cdot u_{\mathrm{PF}_6^-}} \cdot (1 - t_{\mathrm{Li}^+})^2} \tag{8.11}$$

Einsetzen der Definition der Überführungszahlen nach Gleichung 4.16 und 4.17 liefert schließlich

$$t_{\mathrm{Li}^+} = \frac{1}{1 + \frac{\left(u_{\mathrm{Li}^+} + u_{\mathrm{PF}_6^-}\right)^2}{u_{\mathrm{Li}^+} \cdot u_{\mathrm{PF}_6^-}} \cdot \left(\frac{u_{\mathrm{PF}_6^-}}{u_{\mathrm{Li}^+} + u_{\mathrm{PF}_6^-}}\right)^2} = t_{\mathrm{Li}^+} \tag{8.12}$$

und somit die Gültigkeit der Behauptung.

D. Betreute Arbeiten

Die folgende Aufstellung gibt einen Überblick über die im Rahmen dieser Promotion betreuten studentischen Arbeiten.

- Kai Stumm, *Evaluation der Leistungscharakteristik von Li-Ionen-Zellen unterschiedlicher Zellchemie*, Studienarbeit, 02.05.2012 - 30.08.2012

- Genaro Morlet, *Evaluation der Anwendbarkeit verallgemeinerter Impedanzspektroskopie zu Diagnosezwecken*, Masterarbeit, 01.02.2013 – 31.07.2013
- Ravindra Goyal, *Leistungsfähigkeit und Sensitivität Kramers-Kronig basierter Validitätstests*, Bachelorarbeit, 01.06.2013 – 01.09.2013
- Christian Joos, *Entwicklung eines nichtlinearen Großsignal-Batteriemodells für Anwendungen im Automobilbereich*, Bachelorarbeit, 01.11.2013 – 30.04.2014
- Holger Bangert, *Analyse der Verteilungsfunktion der differentiellen Kapazität von Lithium-Ionen Batterien*, Diplomarbeit, 11.11.2014 – 10.05.2015
- Julian Becherer, *Bestimmung der Eigenschaften von Flüssigelektrolyten für Lithium-Ionen-Batterien*, Seminararbeit, 25.08.2016
- Ravindra Goyal, *Modell zur Beschreibung des induktiven Verhaltens automobiler Lithium-Ionen Batterien*, Masterarbeit, 06.07.2016 – 06.01.2017

E. Eigene Veröffentlichungen

Nachfolgend findet sich eine Aufstellung der während dieser Arbeit entstandenen Veröffentlichungen und Konferenzbeiträge.

Journal Paper

[MS-J01] D. Klotz, M. Schönleber, J. P. Schmidt und E. Ivers-Tiffée, *New approach for the calculation of impedance spectra out of time domain data*, Electrochimica Acta 56, pp. 8763-8769 (2011).

[MS-J02] J. P. Schmidt, P. Berg, M. Schönleber, A. Weber und E. Ivers-Tiffée, *The distribution of relaxation times as basis for generalized time-domain models for Li-ion batteries*, J. Power Sources 221, pp. 70-77 (2013).

[MS-J03] M. Schönleber, D. Klotz und E. Ivers-Tiffée, *A Method for Improving the Robustness of linear Kramers-Kronig Validity Tests*, Electrochimica Acta 131, pp. 20-27 (2014).

[MS-J04] M. Schönleber und E. Ivers-Tiffée, *Approximability of impedance spectra by RC elements and implications for impedance analysis*, Electrochemistry Communications 58, pp. 15-19 (2015).

[MS-J05] M. Schönleber und E. Ivers-Tiffée, *The Distribution Function of Differential Capacity as a new tool for analyzing the capacitive properties of Lithium-Ion batteries*, Electrochemistry Communications 61, pp. 45-48 (2015).

[MS-J06] M. Schönleber, C. Uhlmann, P. Braun, A. Weber und E. Ivers-Tiffée, *A Consistent Derivation of the Impedance of a Lithium-Ion Battery Electrode and its Dependency on the State-of-Charge*, Electrochimica Acta 243, pp. 250-259 (2017).

Konferenzbeiträge

[MS-K01] D. Klotz, M. Schönleber, J. P. Schmidt und E. Ivers-Tiffée, *New approach for the calculation of impedance spectra out of time domain data*, 62nd Annual ISE Meeting (Niigata, Japan), 11.09.2011 - 16.09.2011

[MS-K02] M. Schönleber, J. P. Schmidt, D. Klotz, A. Weber und E. Ivers-Tiffée, *Applicability and Restrictions for Time-Domain Methods yielding Impedance Spectra*, 16th International Meeting on Lithium Batteries (Jeju, Korea), 17.06.2012 - 22.06.2012

[MS-K03] M. Schönleber, D. Klotz und E. Ivers-Tiffée, *A Method for Improving the Robustness of Model-Based Kramers-Kronig Validity Tests*, 9th International Symposium on Electrochemical Impedance Spectroscopy (Okinawa, Japan), 16.06.2013 - 21.06.2013

[MS-K04] M. Schönleber, *Grundlagen des elektrischen Verhaltens von Lithium-Ionen Batterien*, Lecture Series Promotionskolleg Projekthaus e-drive (Behr GmbH Co. KG, Stuttgart), 25.06.2013

[MS-K05] M. Schönleber und E. Ivers-Tiffée, *An Approach for Computing and Tracking the Impedance Spectrum of Time-Variant Systems using Regular Operation Signals*, International Workshop on Impedance Spectroscopy (Chemnitz, Germany), 25.09.2013 - 27.09.2013

[MS-K06] M. Schönleber, A. Weber und E. Ivers-Tiffée, *Obtaining the Low Frequency Impedance of Li-Ion Batteries from Arbitrary Excitation Signals*, Gordon Research Conference on Batteries (Ventura, USA), 09.03.2014 - 14.03.2014

[MS-K07] M. Schönleber und E. Ivers-Tiffée, *An Approach for Computing the Impedance Spectrum of Lithium-Ion Batteries using regular Operation Signals*, Tagung Kraftwerk Batterie (Münster, Germany), 25.03.2014 - 26.03.2014

[MS-K08] M. Schönleber, M. Ender und E. Ivers-Tiffée, *Analyzing the Capacitive Region of Impedance Spectra using a Distribution Function of Differential Capacities*, International Workshop on Impedance Spectroscopy (Chemnitz, Germany), 24.09.2014 - 26.09.2014

[MS-K09] M. Schönleber, M. Ender und E. Ivers-Tiffée, *Analyzing Capacitive Characteristics of Lithium-Ion Batteries using a Distribution Function of Differential Capacities*, Batterieforum Deutschland 2015 (Berlin, Germany), 21.01.2015 - 23.01.2015

[MS-K10] M. Schönleber, M. Ender und E. Ivers-Tiffée, *Analyzing Capacitive Characteristics of Lithium-Ion Batteries using a Distribution Function of Differential Capacities*, ECS Fall Meeting 2016 (Phoenix AZ, USA), 11.10.2015 - 15.10.2015

[MS-K11] M. Schönleber und E. Ivers-Tiffée, *Measuring the Diffusion Impedance of Electrolytes for Lithium-Ion Batteries*, International Workshop on Impedance Spectroscopy (Chemnitz, Germany), 23.09.2015 - 25.09.2015

[MS-K12] M. Schönleber, M. Weiss, V. Liebau, J.P. Schmidt, P. Lamp, A. Weber und E. Ivers-Tiffée, *Capacity Degradation Analysis of Automotive Lithium-Ion Batteries*, Tagung Kraftwerk Batterie (Münster, Germany), 26.04.2016 - 27.04.16

[MS-K13] M. Schönleber und E. Ivers-Tiffée, *Approximability of Impedance Spectra by RC elements and Implications for Impedance Analysis*, ECS Fall Meeting 2017 (Honolulu HI, USA), 02.10.2016 - 07.10.2016

[MS-K14] M. Schönleber und E. Ivers-Tiffée, *A New Technique for Measuring the Diffusion Coefficient of Electrolytes for Lithium-Ion Batteries*, ECS Fall Meeting 2017 (Honolulu HI, USA), 02.10.2016 - 07.10.2016

Abkürzungsverzeichnis

DDC	Verteilungsfunktion der differentiellen Kapazität, *distribution function of differential capacity*
DMC	Dimethylcarbonat
DRT	Verteilungsfunktion der Relaxationszeiten, *distribution function of relaxation times*
EC	Ethylencarbonat
EIS	Elektrochemische Impedanzspektroskopie
EMC	Ethylmethylcarbonat
FIB	fokussierter Ionenstrahl, *focused ion beam*
FLW	*finite length warburg*
FRA	*frequency response analyzer*
FSW	*finite space warburg*
GITT	*galvanostatic intermittent titration technique*
ICA	*incremental capacity analysis*
LCO	Lithium-Kobalt-Oxid
LFP	Lithium-Eisenphosphat
LIB	Lithium-Ionenbatterie
LMO	Lithium-Mangan-Oxid
NCA	Lithium-Nickel-Kobalt-Aluminium-Oxid
NMC	Lithium-Nickel-Mangan-Kobalt-Oxid
NMP	N-methyl-2-pyrrolidon
OCV	Leerlaufspannung, *open circuit voltage*
PE	Polyethylen
PEEK	Polyetheretherketon
PITT	*potentiostatic intermittent titration technique*
REM	Rasterelektronenmikroskop
SEI	*solid electrolyte interphase*
SOC	Ladezustand, *state of charge*

Symbolverzeichnis

Symbole

$\mathbf{A}$	Systemmatrix
C	Kapazität
C_0	volumenspezifische differentielle Kapazität
C_{diff}	differentielle Kapazität
C_{N}	Nennkapazität
D_i	chemischer Diffusionskoeffizient der Spezies i
$\vec{E}$	Elektrisches Feld
E	Energie
F	Faradaykonstante
G	Übertragungsfunktion
H	Enthalpie
I	Strom
J	Massenstrom
L	Länge
N	Teilchen- oder Partikelzahl
R	universelle Gaskonstante
$\mathbf{R}$	Parametervektor
R_{Pol}	Polarisationswiderstand
T	absolute Temperatur
U	Spannung
U_{OCV}	Leerlaufspannung
V	Volumen
V_i	Leerstelle der Spezies i
Z	komplexe Impedanz
Z_{Pol}	Polarisationsimpedanz

a_i	Aktivität der Spezies i
c_i	Konzentration der Spezies i
d	Durchmesser
i	Strom
j	Stromdichte
k_b	Boltzmannkonstante
k_i	Geschwindigkeitskonstante einer Reaktion i
q	Ladung
r	Partikelradius
$\vec{r}$	Ortsvektor
s	Laplace-Parameter
t	Zeit
t_i	Überführungszahl der Spezies i
$\mathbf{u}$	Spannungsvektor
u_i	Beweglichkeit der Spezies i
v	Geschwindigkeit
x	Ortsvariable
z_i	Ladungszahl der Spezies i

Griechische Symbole

α	Symmetriefaktor
ε_{Por}	Porosität
η	Überspannung
π	Kreiszahl
ρ	flächenspezifischer Widerstand
σ	Leitfähigkeit
τ	Zeitkonstante
τ_{Int}	Interkalationszeitkonstante
τ_{Por}	Tortuosität
Φ	elektrisches Potential
ω	Kreisfrequenz
ζ	Messrauschen

Indizes

0, *	Gleichgewicht
+	positiv
−	negativ
eff	effektiv
El	Elektrode
CT	Ladungstransfer (*charge transfer*)
DL	Doppelschicht (*double layer*)
diff	Diffusion
i	Index für ein Material oder eine Spezies
max	maximal
min	minimal
ox	oxidiert
red	reduziert
ref	Referenz

Literaturverzeichnis

[And11] ANDRE, D.; MEILER, M.; STEINER, K.; WALZ, H.; SOCZKA-GUTH, T. und SAUER, D.U.: Characterization of high-power lithium-ion batteries by electrochemical impedance spectroscopy. II: Modelling. *Journal of Power Sources* (2011), Bd. 196(12):S. 5349–5356

[Bak13] BAKER, D.; LI, C. und VERBRUGGE, M.: Similarities and differences between potential-step and impedance methods for determining diffusion coefficients of Lithium in active electrode materials. *Journal of The Electrochemical Society* (2013), Bd. 160(10):S. A1794–A1805

[Bar99] BARSOUKOV, E.; KIM, J.H.; YOON, C.O. und LEE, H.: Kinetics of lithium intercalation into carbon anodes: in situ impedance investigation of thickness and potential dependence. *Solid State Ionics* (1999), Bd. 116(3):S. 249–261

[Bar02] BARSOUKOV, E.; RYU, S.H. und LEE, H.: A novel impedance spectrometer based on carrier function Laplace-transform of the response to arbitrary excitation. *Journal of Electroanalytical Chemistry* (2002), Bd. 536(1-2):S. 109–122

[Bar05] BARSOUKOV, E. und MACDONALD, J.R.: *Impedance Spectroscopy: Theory, Experiment and Applications*, Wiley (2005)

[Bis00] BISQUERT, J.: Influence of the boundaries in the impedance of porous film electrodes. *Physical Chemistry Chemical Physics* (2000), Bd. 2(18):S. 4185–4192

[Boc07] BOCKRIS, J.O.M. und REDDY, A.K.N.: *Volume 1: Modern Electrochemistry: Ionics*, Modern Electrochemistry, Springer US (2007)

[Bou95] BOUKAMP, B.A.: A linear Kronig Kramers transform test for immittance data validation. *Journal of The Electrochemical Society* (1995), Bd. 142(6):S. 1885–1894

[Bra11] BRAR, S.K. und VERMA, M.: Measurement of nanoparticles by light-scattering techniques. *TrAC Trends in Analytical Chemistry* (2011), Bd. 30(1):S. 4–17

[Bru88] BRUCE, P.; EVANS, J. und VINCENT, C.: Conductivity and transfer number measurements on polymer electrolytes. *Solid State Ionics* (1988), Bd. 28:S. 918–922

[Bul03] BULLER, S.; THELE, M.; KARDEN, E. und DE DONCKER, R.W.: Impedance-based non-linear dynamic battery modeling for automotive applications. *Journal of Power Sources* (2003), Bd. 113(2):S. 422–430

[Bur90] BURROWS, B.L. und COLWELL, D.J.: The Fourier transform of the unit step function. *International Journal of Mathematical Education in Science and Technology* (1990), Bd. 21(4):S. 629–635

[Cap99] CAPIGLIA, C.; SAITO, Y.; KAGEYAMA, H.; MUSTARELLI, P.; IWAMOTO, T.; TABUCHI, T. und TUKAMOTO, H.: 7Li and 19F diffusion coefficients and thermal properties of non-aqueous electrolyte solutions for rechargeable lithium batteries. *Journal of Power Sources* (1999), Bd. 81:S. 859–862

[Cho15] CHO, S.; CHEN, C. und MUKHERJEE, P.: Influence of microstructure on impedance response in intercalation electrodes. *Journal of The Electrochemical Society* (2015), Bd. 162(7):S. A1202–A1214

[Cos17] COSTARD, J.; ENDER, M.; WEISS, M. und IVERS-TIFFÉE, E.: Three-electrode setups for Lithium-Ion batteries II. Experimental study of different reference electrode designs and their implications for half-cell impedance spectra. *Journal of The Electrochemical Society* (2017), Bd. 164(2):S. A80–A87

[Dar00] DAROWICKI, K.; ORLIKOWSKI, J. und LENTKA, G.: Instantaneous impedance spectra of a non-stationary model electrical system. *Journal of Electroanalytical Chemistry* (2000), Bd. 486(2):S. 106–110

[Din01] DING, M.S.; XU, K.; ZHANG, S.S.; AMINE, K.; HENRIKSEN, G.L. und JOW, T.R.: Change of conductivity with salt content, solvent composition, and temperature for electrolytes of LiPF6 in ethylene carbonate-ethyl methyl carbonate. *Journal of the Electrochemical Society* (2001), Bd. 148(10):S. A1196–A1204

[DL64] DE LEVIE, R.: On porous electrodes in electrolyte solutions. *Electrochimica Acta* (1964), Bd. 9(9):S. 1231–1245

[Doy00] DOYLE, M.; MEYERS, J.P. und NEWMAN, J.: Computer simulations of the impedance response of lithium rechargeable batteries. *Journal of The Electrochemical Society* (2000), Bd. 147(1):S. 99–110

[Dub06] DUBARRY, M.; SVOBODA, V.; HWU, R. und LIAW, B.Y.: Incremental capacity analysis and close-to-equilibrium OCV measurements to quantify capacity fade in commercial rechargeable lithium batteries. *Electrochemical and Solid-State Letters* (2006), Bd. 9(10):S. A454–A457

[Dub09] DUBARRY, M. und LIAW, B.Y.: Identify capacity fading mechanism in a commercial $LiFePO_4$ cell. *Journal of Power Sources* (2009), Bd. 194(1):S. 541–549

[Eck15a] ECKER, M.; TRAN, T.K.D.; DECHENT, P.; KÄBITZ, S.; WARNECKE, A. und SAUER, D.U.: Parameterization of a physico-chemical model of a lithium-ion battery i. determination of parameters. *Journal of The Electrochemical Society* (2015), Bd. 162(9):S. A1836–A1848

[Eck15b] ECKERT, M.; KÖLSCH, L. und HOHMANN, S.: Fractional algebraic identification of the distribution of relaxation times of battery cells, in: *Decision and Control (CDC), 2015 IEEE 54th Annual Conference on*, IEEE, S. 2101–2108

[End14] ENDER, Moses: *Mikrostrukturelle Charakterisierung, Modellentwicklung und Simulation poröser Elektroden für Lithiumionenzellen*, KIT Scient. Publ. (2014)

[Est91] ESTEBAN, J.M. und ORAZEM, M.E.: On the application of the Kramers-Kronig relations to evaluate the consistency of electrochemical impedance data. *Journal of the Electrochemical Society* (1991), Bd. 138(1):S. 67–76

[Eul60] EULER, J. und NONNENMACHER, W.: Stromverteilung in porösen Elektroden. *Electrochimica Acta* (1960), Bd. 2(4):S. 268–286

[Fel16] FELDER, M.P.; BANERJEE, S.; JANSEN, P. und GÖTZE, J.: SoLE - an alternative approach for impedance measurement of Lithium-ion battery cells, in: *8th IET International Conference on Power Electronics, Machines and Drives (PEMD 2016)*, S. 1–6

[Föl00] FÖLLINGER, O.: *Laplace-, Fourier- und z-Transformation*, Hüthig (2000)

[Gab82] GABRIELLI, C.; HUET, F.; KEDDAM, M. und LIZEE, J.F.: Measurement time versus accuracy trade-off analyzed for electrochemical impedance measurements by means of sine, white noise and step signals. *Journal of Electroanalytical Chemistry and Interfacial Electrochemistry* (1982), Bd. 138(1):S. 201–208

[Gab92] GABRIELLI, C.; HUET, F. und KEDDAM, M.: Comparison of sine wave and white noise analysis for electrochemical impedance measurements. *Journal of Electroanalytical Chemistry* (1992), Bd. 335(1-2):S. 33–53

[Gar04] GARLAND, J.E.; PETTIT, C.M. und ROY, D.: Analysis of experimental constraints and variables for time resolved detection of Fourier transform electrochemical impedance spectra. *Electrochimica Acta* (2004), Bd. 49(16):S. 2623–2635

[Geo03] GEORÉN, P.; HJELM, A.; LINDBERGH, G. und LUNDQVIST, A.: An electrochemical impedance spectroscopy method applied to porous $LiMn_2O_4$ and metal hydride battery electrodes. *Journal of The Electrochemical Society* (2003), Bd. 150(2):S. A234–A241

[Geo04] GEORÉN, P. und LINDBERGH, G.: Characterisation and modelling of the transport properties in lithium battery gel electrolytes: Part I. The binary electrolyte $PC/LiClO_4$. *Electrochimica Acta* (2004), Bd. 49(21):S. 3497–3505

[Gre03] GREENE, W.H.: *Econometric Analysis*, Pearson Education (2003)

[Haf00] HAFEZI, H. und NEWMAN, J.: Verification and analysis of transference number measurements by the galvanostatic polarization method. *Journal of The Electrochemical Society* (2000), Bd. 147(8):S. 3036–3042

[Ham05] HAMANN, C.H. und VIELSTICH, W.: *Elektrochemie*, John Wiley & Sons Australia, Limited (2005)

[Han13] HANG, T.; MUKOYAMA, D.; NARA, H.; TAKAMI, N.; MOMMA, T. und OSAKA, T.: Electrochemical impedance spectroscopy analysis for lithium-ion battery using $Li_4Ti_5O_{12}$ anode. *Journal of Power Sources* (2013), Bd. 222:S. 442–447

[Hau17] HAUSSMANN, P. und MELBERT, J.: Optimized mixed-domain signal synthesis for broadband impedance spectroscopy measurements on lithium ion cells for automotive applications. *Journal of Sensors and Sensor Systems* (2017), Bd. 6(1):S. 65

[Hay12] HAYAMIZU, K.: Temperature dependence of self-diffusion coefficients of ions and solvents in ethylene carbonate, propylene carbonate, and diethyl carbonate single solutions and ethylene carbonate diethyl carbonate binary solutions of $LiPF_6$. *Journal of Chemical & Engineering Data* (2012), Bd. 57(7):S. 2012–2017

[Hol13] HOLZER, L.; WIEDENMANN, D.; MÜNCH, B.; KELLER, L.; PRESTAT, M.; GASSER, Ph.; ROBERTSON, I. und GROBÉTY, B.: The influence of constrictivity on the effective transport properties of porous layers in electrolysis and fuel cells. *Journal of Materials Science* (2013), Bd. 48(7):S. 2934–2952

[Hua06] HUANG, R.; CHUNG, F. und KELDER, E.M.: Impedance simulation of a Li-ion battery with porous electrodes and spherical Li+ intercalation particles. *Journal of The Electrochemical Society* (2006), Bd. 153(8):S. A1459–A1465

[Hua14] HUANG, J.; GE, H.; LI, Z. und ZHANG, J.: An agglomerate model for the impedance of secondary particle in lithium-ion battery electrode. *Journal of The Electrochemical Society* (2014), Bd. 161(8):S. E3202–E3215

[Hua15a] HUANG, J.; LI, Z.; GE, H. und ZHANG, J.: Analytical solution to the impedance of electrode/electrolyte interface in lithium-ion batteries. *Journal of The Electrochemical Society* (2015), Bd. 162(13):S. A7037–A7048

[Hua15b] HUANG, J.; LI, Z.; ZHANG, J.; SONG, S. und WU, N.: An analytical three-scale impedance model for porous electrode with agglomerates in lithium-ion batteries. *Journal of The Electrochemical Society* (2015), Bd. 162(4):S. A585–A595

[Hua16] HUANG, J. und ZHANG, J.: Theory of impedance response of porous electrodes: Simplifications, inhomogeneities, non-stationarities and applications. *Journal of The Electrochemical Society* (2016), Bd. 163(9):S. A1983–A2000

[Ill11] ILLIG, J.; CHROBAK, T.; KLOTZ, D. und IVERS-TIFFÉE, E.: Evaluation of the rate determining processes for $LiFePO_4$ as cathode material in Lithium-Ion-batteries. *ECS Transactions* (2011), Bd. 33(29):S. 3–15

[Ill12] ILLIG, J.; ENDER, M.; CHROBAK, T.; SCHMIDT, J.P.; KLOTZ, D. und IVERS-TIFFÉE, E.: Separation of charge transfer and contact resistance in $LiFePO_4$-cathodes by impedance modeling. *Journal of The Electrochemical Society* (2012), Bd. 159(7):S. A952–A960

[Ill13] ILLIG, J.; SCHMIDT, J.P.; WEISS, M.; WEBER, A. und IVERS-TIFFÉE, E.: Understanding the impedance spectrum of 18650 $LiFePO_4$-cells. *Journal of Power Sources* (2013), Bd. 239:S. 670–679

[Ill14] ILLIG, Jörg: *Physically based impedance modelling of lithium-ion cells*, Bd. 27, KIT Scientific Publishing (2014)

[Ill15] ILLIG, J.; ENDER, M.; WEBER, A. und IVERS-TIFFÉE, E.: Modeling graphite anodes with serial and transmission line models. *Journal of Power Sources* (2015), Bd. 282:S. 335–347

[Jac95] JACOBSEN, T. und WEST, K.: Diffusion impedance in planar, cylindrical and spherical symmetry. *Electrochimica Acta* (1995), Bd. 40(2):S. 255–262

[Kat16] KATO, Y.; HORI, S.; SAITO, T.; SUZUKI, K.; HIRAYAMA, M.; MITSUI, A.; YONEMURA, M.; IBA, H. und KANNO, R.: High-power all-solid-state batteries using sulfide superionic conductors. *Nature Energy* (2016), Bd. 1:S. 16030

[Klo11] KLOTZ, D.; SCHÖNLEBER, M.; SCHMIDT, J.P. und IVERS-TIFFÉE, E.: New approach for the calculation of impedance spectra out of time domain data. *Electrochimica Acta* (2011), Bd. 56(24):S. 8763–8769

[Kor13] KORTHAUER, R.: *Handbuch Lithium-Ionen-Batterien*, Springer Berlin Heidelberg (2013)

[Kra27] KRAMERS, H.A. und KRONIG, R.: Atti Congr. *Intern. Fisici, Como* (1927), Bd. 2:S. 545

[Kro26] KRONIG, R.: On the theory of dispersion of x-rays. *Journal of the Optical Society of America* (1926), Bd. 12(6):S. 547–557

[Lan16a] LANDESFEIND, J.; HATTENDORFF, J.; EHRL, A.; WALL, W.A. und GASTEIGER, H.A.: Tortuosity determination of battery electrodes and separators by impedance spectroscopy. *Journal of the Electrochemical Society* (2016)

[Lan16b] LANG, M.; DARMA, M.; KLEINER, K.; RIEKEHR, L.; MEREACRE, L.; PÉREZ, M.; LIEBAU, V. und EHRENBERG, H.: Post mortem analysis of fatigue mechanisms in $LiNi_{0.8}Co_{0.15}Al_{0.05}O_2$ - $LiNi_{0.5}Co_{0.2}Mn_{0.3}O_2$ - $LiMn_2O_4$ / graphite lithium ion batteries. *Journal of Power Sources* (2016), Bd. 326:S. 397–409

[Lar94] LARMINIE, J.: Current interrupt techniques for circuit modelling, in: *IEEE Colloquium on Electrochemical Measurement*, IET, S. 12–14

[Lat11] LATZ, A. und ZAUSCH, J.: Thermodynamic consistent transport theory of Li-ion batteries. *Journal of Power Sources* (2011), Bd. 196(6):S. 3296–3302

[Leó11] LEÓN, F.P.; KIENCKE, U. und JÄKEL, H.: *Signale und Systeme*, Oldenbourg Verlag (2011)

[Lev99] LEVI, M.D.; SALITRA, G.; MARKOVSKY, B.; TELLER, H.; AURBACH, D.; HEIDER, U. und HEIDER, L.: Solid-state electrochemical kinetics of Li-Ion intercalation into $Li_{1-x}CoO_2$: Simultaneous application of electroanalytical techniques SSCV, PITT, and EIS. *Journal of The Electrochemical Society* (1999), Bd. 146(4):S. 1279–1289

[Li14] LI, S.; WANG, B.; PENG, H. und HU, X.: An electrochemistry-based impedance model for li-ion batteries. *Journal of Power Sources* (2014), Bd. 258:S. 9–18

[Ma95] MA, Y.; DOYLE, M.; FULLER, T.; DOEFF, M.; DE JONGHE, L. und NEWMAN, J.: The measurement of a complete set of transport properties for a concentrated solid polymer electrolyte solution. *Journal of The Electrochemical Society* (1995), Bd. 142(6):S. 1859–1868

[Mac07] MACDONALD, J.R. und TUNCER, E.: Deconvolution of immittance data: Some old and new methods. *Journal of Electroanalytical Chemistry* (2007), Bd. 602(2):S. 255–262

[Man17] MANTHIRAM, A.; SONG, B. und LI, W.: A perspective on nickel-rich layered oxide cathodes for li-ion batteries. *Energy Stor. Mat.* (2017), Bd. 6:S. 125–139

[Mel08] MELLGREN, N.; BROWN, S.; VYNNYCKY, M. und LINDBERGH, G.: Impedance as a tool for investigating aging in lithium-ion porous electrodes i. physically based electrochemical model. *Journal of the Electrochemical Society* (2008), Bd. 155(4):S. A304–A319

[Mer16] MERTENS, A.; VINKE, I.; TEMPEL, H.; KUNGL, H.; DE HAART, L.; EICHEL, R. und GRANWEHR, J.: Quantitative analysis of time-domain supported electrochemical impedance spectroscopy data of Li-Ion batteries: Reliable activation energy determination at low frequencies. *Journal of The Electrochemical Society* (2016), Bd. 163(7):S. H521–H527

[Mey00] MEYERS, J.P.; DOYLE, M.; DARLING, R.M. und NEWMAN, J.: The impedance response of a porous electrode composed of intercalation particles. *Journal of The Electrochemical Society* (2000), Bd. 147(8):S. 2930–2940

[Nar16] NARA, H.; MUKOYAMA, D.; YOKOSHIMA, T.; MOMMA, T. und OSAKA, T.: Impedance analysis with transmission line model for reaction distribution in a pouch type Lithium-Ion battery by using micro reference electrode. *Journal of The Electrochemical Society* (2016), Bd. 163(3):S. A434–A441

[New73] NEWMAN, J. und CHAPMAN, T.W.: Restricted diffusion in binary solutions. *AIChE Journal* (1973), Bd. 19(2):S. 343–348

[New04] NEWMAN, J. und THOMAS-ALYEA, K.E.: *Electrochemical Systems*, Electrochemical Society series, John Wiley & Sons (2004)

[Nis08] NISHIDA, T.; NISHIKAWA, K. und FUKUNAKA, Y.: Diffusivity measurement of $LiPF_6$, LiTFSI, $LiBF_4$ in PC. *ECS transactions* (2008), Bd. 6(18):S. 1–14

[Nym08] NYMAN, A.; BEHM, M. und LINDBERGH, G.: Electrochemical characterisation and modelling of the mass transport phenomena in $LiPF_6$-EC-EMC electrolyte. *Electrochimica Acta* (2008), Bd. 53(22):S. 6356–6365

[Ogi12] OGIHARA, N.; KAWAUCHI, S.; OKUDA, C.; ITOU, Y.; TAKEUCHI, Y. und UKYO, Y.: Theoretical and experimental analysis of porous electrodes for lithium-ion batteries by electrochemical impedance spectroscopy using a symmetric cell. *Journal of The Electrochemical Society* (2012), Bd. 159(7):S. A1034–A1039

[Ora11] ORAZEM, M.E. und TRIBOLLET, B.: *Electrochemical Impedance Spectroscopy*, The ECS Series of Texts and Monographs, Wiley (2011)

[Osa03] OSAKA, T.; NAKADE, S.; RAJAMÄKI, M. und MOMMA, T.: Influence of capacity fading on commercial lithium-ion battery impedance. *Journal of Power Sources* (2003), Bd. 119:S. 929–933

[Ous00] OUSTALOUP, A.; LEVRON, F.; MATHIEU, B. und NANOT, F.: Frequency-band complex noninteger differentiator: characterization and synthesis. *IEEE Transactions on Circuits and Systems I: Fundamental Theory and Applications* (2000), Bd. 47(1):S. 25–39

[Pil70] PILLA, A.: A transient impedance technique for the study of electrode kinetics application to potentiostatic methods. *Journal of the Electrochemical Society* (1970), Bd. 117(4):S. 467–477

[Pli00] PLIQUET, U.; GERSING, E. und PLIQUETT, F.: Evaluation of fast time-domain based impedance measurements on biological tissue. *Biomedizinische Technik/Biomedical Engineering* (2000), Bd. 45(1-2):S. 6–13

[Pol89] POLLARD, R. und COMTE, T.: Determination of transport properties for solid electrolytes from the impedance of thin layer cells. *Journal of The Electrochemical Society* (1989), Bd. 136(12):S. 3734–3748

[Pop92] POPKIROV, G.S. und SCHINDLER, R.N.: A new impedance spectrometer for the investigation of electrochemical systems. *Review of Scientific Instruments* (1992), Bd. 63(11):S. 5366–5372

[Ran47] RANDLES, J.E.B.: Kinetics of rapid electrode reactions. *Discuss. Faraday Soc.* (1947), Bd. 1:S. 11–19

[Ric10] RICHTER, Jan: *Messung von quasistationären Kennlinien von Batterien und die Simulation der Leerlaufspannung*, Diplomarbeit, Universität Karlsruhe (2010)

[Sch02] SCHICHLEIN, H.; MÜLLER, A.; VOIGTS, M.; KRÜGEL, A. und IVERS-TIFFÉE, E.: Deconvolution of electrochemical impedance spectra for the identification of electrode reaction mechanisms in solid oxide fuel cells. *Journal of Applied Electrochemistry* (2002), Bd. 32(8):S. 875–882

[Sch10] SCHÖNLEBER, Michael: *Entwicklung eines kombinierten Messverfahrens im Zeit- und Frequenzbereich für Lithium-Ionen-Batterien*, Studienarbeit, Universität Karlsruhe (2010)

[Sch11] SCHMIDT, J.P.; CHROBAK, T.; ENDER, M.; ILLIG, J.; KLOTZ, D. und IVERS-TIFFÉE, E.: Studies on $LiFePO_4$ as cathode material using impedance spectroscopy. *Journal of Power Sources* (2011), Bd. 196(12):S. 5342–5348

[Sch13a] SCHMIDT, Jan Philipp: *Verfahren zur Charakterisierung und Modellierung von Lithium-Ionen Zellen*, Bd. 25, KIT Scientific Publishing (2013)

[Sch13b] SCHMIDT, J.P.; BERG, P.; SCHÖNLEBER, M.; WEBER, A. und IVERS-TIFFÉE, E.: The distribution of relaxation times as basis for generalized time-domain models for Li-ion batteries. *Journal of Power Sources* (2013), Bd. 221:S. 70–77

[Sch14a] SCHOENLEBER, M.; WEBER, A. und IVERS-TIFFÉE, E.: Obtaining the low frequency impedance of Li-Ion batteries from arbitrary excitation signals, in: *Meeting Abstracts*, 4, The Electrochemical Society, S. 719–719

[Sch14b] SCHÖNLEBER, M.; KLOTZ, D. und IVERS-TIFFÉE, E.: A method for improving the robustness of linear Kramers-Kronig validity tests. *Electrochimica Acta* (2014), Bd. 131:S. 20–27

[Sch15a] SCHMIDT, J.P.; WEBER, A. und IVERS-TIFFÉE, E.: A novel and fast method of characterizing the self-discharge behavior of lithium-ion cells using a pulse-measurement technique. *Journal of Power Sources* (2015), Bd. 274:S. 1231–1238

[Sch15b] SCHÖNLEBER, M. und IVERS-TIFFÉE, E.: Approximability of impedance spectra by RC-elements and implications for impedance analysis. *Electrochemistry Communications* (2015), Bd. 58:S. 15–19

[Sch15c] SCHÖNLEBER, M. und IVERS-TIFFÉE, E.: The Distribution Function of Differential Capacity as a new tool for analyzing the capacitive properties of Lithium-Ion batteries. *Electrochemistry Communications* (2015), Bd. 61:S. 45–48

[Sch16] SCHMIDT, J.P. und IVERS-TIFFÉE, E.: Pulse-fitting - A novel method for the evaluation of pulse measurements, demonstrated for the low frequency behavior of lithium-ion cells. *Journal of Power Sources* (2016), Bd. 315:S. 316–323

[Sch17] SCHÖNLEBER, M.; UHLMANN, C.; BRAUN, P.; WEBER, A. und IVERS-TIFFÉE, E.: A consistent derivation of the impedance of a Lithium-Ion battery electrode and its dependency on the State-of-Charge. *Electrochimica Acta* (2017), Bd. 243:S. 250–259

[Scr00] SCROSATI, B.; CROCE, F. und PERSI, L.: Impedance spectroscopy study of PEO-based nanocomposite polymer electrolytes. *Journal of the Electrochemical Society* (2000), Bd. 147(5):S. 1718–1721

[Sik07] SIKHA, G. und WHITE, R.E.: Analytical expression for the impedance response of an insertion electrode cell. *Journal of The Electrochemical Society* (2007), Bd. 154(1):S. A43–A54

[Sin11] SINHA, N.N.; SMITH, A.J.; BURNS, J.C.; JAIN, G.; EBERMAN, K.W.; SCOTT, E.; GARDNER, J.P. und DAHN, J.R.: The use of elevated temperature storage experiments to Learn about parasitic reactions in wound $LiCoO_2$ / Graphite cells. *Journal of the Electrochemical Society* (2011), Bd. 158(11):S. A1194–A1201

[Son08] SONN, V.; LEONIDE, A. und IVERS-TIFFÉE, E.: Combined deconvolution and CNLS fitting approach applied on the impedance response of technical Ni/ 8YSZ cermet electrodes. *Journal of The Electrochemical Society* (2008), Bd. 155(7):S. B675–B679

[Son13] SONG, J. und BAZANT, M.: Effects of nanoparticle geometry and size distribution on diffusion impedance of battery electrodes. *Journal of The Electrochemical Society* (2013), Bd. 160(1):S. A15–A24

[Sør82] SØRENSEN, P. und JACOBSEN, T.: Conductivity, charge transfer and transport numberan ac-investigation of the polymer electrolyte LiSCN-poly (ethyleneoxide). *Electrochimica Acta* (1982), Bd. 27(12):S. 1671–1675

[Sun09] SUNDE, S.; LERVIK, I.; OWE, L. und TSYPKIN, M.: An impedance model for a porous intercalation electrode with mixed conductivity. *Journal of The Electrochemical Society* (2009), Bd. 156(8):S. B927–B937

[Tak00] TAKANO, K.; NOZAKI, K.; SAITO, Y.; KATO, K. und NEGISHI, A.: Impedance spectroscopy by voltage-step chronoamperometry using the Laplace transform method in a Lithium-Ion battery. *Journal of The Electrochemical Society* (2000), Bd. 147(3):S. 922–929

[The17] THEUER, Hannah: *Validierung und Optimierung eines Impedanz-Modells für Blend-Kathoden*, Masterarbeit, Karlsruhe Institut für Technologie (2017)

[Tik13] TIKHONOV, A.; GONCHARSKY, A.; STEPANOV, V. und YAGOLA, A.: *Numerical methods for the solution of ill-posed problems*, Bd. 328, Springer Science & Business Media (2013)

[UM90] URQUIDI-MACDONALD, M.; REAL, S. und MACDONALD, D.D.: Applications of KramersKronig transforms in the analysis of electrochemical impedance data III. Stability and linearity. *Electrochimica Acta* (1990), Bd. 35(10):S. 1559–1566

[Val05] VALØEN, L. und REIMERS, J.: Transport properties of $LiPF_6$-based Li-ion battery electrolytes. *Journal of The Electrochem. Soc.* (2005), Bd. 152(5):S. A882–A891

[VG04] VAN GHEEM, E.; PINTELON, R.; VEREECKEN, J.; SCHOUKENS, J.; HUBIN, A.; VERBOVEN, P. und BLAJIEV, O.: Electrochemical impedance spectroscopy in the presence of non-linear distortions and non-stationary behaviour: Part I: Theory and validation. *Electrochimica Acta* (2004), Bd. 49(26):S. 4753–4762

[VG06] VAN GHEEM, E.; PINTELON, R.; HUBIN, A.; SCHOUKENS, J.; VERBOVEN, P.; BLAJIEV, O. und VEREECKEN, J.: Electrochemical impedance spectroscopy in the presence of non-linear distortions and non-stationary behaviour: Part II. Application to crystallographic pitting corrosion of aluminium. *Electrochimica Acta* (2006), Bd. 51(8):S. 1443–1452

[VI09] VAN INGELGEM, Y.; TOURWÉ, E.; BLAJIEV, O.; PINTELON, R. und HUBIN, A.: Advantages of odd random phase multisine electrochemical impedance measurements. *Electroanalysis* (2009), Bd. 21(6):S. 730–739

[Wen79] WEN, C.; BOUKAMP, B.A.; HUGGINS, R.A. und WEPPNER, W.: Thermodynamic and mass transport properties of LiAl. *Journal of The Electrochemical Society* (1979), Bd. 126(12):S. 2258–2266

[Wep77] WEPPNER, W. und HUGGINS, R.A.: Determination of the kinetic parameters of mixed-conducting electrodes and application to the system Li_3Sb. *Journal of The Electrochemical Society* (1977), Bd. 124(10):S. 1569–1578

[Wil16] WILKE, Daniel: *User Manual: Electrochemical Test Cell ECC-PAT-Core*, EL-CELL GmbH (2016), release 2.02

[Woh16] WOHDE, F.; BALABAJEW, M. und ROLING, B.: Li+ transference numbers in liquid electrolytes obtained by very-low-frequency impedance spectroscopy at variable electrode distances. *Journal of The Electrochemical Society* (2016), Bd. 163(5):S. A714–A721

[Wu12] WU, S.; ZHANG, W.; SONG, X.; LIU, G.; BATTAGLIA, V. und SRINIVASAN, V.: High rate capability of $Li(Ni_{1/3}Mn_{1/3}Co_{1/3})O_2$ electrode for Li-ion batteries. *Journal of The Electrochemical Society* (2012), Bd. 159(4):S. A438–A444

[Xu04] Xu, K.: Nonaqueous liquid electrolytes for lithium-based rechargeable batteries. *Chemical Reviews* (2004), Bd. 104(10):S. 4303–4418

[Xu13] Xu, J.; Mi, C.; Cao, Bi. und Cao, J.: A new method to estimate the state of charge of lithium-ion batteries based on the battery impedance model. *Journal of Power Sources* (2013), Bd. 233:S. 277–284

[Zos06] Zoski, C.G.: *Handbook of Electrochemistry*, Elsevier (2006)

[Zug11] Zugmann, Sandra: *Messung von Lithium-Ionen Überführungszahlen an Elektrolyten für Lithium-Ionen Batterien - Eine vergleichende Studie mit fünf verschiedenen Methoden*, Dissertation, Universität Regensburg (2011)

Werkstoffwissenschaft @ Elektrotechnik /
Universität Karlsruhe, Institut für Werkstoffe der Elektrotechnik

---

Band 1 Helge Schichlein
Experimentelle Modellbildung für die Hochtemperatur-Brennstoffzelle SOFC. 2003
ISBN 3-86130-229-2

Band 2 Dirk Herbstritt
Entwicklung und Optimierung einer leistungsfähigen Kathodenstruktur für die Hochtemperatur-Brennstoffzelle SOFC. 2003
ISBN 3-86130-230-6

Band 3 Frédéric Zimmermann
Steuerbare Mikrowellendielektrika aus ferroelektrischen Dickschichten. 2003
ISBN 3-86130-231-4

Band 4 Barbara Hippauf
Kinetik von selbsttragenden, offenporösen Sauerstoffsensoren auf der Basis von $Sr(Ti,Fe)O_3$. 2005
ISBN 3-86130-232-2

Band 5 Daniel Fouquet
Einsatz von Kohlenwasserstoffen in der Hochtemperatur-Brennstoffzelle SOFC. 2005
ISBN 3-86130-233-0

Band 6 Volker Fischer
Nanoskalige Nioboxidschichten für den Einsatz in hochkapazitiven Niob-Elektrolytkondensatoren. 2005
ISBN 3-86130-234-9

Band 7 Thomas Schneider
Strontiumtitanferrit-Abgassensoren. Stabilitätsgrenzen / Betriebsfelder. 2005
ISBN 3-86130-235-7

Band 8 Markus J. Heneka
Alterung der Festelektrolyt-Brennstoffzelle unter thermischen und elektrischen Lastwechseln. 2006
ISBN 3-86130-236-5

Die Bände sind im Verlagshaus Mainz (Aachen) erschienen.

Band 9 Thilo Hilpert
Elektrische Charakterisierung von Wärmedämmschichten mittels Impedanzspektroskopie. 2007
ISBN 3-86130-237-3

Band 10 Michael Becker
Parameterstudie zur Langzeitbeständigkeit von Hochtemperaturbrennstoffzellen (SOFC). 2007
ISBN 3-86130-239-X

Band 11 Jin Xu
Nonlinear Dielectric Thin Films for Tunable Microwave Applications. 2007
ISBN 3-86130-238-1

Band 12 Patrick König
Modellgestützte Analyse und Simulation von stationären Brennstoffzellensystemen. 2007
ISBN 3-86130-241-1

Band 13 Steffen Eccarius
Approaches to Passive Operation of a Direct Methanol Fuel Cell. 2007
ISBN 3-86130-242-X

Fortführung als

Schriften des Instituts für Werkstoffe der Elektrotechnik, Karlsruher Institut für Technologie (ISSN 1868-1603)

bei KIT Scientific Publishing

Band 14 Stefan F. Wagner
Untersuchungen zur Kinetik des Sauerstoffaustauschs an modifizierten Perowskitgrenzflächen. 2009
ISBN 978-3-86644-362-4

Band 15 Christoph Peters
Grain-Size Effects in Nanoscaled Electrolyte and Cathode Thin Films for Solid Oxide Fuel Cells (SOFC). 2009
ISBN 978-3-86644-336-5

Band 16 Bernd Rüger
Mikrostrukturmodellierung von Elektroden für die Festelektrolytbrennstoffzelle. 2009
ISBN 978-3-86644-409-6

Band 17 Henrik Timmermann
Untersuchungen zum Einsatz von Reformat aus flüssigen Kohlenwasserstoffen in der Hochtemperaturbrennstoffzelle SOFC. 2010
ISBN 978-3-86644-478-2

Band 18 André Leonide
SOFC Modelling and Parameter Identification by Means of Impedance Spectroscopy. 2010
ISBN 978-3-86644-538-3

Band 19 Cornelia Endler-Schuck
Alterungsverhalten mischleitender LSCF Kathoden für Hochtemperatur-Festoxid-Brennstoffzellen (SOFCs). 2011
ISBN 978-3-86644-652-6

Band 20 Annika Utz
The Electrochemical Oxidation of H_2 and CO at Patterned Ni Anodes of SOFCs. 2011
ISBN 978-3-86644-686-1

Band 21 Jan Hayd
Nanoskalige Kathoden für den Einsatz in Festelektrolyt-Brennstoffzellen bei abgesenkten Betriebstemperaturen. 2012
ISBN 978-3-86644-838-4

Band 22 Michael Kornely
Elektrische Charakterisierung und Modellierung von metallischen Interkonnektoren (MIC) des SOFC-Stacks. 2012
ISBN 978-3-86644-833-9

Band 23 Dino Klotz
Characterization and Modeling of Electrochemical Energy Conversion Systems by Impedance Techniques. 2012
ISBN 978-3-86644-903-9

Band 24 Alexander Kromp
Model-based Interpretation of the Performance and Degradation of Reformate Fueled Solid Oxide Fuel Cells. 2013
ISBN 978-3-7315-0006-3

Band 25 Jan Philipp Schmidt
Verfahren zur Charakterisierung und Modellierung von Lithium-Ionen Zellen. 2013
ISBN 978-3-7315-0115-2

Band 26 Moses Ender
Mikrostrukturelle Charakterisierung, Modellentwicklung und Simulation poröser Elektroden für Lithiumionenzellen. 2014
ISBN 978-3-7315-0205-0

Band 27 Jörg Illig
Physically based Impedance Modelling of Lithium-Ion Cells. 2014
ISBN 978-3-7315-0246-3

Fortführung als

Schriften des Instituts für Angewandte Materialien – Werkstoffe der Elektrotechnik Karlsruher Institut für Technologie (ISSN 2365-8029)

bei KIT Scientific Publishing

Band 28 Christian Niedrig
Electrochemical Performance and Stability of $Ba_{0.5}Sr_{0.5}Co_{0.8}Fe_{0.2}O_{3-\delta}$ for Oxygen Transport Membranes. 2015
ISBN 978-3-7315-0437-5

Band 29 Daniel Manka
Elektrochemisch-optische Impedanzspektroskopie. 2016
ISBN 978-3-7315-0547-1

Band 30 Jochen Joos
Microstructural Characterisation, Modelling and Simulation of Solid Oxide Fuel Cell Cathodes. 2017
ISBN 978-3-7315-0625-6

Band 31 Christian Uhlmann
Charakterisierung und Modellierung der wässrigen Lithium-Luft Batterie. 2017
ISBN 978-3-7315-0671-3

Band 32 Michael Schönleber
Verfahren zur Charakterisierung des Niederfrequenzverhaltens von Lithium-Ionen Batterien. 2017
ISBN 978-3-7315-0685-0

Die Bände sind unter www.ksp.kit.edu als PDF frei verfügbar oder als Druckausgabe bestellbar.

Kolibri 360 GmbH
Ferdinand-Jühlke-Straße 7
99095 Erfurt, Deutschland
produktsicherheit@kolibri360.de